石油石化管具技术培训教材

钻具检维修技术

西佐伟　李玉民　主编

中国石化出版社
·北京·

内 容 提 要

本书是钻具领域专业书籍。开篇讲钻具基础，涵盖钻柱、钻杆等各类钻具知识及参数；接着阐述检验修复，含进货回收检验、无损检测及螺纹修复等工艺；随后介绍钻具管理，明确配套原则与现场使用要求。还深入钻杆生产，讲工艺、检验及标识规范；最后剖析钻具失效，分析类型、影响因素，给出预防措施和案例。

本书内容全面，为钻具检维修及管理提供有力参考；适用于石油钻探等领域的钻具检维修技术人员、工程师，以及相关专业院校师生，助其提升专业知识与技能。

图书在版编目(CIP)数据

钻具检维修技术 / 西佐伟，李玉民主编. — 北京：中国石化出版社，2025. 6. — ISBN 978-7-5114-7706-4

Ⅰ. TE921.07

中国国家版本馆 CIP 数据核字第 2024HE4773 号

中国石化出版社出版发行

地址：北京市东城区安定门外大街 58 号

邮编：100011　电话：(010)57512500

发行部电话：(010)57512575

http://www.sinopec-press.com

E-mail:press@sinopec.com

北京科信印刷有限公司印刷

全国各地新华书店经销

*

787 毫米×1092 毫米 16 开本 12.75 印张 156 千字

2025 年 6 月第 1 版　2025 年 6 月第 1 次印刷

定价：78.00 元

《钻具检维修技术》编委会

前　言

钻具是石油工程勘探开发重要的工具之一，关系到钻井工程的提速提效乃至钻井作业的成败。近年来，为适应深井、超深井、大位移水平井的要求，相关厂家开发了一系列的非标钻具，同时为提速提效强化了钻压、钻速、排量等钻井参数，对钻具使用可靠性提出了更高的要求，因此需要加强钻具的检测与维修。但目前没有一本系统介绍钻具相关的教材供钻具检测维修、使用者学习。

为适应钻具技术进步、钻井需求提高、技术人员更替的形势任务，有效提高钻具检维修和管理水平，提升使用人员的业务能力、更好服务钻井市场，需要一本系统介绍钻具维修与检验方面的教材，在此背景下，中石化中原石油工程有限公司管具公司组织编写了《钻具检维修技术》一书。

本书系统介绍了钻具的基础知识、性能参数、发展趋势；钻具的检测及维修的具体方法；钻杆的生产过程及质量控制；钻具的管理方法及失效析的方法。

本书是在调研了国内西南、西北、中原地区中石油、中石化钻具管理的成熟经验，参考了最新发布的国际标准、国家标准、行业标准的基础上编写而成。由长期从事生产一线的专业技术人员参与编写，具有针对性强、内容与现实结合紧密、方便实用的特点，适用于钻具检测维修人员和钻井技术人员培训和自学。

本书由西佐伟、李玉民负责本书的结构、内容及审阅和校对工作。韩儒负责组织协调编写工作。第一章钻具基础知识，由张志坤、王鹏翀、季海滨编写。第二章钻具检测与维修，主要由杨洪伟、聂继东、李宁军、王鹏翀、高尧编写，胜利石油工程管具服务中心张铁军、刘春昊以及西南石油工程管具公司的刘尊平参与了修改。第三章钻具管理和配套，由王晓编写。第四章钻杆生产，主要由朱亮编写。第五章钻具失效分析主要由蔺刚编写。全书由王鹏翀进行编辑性修改。

在编写过程中，为确保易于理解和操作，力争做到图文并茂。为使教材条理清晰、内容准确，前后共进行了七次审核和校对。

在编写过程中，得到了石油工程领导大力支持，中原石油工程、胜利石油工程、西南石油工程相关专家对本书的内容进行审核，提出了中肯宝贵的意见，在此表示感谢！

由于本书涵盖的内容较多，编写时间有限，不足及疏漏之处在所难免，敬请读者在使用过程中，提出宝贵意见，以便再版时修改。

编者

二〇二四年十二月

目　　录

第一章　钻具基础知识

钻具包括方钻杆、钻杆、钻铤等，将这些连接起来组成的管串称为钻柱。本章主要介绍了钻柱的组成、各组成部分的作用、几何尺寸、机械性能要求，并列出了钻具抗拉、抗扭的参数。

第一节　钻柱的组成与功用

一、概述

钻柱是连通地面与地下的枢纽。钻井过程中，地层的变化、井下复杂情况都可以通过钻柱反映到地面上来，还有其他作业如中途测试、处理井下事故等都必须依靠钻柱来实现。钻柱一旦出现事故，会带来一定的经济损失，因此管理好、使用好钻具在钻井过程中尤为重要。

二、钻柱的组成与功用

钻柱(Drilling String)是钻头以上、水龙头以下部分的管柱的总称，它包括方钻杆(Square Kelly)、钻杆(Drill Pipe)、钻铤(Drill Collar)、各种接头(Joint)及稳定器(Stabilizer)等井下工具。

钻柱的具体组成随不同的钻井目的要求而有所不同，但主要分为钻杆段和下部钻具组合段两大部分。钻杆段包括普通钻杆和加重钻杆；下部钻具组合则包括钻铤、稳定器、减震器、扩眼器及其他井下工具等。特殊的下部钻具组合还可能包括随钻测量工具、测试工具及打捞工具等。

钻柱的主要作用包括以下几个方面：

① 提供从钻机到钻头的钻井流体通道，即输送钻井液；

② 把地面动力传递给钻头并给钻头加压(钻压)，使钻头旋转破碎岩石；

③ 控制钻头方向沿设计轨道钻进；

④ 通过扭矩及振动等信息感知井下钻头及工况；

⑤ 起下钻头及井下测控工具和动力钻具等；

⑥ 了解钻头和井下工具的工作情况、井眼状况及地层变化等；

⑦ 进行钻井取心、处理井下事故与复杂情况、打捞落物等，并实施挤水泥等特殊作业；

⑧ 对地层流体及压力特性等进行中途测试与评价。

三、钻具的组合使用

随着钻井深度的增加和钻井工艺的发展，对钻柱性能的要求越来越高。由于钻柱受力工况十分复杂与恶劣，它是钻井工作与装备的薄弱环节。钻具事故是最常见的钻井事故之一，直接影响钻井工程的安全、质量和效率，甚至导致一口井的工程报废。下部钻具组合是钻柱的重要组成部分，直接影响井身质量和机械钻速。所以，根据井下工况及工艺要求，合理设计钻柱与下部钻具组合，对于预防钻具事故，提高钻头的工作效率和使用寿命，有效控制井眼轨迹，从而实现安全、优质、快速钻井的优化目标及完成各种井下作业等均具有十分重要的实际意义[1]。

1. 典型钻柱组合

典型的钻柱组合如图 1-1 所示。

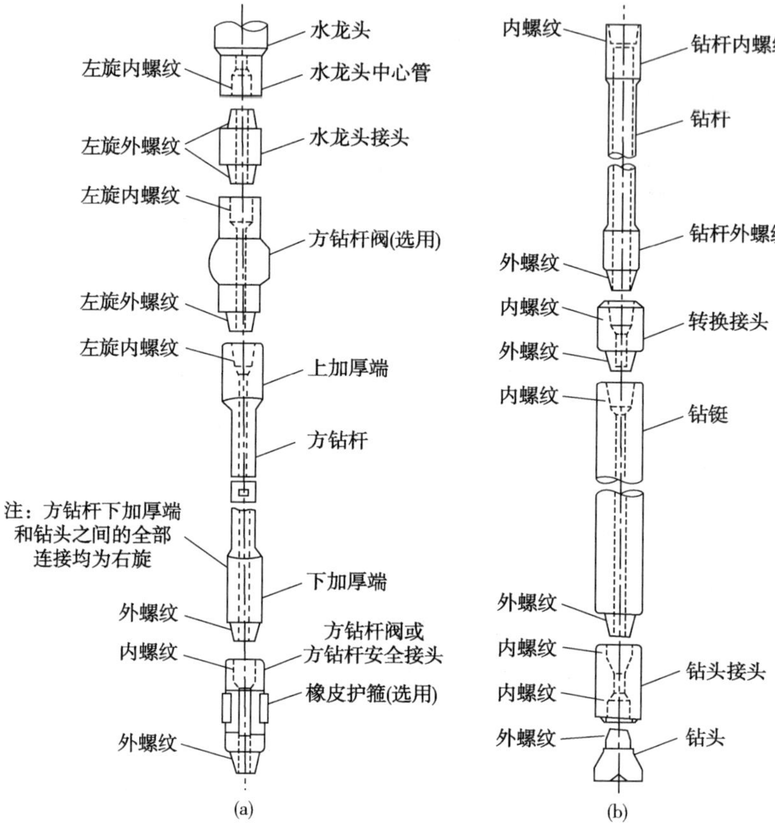

图 1-1　典型的钻柱组合

2. 常用的下部钻具组合

下部钻具组合(Bottom hole assembly，简称 BHA，也称底部钻具组合)：钻柱下部包括钻头、钻铤、稳定器、随钻测量系统及井下动力钻具等在内的近钻头钻具组合，是实施垂直钻井或定向钻井不可或缺的井下钻井系统，是井眼轨迹控制的主要技术手段。

常见下部钻具组合(BHA)有满眼钻具组合、钟摆钻具组合、塔式钻具组合、动力钻具组合等。

(1) 满眼钻具组合

满眼钻具组合又称刚性配合钻具或刚性满眼钻具，是一种安装在钻柱下部的刚度较大而且井径与钻柱外径之间间隙较小的防止井斜角和井眼曲率变大的一种钻具组合，是一种稳斜钻具组合，一般是由几个外径与钻头直径相近的扶正器与一定长度外径较大的钻铤所组成。

(2) 钟摆钻具组合

钟摆钻具是为了减少井斜角而设计的一种钻具组合，是利用斜井内切点以下钻铤重量的横向分力把钻头推向井壁低的一侧，以达到逐渐减小井斜的效果，是一种降斜钻具组合。

这个横向分力如钟摆一样，故称之为“钟摆力”，运用这个原理组合的钻具也称为钟摆钻具。

钟摆钻具有以下 3 种形式：①光钻铤钟摆钻具组合；②单钻具稳定器钟摆钻具组合；③多稳定器钟摆钻具组合。

(3) 塔式钻具组合

塔式钻具组合，是利用不同尺寸的圆钻铤组成的满眼防斜钻具。这种钻具下部采用较大尺寸的钻铤，由下而上其尺寸逐渐减小，状如宝塔，故称塔式钻具。

这种钻具组合底部钻铤重量大，刚度大，整个钻铤柱的重心低，稳定性好，能产生较大的钟摆减斜力，属于降斜钻具组合。

塔式钻具结构简单，使用方便，不需要进行扶正器位置计算，也不存在扶正器磨损及修复等问题。但塔式钻具也存在底部间隙小，易卡钻，钻铤尺寸多，操作不方便等不足。

(4) 动力钻具组合

井下动力钻具组合由井下动力钻具、弯接头、稳定器及其他结构单元组成。井下动力钻具主要有三种，即涡轮钻具、螺纹钻具和电动钻具。在钻井过程中，钻头由井下动力钻具驱动而旋转，而动力钻具外壳和钻柱不旋转，有利于定向造斜。

第二节 钻 杆

一、概述

钻杆(Drill Pipe，DP)是钻柱基本组成部分，在钻具组合中位于方钻杆和钻铤之间，主要用于传递扭矩、输送钻井液、依靠钻杆逐渐加长使井眼不断加深、计量井深、观察和了解井下情况、连接井下仪器和工具、传输数据信号等，是钻井连通地面与地下的枢纽，是钻井过程中不可缺少的组成部分，其状态和使用状况直接影响着钻井施工。

钻杆包括钻杆**管体**(也称本体，Pipe Body)和钻杆**接头**(Tool Joint)两部分，通过旋转摩擦对焊的方式焊接在一起。

> **美国石油学会**(American Petroleum Institute，缩写为 API)，是美国集石油勘探、开发、储运、销售为一体的行业协会性质的非营利性机构，成立于 1919 年。目前已发布了 500 多个标准，在国际石油界得到了广泛的承认和应用。
>
> API 标准中主要采用英制单位，这是一种发源于英国，并在英国及原英国殖民地国家得到广泛应用的单位。目前，包括英国在内的大部分国家在科学和商业中均采用国际单位(公制单位)，仅有美国、缅甸等极少数国家还在使用英制单位。
>
> 近代以来对英制单位也进行了标准化，1959 年起，英寸(含美式英制)(in)在科学应用和商业用途中统一为 25.4mm。
>
> 我国采用国际标准单位制，在正式工程文件中，长度单位应使用毫米(mm)。但为和习惯相符，钻杆外径等尺寸依然使用英制单位英寸，只是要求在使用英制单位时应同时备注公制单位毫米。
>
> 英制单位中，1in 以下的长度，习惯使用英寸的分数来表示，如½、¼、⅛、1/16、1/32、1/64等，表示钻杆外径时常用½、¼、⅛等尺寸。

早期的钻杆吊卡台肩是90°的，这种钻杆也被称为**直台肩钻杆**。因工艺需要，吊卡台肩为18°的钻杆逐渐发展起来，被称为**斜坡台肩钻杆或斜台肩钻杆**，成为当前钻杆的主要形式。

钻杆规格和要求应符合GB/T 29166《石油天然气工业 钢制钻杆》，该标准主要参考美国石油学会(API)标准。习惯上将遵循API标准的钻杆称为API标准钻杆。

随着石油钻井工业的发展，钻井承包商对钻杆提出了更高的要求，如高含硫地区要求的高抗硫钻杆、深井超深井要求的高强度钻杆、改善钻井水力学参数的大内径水眼钻杆等。

各生产商也研发了各种非API标准钻杆(简称非标钻杆)。常见的非标钻杆有使用特殊材料的钛合金钻杆、铝合金钻杆；使用特殊螺纹型式的钻杆；使用特殊结构的双台肩钻杆、双锥面钻杆等。

二、普通钻杆

普通钻杆的基本结构见图1-2。

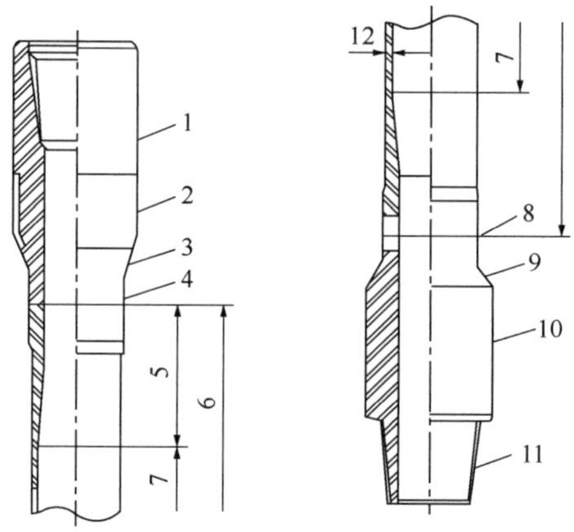

图1-2 API钻杆示意图

1—钻杆内螺纹接头(俗称母接头)；2—钻杆耐磨带(可选)；
3—钻杆吊卡台肩(图示为18°斜坡台肩，即斜坡台肩钻杆)；4—钻杆焊径；5—钻杆管体加厚；6—钻杆管体；
7—管体；8—摩擦焊缝；9—外螺纹接头锥部；10—钻杆外接头螺纹；11—旋转台肩式连接；12—钻杆壁厚

普通钻杆主要由钻杆外径、材料钢级、加厚形式、连接螺纹型式等来区分。

如“斜坡钻杆5″(127)×82.5×NC50 G105 一级”中：

①“斜坡钻杆”表明该钻杆为18°斜台肩钻杆(图中部位3)；

②“5″(127)”表明该钻杆管体外径(图中部位7)为5in(127mm)；

③“82.5”表明该钻杆水眼(内径)为82.5mm，一般是接头内径，即(图中部位10处的内径)；

④“NC50”表明该钻杆螺纹型式为NC50(图中部位11处外螺纹和部位1处内螺纹型式)；

⑤“G105”表明该钻杆的钢级为G级，最小屈服强度是105ksi(详见本节)；

⑥“一级”表明钻杆的分级，一般按照磨损程度将钻杆分为“全新、一级、二级、三级、报废”几个等级。

1. 钻杆的基本尺寸

（1）钻杆通称尺寸

钻杆通称尺寸是指钻杆本体外径。钻杆按其管体的外径可以分为 $2\frac{3}{8}$″（60.3mm）、$2\frac{7}{8}$″（73.0mm）、$3\frac{1}{2}$″（88.9mm）、4″（101.6mm）、$4\frac{1}{2}$″（114.3mm）、5″（127mm）、$5\frac{1}{2}$″（139.7mm）、$5\frac{7}{8}$″（149.2mm）、6″（152.4mm）等多种。

各油田区域根据本油区的实际情况，常用的钻杆种类也不尽相同，一般多使用 $3\frac{1}{2}$″、5″、$5\frac{1}{2}$″3 种钻杆。中原区域还常用 $2\frac{7}{8}$″、$3\frac{1}{8}$″钻杆，陕北区域还常用 4″钻杆，新疆和西南区域正推广使用 $5\frac{7}{8}$″、6″钻杆。

（2）钻杆管体壁厚

钻杆管体由无缝钢管加工而成，壁厚一般为 7～12mm。钻杆管体壁厚是衡量钻杆磨损程度的依据之一。钻杆管体越厚，其抗拉强度越高，管体壁厚降低后，钻杆应予以降级或报废。

（3）钻杆的加厚形式

普通钻杆由管体和接头对焊而成，为了增加其连接强度，管体两端对焊部分是加厚的。加厚形式有**内加厚**（inside upset，IU）、**外加厚**（external upset，EU）和**内外加厚**（inside-external upset，IEU）三种。钻杆管端加厚形式示意图见图 1-3。

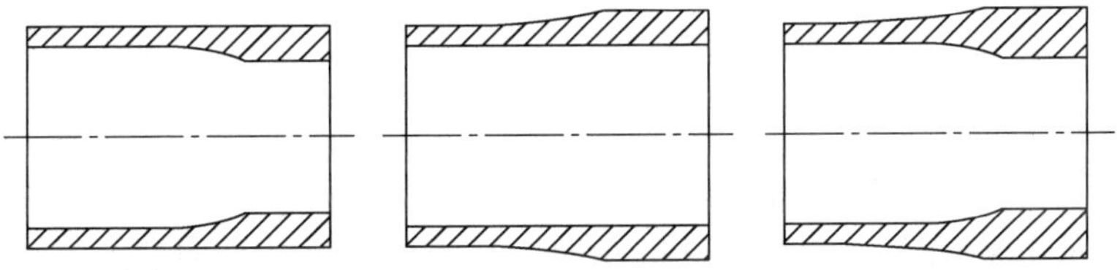

(a)内加厚　　(b)外加厚　　(c)内外加厚

图 1-3　API 钻杆加厚端示意图

内加厚（IU）是缩小管体两端的内径以增加管壁厚度。内加厚钻杆管体外径一致而管端内径较小，钻井时接头磨损较小但钻井液循环阻力较大，多用于 4″（101.6mm）和 $4\frac{1}{2}$″（114.3mm）钻杆。

外加厚（EU）是增加管体两端的外径以增加管壁厚度。外加厚钻杆的内径一致而接头相对较大，钻井时钻井液循环阻力较小而接头磨损较大，多用于外径尺寸在 $4\frac{1}{2}$″（114.3mm）以下的钻杆。

内外加厚（IEU）是将管体两端的内径缩小，外径增大，以增加两端管体的壁厚。这种结构的钻杆综合了以上两种结构的优点，多用于外径尺寸在 $4\frac{1}{2}$″（114.3mm）以上的钻杆。

（4）钻杆接头水眼

钻杆水眼一般指钻杆的最小内径，在常用的内外加厚钻杆中，钻杆的水眼就是钻杆公接头内径。

钻杆水眼的大小决定了钻井液流动的阻力，水眼越大，钻井液流动阻力越小、钻井液水力学参数越好、所需的钻井液泵压力也越低，因此在同等外径下，钻井公司更欢迎和鼓励增大水眼尺寸，但水眼尺寸过大，会影响钻杆的强度，增加钻杆失效的概率，因此钻杆水眼的扩大不能盲目，必须进行安全性校核。

目前在 API 标准钻杆之外，同等规格也开发出了不同水眼尺寸的非标钻杆，以满足钻井需求。

常用 API 标准钻杆主要参数见表 1-1。

表 1-1 常用 API 钻杆参数表

规格	钢级	加厚形式	公称质量/(kg/m)	螺纹形式	接头外径/mm	内径/mm	管体外径/mm	管体焊径/mm	壁厚/mm
2⅜″	G105	外	10.58	NC26	85.7	44.4	60.3	65.1	7.11
2⅞″	G105	外	16.50	NC31	104.8	50.8	73.0	81.0	9.19
2⅞″	S135	外	17.19	NC31	111.1	41.3	73.0	81.0	9.19
3½″	G105	外	21.90	NC38	127.0	61.9	88.9	98.4	9.35
3½″	S135	外	22.22	NC38	127.0	54.0	88.9	98.4	9.35
4″	G105	内外	29.76	NC40	139.7	61.9	101.6	106.4	9.65
5″	G105	内外	32.95	NC50	168.3	82.5	127.0	130.2	9.19
5″	S135	内外	33.60	NC50	168.3	69.9	127.0	130.2	9.19
5½″	G105	内外	41.32	5½FH	184.2	88.9	139.7	144.5	10.54
5½″	S135	内外	42.97	5½FH	190.5	76.2	139.7	144.5	10.54
5½″	S135	内外	42.97	5½FH	190.5	88.9	139.7	144.5	10.54

2. 钻杆材料

普通钻杆的材料主要是低碳合金钢。要正确选择和使用钻杆，必须了解钻杆材料性能。

材料性能一般分为两类，一类是材料在加工过程中表现出的性能，如焊接性能、热处理性能等，也称工艺性能；另一类是材料在使用过程中表现出的性能，如物理性能(密度、熔点、电学性能、热学性能、磁学性能等)、化学性能(耐腐蚀性、抗氧化性、化学稳定性等)、力学性能等[5]。

力学性能是钻杆选材和制造中主要考虑的性能。**力学性能**是材料在承受各种载荷时的行为(载荷可分为静载荷、动载荷和变载荷，载荷大小多用应力表示，即外力与横截面积之比，公制单位为帕斯卡(Pa)，金属材料的力学性能包括材料的强度、硬度和韧性等。

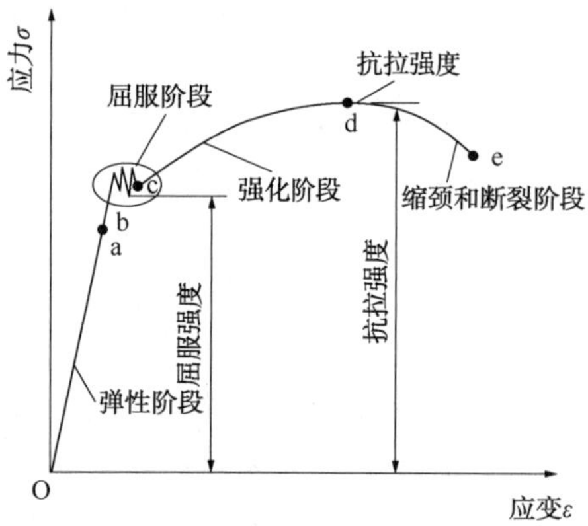

图 1-4 低碳钢拉伸曲线

(1) 强度

金属材料的强度(含弹性、刚度、塑性)一般通过金属拉伸试验来测定，即在标准试样两端缓慢施加轴向拉伸载荷，试样的工作部分受轴向拉力而变形，变形随拉力增加而增加，直至断裂。

根据试样在拉伸试验过程中承受载荷与变形之间的关系，可以测出金属的拉伸曲线，并由此确定金属的弹性、刚度、塑性和强度。

图 1-4 是低碳钢以拉伸应力(载荷) σ 和试样应变(变形量) ε 为坐标所形成的拉伸曲线。由图可见，低碳钢试样在拉伸过程中分为弹性形变、塑性形变

和断裂三个阶段。

弹性形变阶段：拉力撤除后会恢复原形，这种变化称之为**弹性形变**。弹性形变时，变形量和拉力大小基本成正比关系。图中 a 点为比例极限点，在此点之前应变和应力为正比关系；b 点为弹性极限点，a、b 段依然处于弹性形变阶段，但应变和应力已经不再成正比关系。

塑性形变阶段：载荷撤除后也无法恢复原形的形变称为**塑性形变**。图中 b 点以后开始发生塑性形变，应力未增加(或在小范围内波动)而应变急剧增大，此阶段也称为屈服阶段，此阶段最小应力值即为材料的**屈服强度**。

经过屈服阶段后，材料恢复抗变形能力，在 c 点后应变随应力增加而增加，称之为强化阶段，直到 d 点。d 点是金属材料在静载荷下所能承受的最大应力，其值即金属材料的**抗拉强度**。

断裂阶段：d 点后，试样某一局部变形显著增加，横截面积急剧减小，产生“缩颈”，直至 e 点断裂。

屈服强度(yield strength)：**金属材料发生屈服现象时的屈服极限**。(引自 GB/T 10623—2008《金属材料 力学性能试验术语》)

抗拉强度(tensile strength)：**材料所能承受的最大拉应力**。(引自 GB/T 22512.1—2012《石油天然气工业 旋转钻井设备 第 1 部分：旋转钻柱构件》)

为方便材料的选用，API 5DP 和 GB/T 29166—2021《石油天然气工业 钢制钻杆》根据屈服强度和抗拉强度将钻杆管体钢级划分为几个等级，分别是：

——E 钢级钻杆；

——高强度级别钻杆：X、G、S、V 和 U 级钻杆；

——抗硫化氢增强型钻杆：D 和 F 级钻杆(也称 S 和 SS 级)。

一般以钢级字母代号+最小屈服强度(单位：ksi，千磅每平方英寸，1ksi = 1000psi = 6.895MPa)来表示，如 E75、X95、G105、S135、V150 等。G105 即表示钻杆管体的最小屈服强度为 105ksi。

抗硫化氢增强型(enhanced H_2S resistance)**钻杆：包含硫化物应力开裂试验作为合格标准和质量控制的部分内容的钻杆类别，也称高抗硫钻杆**。GB/T 29166—2021《石油天然气工业 钢制钻杆》将这类钻杆分为 D95 级和 F105 级，在 API 5DP 中，也称之为 S95 级和 SS105 级。

目前常见钻杆管体的钢级为 G105 和 S135 级。

钻杆接头钢级通常分为 110ksi、120ksi 和 130ksi 三个等级。

其中抗硫化氢增强型钻杆 D 钢级、F 钢级一般选用 110ksi 钢级的接头；E/X/G/S/V/U 钢级钻杆选用 120ksi 钢级的接头，也可根据需要选用 130ksi 钢级的高强度接头。

各种钢级的钻杆管体和接头拉伸要求见表 1-2。

钻杆强度除了和钻杆的钢级有关外，还和钻杆的壁厚相关。管体壁厚较小，是钻杆薄弱部位，管体的屈服强度也就代表了钻杆抗变形、抗拉断的能力，因此使用管体钢级代表钻杆钢级。

表 1-2 钻杆管体和接头拉伸要求

钢级	屈服强度			抗拉强度	
	最小		最大	最小	最大
	ksi	MPa	MPa	MPa	MPa
钻杆管体					
E 钢级	75	517	724	689	—
X 钢级	95	655	962	724	—
D 钢级	95	655	758	734	896
G 钢级	105	724	931	793	—
F 钢级	105	724	827	793	965
S 钢级	135	931	1138	1000	—
V 钢级	150	1034	1171	1103	1310
U 钢级	165	1138	1275	1207	1413
钻杆接头					
E/X/G/S/V/U 钢级	120	827	1138	965	—
高强度	130	896	1207	965	—
D/F 钢级	110	758	862	862	1000

钻杆的钢级越高，管材的屈服强度越大，钻杆的各种强度(抗拉、抗扭、抗外挤)也就越大。但钻杆钢级越高，其抗 H_2S 应力开裂能力越弱。在钻井设计中，钻柱设计需要根据钻柱所受载荷对钻杆进行强度校核，选择满足钻井要求的最佳钢级。

在钻柱的强度设计中，提高钢级可以提高钻柱的强度，增加钻杆壁厚会对钻井水力学参数造成不利影响。

新钻杆的钢级可通过钻杆标识予以识别，旧钻杆或无标识的钻杆可以通过测量接头水眼内径识别，一般而言钢级越高钻杆水眼越小。例如 5″E75 钻杆水眼为 95. 3mm、5″X95 钻杆水眼为 90mm、5″G105 钻杆水眼为 82. 5mm、5″S135 钻杆水眼为 69. 9mm。

常见钻杆管体性能参数参照表 1-3。

表 1-3 常见钻杆管体性能参数

规格	钢级	管体外径/mm	壁厚/mm	横截面积/mm^2	管体抗拉/t	管体抗扭/(kN · m)	抗外挤强度/MPa	抗内压强度/MPa
2⅜″	G105	60. 3	7. 11	1188. 1	87. 8	11. 85	150. 60	149. 39
2⅞″	G105	73	9. 19	1842. 3	136. 1	21. 91	159. 34	159. 50
2⅞″	S135	73	9. 19	1842. 3	175. 0	28. 17	204. 90	205. 11
2⅞″	G105	73	9. 65	1920. 5	141. 9	22. 57	166. 11	167. 49
3⅛″	S135	79. 4	9. 35	2057. 6	195. 5	34. 76	193. 45	191. 86
3½″	G105	88. 9	9. 35	2336. 7	172. 6	35. 22	136. 28	133. 26
3½″	S135	88. 9	9. 35	2336. 7	222. 0	45. 29	175. 24	171. 36
3½″	S135	88. 9	12. 7	3040. 3	288. 8	54. 82	228. 00	232. 75

续表

规格	钢级	管体外径/mm	壁厚/mm	横截面积/mm^2	管体抗拉/t	管体抗扭/(kN·m)	抗外挤强度/MPa	抗内压强度/MPa
4″	G105	101.6	10.92	3110.9	229.8	53.35	138.90	136.18
4″	G105	101.6	9.65	2787.6	205.9	48.99	124.47	120.34
4″	S135	101.6	9.65	2787.6	264.8	62.99	160.06	154.75
4½″	G105	114.3	13.5	4275.1	299.5	80.80	150.82	149.65
5″	G105	127	9.19	3401.3	251.3	78.11	97.20	91.68
5″	S135	127	9.19	3401.3	323.1	100.45	124.99	117.90
5½″	G105	139.7	10.54	4276.8	316.0	107.39	101.01	95.59
5½″	S135	139.7	10.54	4276.8	406.3	138.09	129.88	122.92
6″	G105	152.4	10.54	4697.3	347.0	130.28	93.22	87.63
6″	V150	152.4	9.65	4327.7	456.6	173.41	122.65	114.58

(2) 塑性

塑性即金属材料在一定外力作用下抵抗变形的能力。金属材料制品都需要一定的塑性，以便在使用过程中遇到偶然过载时，不至于突然发生脆性断裂。此外，塑性形变还有缓和应力集中、削减应力峰的作用，在一定程度上保护了金属件的工作安全。

钻杆材料的塑性可使用断面收缩率、断后伸长率、屈强比等参数来衡量。

断面收缩率：试样拉断后，缩颈处横截面积的最大缩减量与原始横截面积的百分比。钻杆接头要求断面收缩率≥45%。

断后伸长率：试样拉断后，标距的伸长量与原始标距的百分比。要求常规钻杆接头试样伸长率≥13%，抗硫化氢增强型钻杆 D 和 F 钢级钻杆试样伸长率≥15%。

屈强比：屈强比是指材料的屈服强度与抗拉强度的比值。

屈强比越高，材料的抗变形能力越强，越不容易发生塑性形变；屈强比越低，材料的塑性越强，越容易发生塑性形变。

屈强比过高时，钢材容易发生脆性破坏，即钢材被破坏前没有明显形变，破坏难以提前发现并预防。

屈强比过低时，钢材强度有效利用率就会太低，不利于节约材料。

屈强比也可以看作是衡量钢材强度储备的一个系数。新疆顺北工区要求管体和接头屈强比不大于 0.95。

(3) 硬度

硬度是材料抵抗局部变形，特别是塑性变形、压痕或划痕的能力，是衡量金属软硬的判据。

硬度根据试验方法可以划分为三类：**压力法**，如布氏硬度、洛氏硬度、维氏硬度、显微硬度、超声波硬度；**划痕法**，如莫氏硬度、锉刀硬度；**回跳法**，如肖氏硬度等。目前应用最广泛的是**布氏硬度和洛氏硬度**。

布氏硬度：用一定试验力把固定直径的淬火钢球或硬质合金球压入被测金属表面，保持规定时间后卸除试验力，测得压痕直径，由此计算出压痕球缺表面积所承受的平均应力值，即布氏硬度，用 HB 表示。当压头为淬火钢球时，用 HBS 表示，适用于布氏硬度低于 450 的金属材料；当压头为硬质合金球时，用 HBW 表示，适用于布氏硬度为 450~650 的金属材料。

洛氏硬度：用一个锥顶角为 120°的金刚石圆锥体或直径为 1.588mm 的淬火钢球为压头，在规定载荷下压入被测金属表面，通过测定压痕深度来确定其硬度值，用 HR 表示。洛氏硬度需要使用标尺，国家标准有 A/B/C/D 等几种标尺，每种标尺测得的硬度值不同，因此需要标明使用何种标尺。如 HRC 是使用标尺 C 测得的洛氏硬度，HRB 是使用标尺 B 测得的洛氏硬度。

对于摩擦对焊钻杆，焊区要求表面硬度和全壁厚硬度，其中，E、X、G、S 钢级应小于 37.0HRC；V 钢级应小于 40.0HRC；U 钢级应小于 42.0HRC；D 和 F 钢级应小于 30HRC。

表面硬度试验应在每一个焊区外表面相隔 120°的 3 个位置进行试验，全壁厚硬度试验分别在焊缝管体一侧和接头一侧距外表面和内表面 2.5~6.4mm(0.10~0.25in)之间的位置进行(即在每个焊缝上有 12 个硬度值和 4 个洛氏平均硬度值)。

表面硬度试验需要每个焊缝进行一次，全壁厚硬度试验则要求每批次或每 200 根进行一次(取数量较少者)。

对于管体表面硬度，其中 D95 钢级管体表面硬度平均值最大应不大于 25.0HRC，且单个值应在 18.0~27.0HRC 之间；F105 钢级管体表面硬度平均值最大应不大于 28.0HRC，且单个值应在 21.0~29.0HRC 之间。

对于接头硬度，应在最终热处理后进行试验。E/X/G/S 钢级的钻杆内螺纹接头硬度应为 285~341HBW；V/U 钢级的应在 285~363HBW 之间；D/F 钢级的接头硬度平均值应不大于 286HBW 或 30.0HRC。

(4) 夏比 V 形缺口冲击吸收功

金属制品在工作过程中，往往会受到冲击载荷作用，因此金属制品必须能抵抗这种瞬时的冲击载荷。衡量金属材料抵抗瞬时冲击载荷的性能指标为冲击吸收功，用 A_k 表示。

冲击吸收功一般使用夏比冲击试验来测量。

夏比冲击试验(Charpy impact test)是由法国工程师夏比(Charpy)建立起来的，试验示意图如图 1-5 所示。将具有 U 形或 V 形缺口的、具备一定形状和尺寸的金属试样放在支座上，试验机将摆锤举起一定高度 H 后下方做一次冲击，摆锤冲断试样后重新升起到高度 h。通过摆锤两次高度差($H-h$)可计算试样的冲击吸收能量，即 A_{ku} 或 A_{kv}，称之为**夏比冲击试验吸收功**。

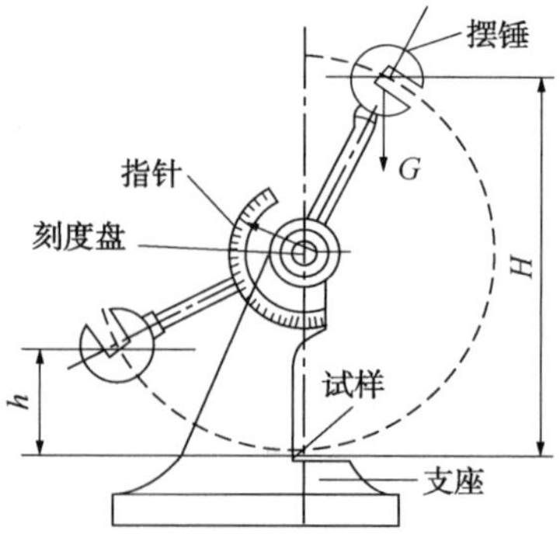

图 1-5　夏比 V 形缺口冲击试验示意图

钻具韧性采用V形缺口试样做冲击试验，即夏比V形缺口冲击试验，所测得的数值即为夏比V形缺口试验冲击吸收功，简称为夏比冲击功或冲击功。冲击功值越大，表示材料韧性越好，对结构中的缺口、裂纹或其他的应力集中情况不敏感，越不容易被折断。

钻杆的夏比冲击试验对试样尺寸、试验温度、取样都有要求，各种材质的夏比冲击功要求见表1-4。

表1-4 各种材质的夏比冲击功

产品构件	最小平均吸收能(试验尺寸10mm×10mm)/J	
	21℃±3℃(PSL1)	-20℃±3℃(PSL3)
管体：X/G/S	54	100
管体：V/U	54	100
管体：D/F	100	100
钻杆接头	54	54
焊区：X/G/S/V/U	16	42
焊区：D/F	27	42

注：PSL(Product Specification Level)产品规范等级。等级越高，检验要求、化学成分、力学性能要求也越高。

(5) 有害元素控制

钢在冶炼过程中，不可避免会带入一些杂质元素，这些杂质元素虽然含量很低，但是会对钢材质量造成很大影响。

硫(P)通常被视为钢中的有害元素，主要与铁形成硫化亚铁以化合物的形式存在于钢材中。硫化亚铁(FeS)塑性差，使钢在1200℃以上进行锻压加工时容易开裂，这种现象称为热脆性。

磷(S)可以全部溶于铁素体中，使铁素体强度、硬度升高，但是塑性和韧性显著下降。这种脆性在低温时更加严重，因此称之为冷脆性。

硫、磷是钢中常见的有害元素，因此常以钢中硫、磷含量的多少来判定钢材的质量。

钻杆材料中有害元素的要求见表1-5。

表1-5 有害元素要求

产品构件	磷最大含量/%(质量)	硫最大含量/%(质量)
管体：E钢级	0.030	0.020
管体：X/G/S/V/U钢级	0.020	0.015
管体：D/F钢级	0.013	0.006
接头：E/X/C/S/V/U钢级	0.020	0.015
接头：D/F钢级	0.015	0.010

(6) 晶粒度

固态物质按照分子(或原子)的聚集状态不同可以分为晶体和非晶体。所谓晶体是指分子(或原子)按照一定集合规律周期性地堆积在一起的结构。自然界中，除了少数物质是非晶体外，绝大多数固态无机物，包括金属和合金都是晶体。

表示晶粒大小的尺度叫**晶粒度**(grain size)，常用单位体积(或单位面积)内的晶粒数目或晶粒的平均线长度(或直径)表示。工业生产上采用晶粒度等级来表示晶粒大小。

钢材晶粒度的测量方法按照 GB/T 6394—2017《金属平均晶粒度测定方法》执行。在钢铁材料中，常见有 8 个级别，其中 1~3 号被认为是粗晶粒，4~6 号为中等晶粒，7~8 号为细晶粒。

在常温下细晶粒金属的力学性能比粗晶粒金属高。这主要是由于晶粒越细小，晶界的数量越多，位错移动时的阻力越大，使金属的塑性变形抗力增加。同时，晶粒数量越多，金属的塑性变形可以分散到更多的晶粒内进行，晶界也会阻止裂纹的扩展，使金属的力学性能提高。

钻杆管体和接头材料的晶粒度要求 6 级以上，焊区建议 7 级以上。

(7) 非金属夹杂物

钢中非金属夹杂物是指钢中不具有金属性质的氧化物、硫化物、硅酸盐和氮化物。一部分是钢在冶炼过程中的添加剂形成的，一部分是炉渣、耐火材料或其他夹杂混杂在钢液中形成的，因此钢中非金属夹杂物可分为内生夹杂和外来夹杂两部分。它们常作为衡量钢质量的重要指标，其类型、组成、形态、含量、尺寸、分布等各种状态因素都对钢性能产生影响。其中夹杂物的数量及分布形态是影响钢材质量的重要指标之一。

钢中非金属夹杂物检验一般包括夹杂物类型的定性和定量评级。夹杂物的评定可按照 GB/T 10561—2023《钢中非金属夹杂物含量的测定　标准评级图显微检验法》来进行。

非金属夹杂物可分为：

A：硫化物类；B：氧化铝类；C：硅酸盐类；D：球状氧化物。

每个类型夹杂物分为 0.5、1、1.5、2、2.5、3 共六个等级，级别的数字越大，表示夹杂物的数量越多或尺寸越大。钻杆管体和接头材料的非金属夹杂物应符合表 1-6 的要求。

表 1-6　非金属夹杂物要求

A		B		C		D		总和
粗	细	粗	细	粗	细	粗	细	
≤2.0	≤1.5	≤2.0	≤2.0	≤1.5	≤2.0	≤1.5	≤2.0	≤10

3. 钻杆接头

石油钻杆接头(tooljoint)，是设计用于焊接到钻杆管体上并具有一个旋转台肩式连接的锻造或轧制钢件(来自 GB/T 29166—2021《石油天然气工业　钢制钻杆》定义)，是钻杆的组成部分，分为内螺纹接头(习惯称母接头)和外螺纹接头(习惯称公接头)，焊接在钻杆管体的两端。接头示意图见图 1-6。

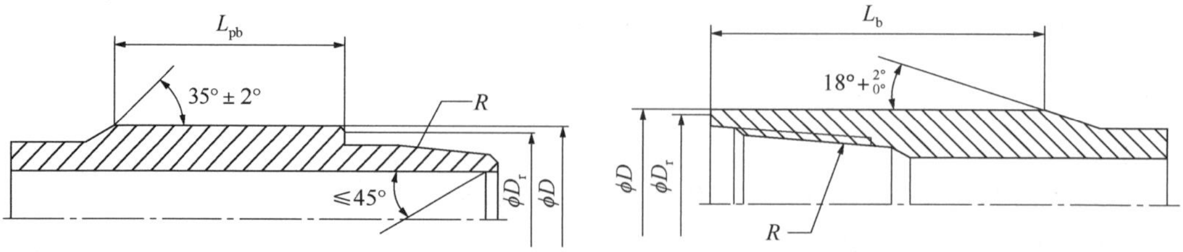

(a)外螺纹钻杆接头　　(b)内螺纹钻杆接头

图 1-6　API 钻杆接头示意图

ϕD—接头外径；ϕD—倒角直径；L_{pb}—外螺纹长度；L_b—内螺纹长度；R—螺纹

钻杆接头由吊钳扣合部位、焊接部位和接头螺纹及密封台肩组成。(**台肩**：也称轴肩，是指阶梯轴上截面尺寸变化的部位。可用于定位和过渡。)

内螺纹接头吊钳扣合部位与焊接部位之间为18°锥形台肩(斜坡台肩)或90°直角台肩，供起下钻时坐吊卡用，因此也被称为吊卡台肩，焊接部位长度约80mm；外螺纹接头吊钳扣合部位与焊接部位之间为35°锥形台肩，焊接部位长度约70mm。

密封台肩也称为扭矩台肩(make-up shoulder)、旋转台肩，是密封钻杆水眼、传递扭矩的重要部位。

倒角直径是外螺纹接头和内螺纹接头实现金属密封的外径，通过适当的扭矩实现金属面间的应力形变，从而实现金属密封。因此在钻杆制造和使用中，必须保证密封台肩面的清洁，也必须保证密封台肩面的粗糙度等。

钻杆接头外径和倒角直径数据见表1-7。

表1-7 钻杆接头外径和倒角直径

规格	钢级	螺纹形式	接头外径/mm	倒角直径/mm
2⅞″	G105	NC31	104.8	100.41
2⅞″	S135	NC31	111.1	100.41
3½″	G105	NC38	127.0	116.28
3½″	S135	NC38	127.0	116.28
4″	G105	NC40	139.7	127.40
5″	G105	NC50	168.3	153.99
5″	S135	NC50	168.3	153.99
5½″	G105	5½FH	184.2	170.66
5½″	S135	5½FH	190.5	180.18

钻杆接头上车有螺纹用以连接各单根钻杆，分内螺纹接头和外螺纹接头，二者配对使用，分别对焊于钻杆管体的两端。

钻杆的连接属于旋转台肩式连接。(**旋转台肩式连接，rotary shouldered connection**，用于钻柱构件的具有粗牙圆锥螺纹和密封台肩的螺纹连接。)

根据GB/T 22512.2—2008《石油天然气工业 旋转钻井设备 第2部分：旋转台肩式螺纹连接的加工与测量》，旋转台肩式连接可以有多种设计型式，主要有内平(IF)、贯眼(FH)、正规(REG)和数字(NC)四种类型。

① 内平式(IF style)：**采用V-038R螺纹牙型的旋转台肩式连接的型号和规格。**

内平式连接主要用于外加厚钻杆，其特点是钻杆内径和管体加厚处内径、接头内径相等，钻井液流动阻力最小，有利于提高钻头水功率。但是接头外径较大、易磨损，目前使用较少。

② 贯眼式(full-hole/FH style)：**采用V-040或V-050螺纹牙型的旋转台肩式连接的型号和规格。**

贯眼式连接适用于内加厚钻杆，其特点是接头内径等于管体加厚处内径、小于管体部分内径。钻井液流经这种接头时阻力大于内平式连接。其外径小于内平式接头，目前贯眼式连接使用也较少。

③ 正规式(regular/REG style)：**采用 V-040、V-050 或 V-055 螺纹牙型的旋转台肩式连接的型号和规格。**

正规接头适用于内加厚钻杆，这种接头的内径比较小，小于钻杆加厚处的内径，所以正规接头连接的钻杆有 3 种不同的内径。钻井液流经这种接头时受到的阻力最大。其外径最小、强度较大。目前部分钻铤、钻头、工具等还在使用这种接头。

以上 3 种为旧 API 钻杆接头，因为规范繁多，使用起来很不方便，因此美国石油协会(API)提出了新的 NC 系列连接型式。

④ 数字式(number/NC style)：**采用 V-038R 螺纹牙型的旋转台肩式连接的型号和规格。其代号用外螺纹测量基准处的中径以 2.54mm(0.1in)为单位折算的前两位数表示。**

数字式连接是 1964 年美国石油学会(API)钻井和服务设备委员会为了改进旋转台肩式接头螺纹连接性能而采用的一种新型螺纹系列，是 API 推荐优先使用的螺纹，有 1∶6 和 1∶4两种锥度型式，主要应用于方钻杆、钻杆、钻铤、钻具稳定器等钻井工具。

采用数字螺纹的数字接头目前正逐步取代原 API 标准中的内平接头和贯眼接头，已经成为主流。

螺纹锥度：任意两截面直径差与两截面之间的距离之比。对圆锥螺纹来说一般是指螺纹中径锥度。

圆锥螺纹基面及基面距：垂直于螺纹轴线，距螺纹一个端面为一定距离的一个截面为圆锥螺纹基面，该距离为基面距。石油钻杆接头螺纹中距螺纹大端面为 15.875mm 处的垂直于螺纹轴线的截面为接头螺纹基面，其基面距为 15.875mm。

螺纹中径：指母线位于螺纹牙宽和牙槽宽相等处的假想圆锥体的直径。基面处的中径称为基面中径。基面中径是圆锥螺纹的主要参数之一。

4. 钻杆接头螺纹

钻杆是通过接头螺纹连接起来的。

(1) 钻杆接头螺纹型式

石油钻杆接头螺纹是 V 形、大螺距、带密封台肩的特殊粗牙圆锥螺纹，适用于石油钻杆、水龙头、方钻杆、钻铤、钻头及其他钻柱部件的连接。

钻杆接头螺纹按照旋转方向可分为右旋螺纹和左旋螺纹。正常钻井使用的钻杆螺纹均为右旋螺纹(RH)，俗称正扣螺纹，仅在打捞等特殊作业中采用左旋螺纹(LH)，俗称反扣螺纹，采用这种螺纹的钻杆也称反扣钻杆，如未特殊指明，钻杆螺纹均指右旋正扣螺纹。

钻杆接头螺纹按照连接方式可以分为内螺纹和外螺纹。内螺纹(box thread)俗称母螺纹、母扣；外螺纹(pin thread)俗称公螺纹、公扣。

钻杆接头螺纹按照型式可以分为多种，除了适用于前述钻杆接头的内平型螺纹(IF)、贯眼型螺纹(FH)、正规型螺纹(REG)、数字型螺纹(NC)外，还有 COST Z 型、H90 型、裸眼型(OH)等多种螺纹。

各种螺纹型式中，以 NC 型螺纹最为常见，NC 型螺纹常见型式有 NC38、NC40、NC50 等，后两位数字表示螺纹基面中径尺寸(单位为 0.1in 或 1/10in)，NC38 即代表螺纹基面中径为 3.8in。

钻杆螺纹牙型尺寸、加工标准和测量方法遵循 GB/T 22512.2—2008《石油天然气工业 旋转钻井设备 第 2 部分：旋转台肩式螺纹连接的加工与测量》，详细螺纹参数可参照本章第七节表 1-36，螺纹加工可参照第二章。

钻杆使用过程中，钻杆螺纹除了起连接作用外，还需要起到密封作用。因此螺纹必须施加一定的扭矩进行紧扣。施加的紧扣扭矩不足可能导致螺纹密封失效，从而被高压流体冲蚀破坏；施加的紧扣扭矩过大，可能导致螺纹被破坏。螺纹紧扣扭矩数值可参考本章第七节。

（2）钻杆螺纹密封脂

钻杆螺纹密封脂俗称“丝扣油”，是一种专门用于钻杆螺纹的润滑密封脂。钻杆在连接时，必须保持螺纹清洁，同时在内外螺纹及密封面均匀涂敷螺纹脂，涂敷量以螺纹旋紧后台肩合缝处有少量螺纹脂均匀溢出为宜。

钻杆螺纹脂一般应满足如下要求[6]：①能够防止金属与金属的直接接触；②对高压钻进液有良好的、可靠的密封作用；③在井口上扣和井下钻进过程中限制内外螺纹接头之间过量的相对转动，避免过载应力的产生；④不与钻井液、钻杆接头的金属发生化学反应；⑤能吸收部分能量，当遇到冲击载荷和振动载荷时起一定缓冲作用；⑥能保证接头在低于上扣扭矩的卸扣扭矩作用下被卸开；⑦接头卸开后密封脂易被清除。

钻具螺纹脂的生产和使用应遵循 SY/T 5198《钻具螺纹脂》、GB/T 23512《石油天然气工业 套管、油管、管线管和钻柱构件用螺纹脂的评价与实验》。

（3）钻杆螺纹防粘扣技术

在实际钻井中，钻杆螺纹可能发生粘扣失效，轻者会损坏螺纹表面，降低钻具使用寿命，甚至有的钻杆上卸扣一两次就因严重粘扣造成接头报废；重者在螺纹连接处发生泄漏、脱扣甚至断裂事故，造成巨大的经济损失。通过优化螺纹参数、采用抗粘扣螺纹脂及使用螺纹表面处理方法等，能极大提高钻具螺纹的抗粘扣性能。

螺纹表面处理技术主要有**渗氮、镀锌、镀铜、磷化**等。

磷化工艺比较常用。磷化是通过化学与电化学反应在螺纹表面形成磷化膜的过程。磷化膜表面结晶均匀、致密、牢固、完整，颜色为灰色或灰黑色。钻具表面形成磷化膜，其表面存在空隙，可储存一定量的润滑脂，改善了旋合螺纹的润滑效果。磷化膜的存在，避免钻杆螺纹表面间、钻杆螺纹与周围介质间的直接接触，改善了表面的接触状况和受力情况，有效保护钻具，防止粘扣。

螺纹磷化使用较多的主要有磷化膏和磷化液两种工艺，其中磷化液处理工艺简便，成本低廉，生产效率高，因此，磷化液处理技术经常用于钻具螺纹表面防护。

磷化后暂时存放的钻具必须进行防腐处理，否则在自然条件下，有灰尘附着，易锈蚀，失去磷化效果；并且磷化膜较脆且结晶粗大，常常出现膜层剥落。

渗氮技术可在螺纹表面形成一定厚度（几微米到几十微米）的氮化层。氮化层硬度较高、抗磨性好和耐蚀性好，主要用于温度较高的弱腐蚀介质工作条件下的零件表面耐磨处理，有较好的抗黏着磨损及腐蚀磨损能力。

镀锌是应用较广泛的金属防腐方法之一。第一，锌金属比铁金属活泼，可有效保护钢铁，降低其腐蚀速率；第二，锌金属的腐蚀产物，可使自身腐蚀速率减慢。第三，镀锌层保护钢材成本较低，故镀锌在金属防腐领域使用较为广泛。

镀铜处理是有效的抗粘扣表面处理方法。镀铜层具有良好的韧性、延展性及与基体良好的结合力，故抗粘扣性能优于其他表面处理技术。在上卸扣过程中，螺纹的过盈配合会使螺纹接触表面产生摩擦热量，而镀铜层不至于因摩擦热量而损坏，可有效保护螺纹。铜镀层的低硬度有利于润滑剂发挥作用，不会因润滑失效而损伤金属基体。铜镀层具有良好的韧性、延展性及与金属基体良好的结合力，在反复上卸扣过程中镀层仍能保持完整，不易破裂和剥落，故螺纹表面镀铜是防止钻杆螺纹粘扣的理想方法。

其他表面处理方法还有渗锌、渗硼、镀镍、激光处理等[7]。

目前传统的镀锌、镀铜等工艺因为对环境污染较大，已被国家法律法规明令逐步淘汰，行业内正在探索新型无污染防螺纹粘扣技术。

（4）钻杆螺纹的保护

钻杆螺纹是钻杆中最容易被损坏的部位，也是钻杆检维修的主要部位。使用过程中良好的使用习惯和保护措施有助于延长钻杆螺纹使用寿命，降低检修率。

钻杆螺纹的保护措施主要包括：①生产过程中的表面钝化处理，可减缓螺纹表面氧化；②运输吊装过程中加装护丝，防止磕碰；③存放过程中涂抹螺纹脂以防腐；④连接前清洁，防止杂物混入，造成螺纹损坏，清洁时不能用腐蚀性溶液；⑤上扣前涂抹螺纹密封脂，防止粘扣；⑥上卸扣时谨慎操作防止损坏螺纹；⑦紧扣时以推荐的扭矩；⑧钻井作业中避免出现超出负荷的提拉、扭转作业；⑨定期定时进行检查，出现损坏及时修复。

5. 钻杆内涂层

钢制钻杆在与潮湿空气、水、钻井液、地层流体（石油、盐水、硫化氢等）接触过程中，容易发生腐蚀。钻杆在使用过程中，在拉伸、压缩、弯曲等应力作用下，被腐蚀部位极容易导致裂纹、穿孔甚至断裂等事故。因此，目前普遍在钻杆内壁喷涂一层涂层，以减轻钻具的腐蚀、延长钻具寿命、减少钻具井下失效的发生。研究表明，有内涂层的钻杆寿命远远高于没有内涂的钻杆。

内涂层的性能和质量应满足 SY/T 0544《石油钻杆内涂层技术条件》的要求，表面应光滑平整均匀，在井下各种酸碱溶液及腐蚀性溶液中浸泡时、在钻杆承受各种拉伸或弯曲应力时、在井内高温及地面可能的低温环境下、在井内油气水流体高速冲蚀时，内涂层均不能有龟裂、脱落等现象，从而达到保护钻杆的目的。

内涂层如果质量不合格或者老化后，可能在钻杆内壁脱落，在使用前如果没有进行清除，脱落的内涂层可能堵塞钻具水眼或钻柱内的仪器。

图 1-7　钻杆耐磨带

6. 钻杆耐磨带

钻杆耐磨带（hard banding），也称耐磨层，为减少钻杆磨损而敷焊在钻杆接头上的材料，如图 1-7 所示。

早期研制的耐磨带材料主要为提高钻具使用寿命，采用了碳化钨等硬质合金，这种材料在裸眼中能较好地保护钻杆，但高硬度的碳化钨颗粒对套管会产生较大的磨损。为此，在某些重点井或者深井钻井中，碳化钨硬质合金接头耐磨带被明令禁用。20 世纪 90 年代，出现了“平衡磨损思路”，即选择硬度小的耐磨带材料，尽量减小套管的被动磨损，同时允许钻杆接头适度磨损，从而同时保护钻杆和套管。市场上主要有美国安科公司(ARNCO)生产的耐磨带 100XT、200XT、300XT 等系列耐磨带焊丝，国产 PT100、PT200、PT300 系列焊丝在性能上基本可以达到安科系列的焊丝性能，都能起到同时保护钻杆和套管的作用。基于成本考虑，一些地区也选择用成本较低的铁基粉进行焊接[8]。

耐磨带质量、工艺要求、试样检测要求等均应遵循行业标准 SY/T6948《石油钻具耐磨带》的要求。耐磨带的敷焊技术可参照第二章第五节。

7. 钻杆的标识

依据 GB/T 29166—2021《石油天然气工业 钢制钻杆》，钻杆生产商会在出厂时对钻杆进行喷涂标识。

这种标识是喷涂在管体上的，主要标识管体的原始数据。如“ZZ GB/T 29166 707 2⅜ 6. 65 E L2”就代表由 ZZ 公司按照 GB 29166 于 2007 年 7 月生产的、管体外径为 2⅜″的、名义质量为 6. 65lb/ft、材料钢级为 E 级、质量标准为 PSL2 级的钢制钻杆。

各钻杆供应商生产的非 API 标准钻杆多以本厂标准或客户要求进行标识。

管体上喷涂的钻杆标识在钻杆入井后易被磨损，因此需要对钻杆进行新的标识。

传统的做法是在钻杆外螺纹接头上开设标识带或标识槽，使用商将所需的信息标识在钻杆标识带或标识槽内。因为标识带容易划伤井控装备密封胶芯、降低钻杆接头性能等原因，目前已逐渐减少使用。

随着信息技术进步和质量管理的升级，钻杆使用商推广实施钻杆单根档案管理。为此，使用商在钻杆外螺纹根部(白止)处打印编码，以实现单根钻杆编码和档案信息的一一对应，从而实现对钻杆进货、使用、维修、报废的全生命周期管理。

目前，正在探索信息化识别编码管理技术，如植入芯片、打印条形码或二维码，以便实现编码和数据库的自动化链接；也在探索不易损坏、耐井下高温、耐冲蚀等极端条件的永久性标识技术。

三、特种钻杆简介

特种钻杆是为了应对不同钻井需求而开发出的钻杆，其材料、结构形式和性能和普通钻杆都有差异。按照与普通钻杆的不同，特种钻杆主要分为新型材料钻杆和新型结构钻杆。

新型材料钻杆有：无磁承压钻杆、铝合金钻杆、钛合金钻杆、高抗硫钻杆、超高强度钻杆、碳纤维复合材料钻杆、凯夫拉材料钻杆等。

新型结构钻杆有：双台肩钻杆、双锥面钻杆、直连型钻杆、双壁钻杆等。

除了新型材料和新型结构钻杆，还有一些特殊功用钻杆，如隔热钻杆、智能钻杆、高冷地区专用钻杆、海洋平台深水专用钻杆、套管下放专用钻杆、岩床清除专用钻杆，等等。

(一) 新型材料钻杆

1. 无磁承压钻杆

定向钻井中，定向测斜仪器需要在钻具内通过感应大地磁场来测量井眼轨迹数据，而钢制钻具本身带有磁性和磁场，导致定向测斜仪器无法获得准确的数据，因此必须在无磁钻具营造的无磁环境中进行测量。

常规钻井可以使用无磁钻铤来营造无磁环境，但在定向井中，当井眼倾斜角变化率较大时，无磁钻铤因为刚度大难于使用，而无磁钻杆具有较好的柔性，故此时需要用无磁钻杆代替无磁钻铤，以保证定向测斜仪器正常进行工作。

无磁承压钻杆是一种用无磁不锈钢材料(多为低碳铬-锰合金钢)制造的钻杆，是定向钻进随钻测量的配套设备，是井下定向钻具的重要组成部分，具有导磁率低、抗拉强度高和抗扭性能好的特性，为钻杆内测量系统提供不受钻具磁性干扰的无磁环境，其磁场与附近的大地磁场几乎相等，因而能够准确分辨钻孔的地磁方向，确保测量系统的测量精度。

其主要特点是：

① 无磁性：具有无磁的特性，在强磁场中也不会被磁化。

② 安全性能好：撞击和摩擦过程中不产生火花。

③ 弹性模量低，弹性好、韧度大。

④ 耐腐蚀：具有很强的抗腐蚀性和井下环境适应性，可在硫化氢酸性高腐蚀环境中作业。

常见的无磁承压钻杆有 ϕ88.9mm($3\frac{1}{2}''$)和 ϕ127mm($5''$)两种。

2. 高抗硫钻杆

酸性油气田勘探开发中，地层富含硫化氢时，硫化氢侵入井筒、融入钻井液后，极容易导致钢制钻杆出现氢脆反应。

氢脆，是指氢原子在钻杆表面或渗入钻杆材料内部，与不稳定的碳化物发生反应生成甲烷，使钢脱碳，机械强度受到永久性的破坏。在钢内部生成的甲烷无法外溢而集聚在钢内部形成巨大的局部压力，从而发展为严重的鼓包开裂。

钢材渗入的微量氢，就可能导致氢脆，并导致钻杆在应力作用下脆化甚至断裂。氢脆只可防，不可治，一经产生，就消除不了。

因此在高含硫化氢地区，对钻杆的结构形式、材料和机械性能等都提出了更高的要求，为此产生了高抗硫钻杆。

美国、日本等西方国家在20世纪90年代率先研发出了高抗硫钻杆，我国也随之开发了自己的高抗硫钻杆生产技术。

高抗硫钻杆主要对产品材料的化学成分进行了改变，使得材料的韧性增强，H_2S 敏感系数低，抗硫化氢腐蚀能力强。一是大幅度提高钢材中Mo、Cr等元素的含量，适当降低Mn的含量；二是进一步降低钢材中P、S等有害元素的含量，提高钢材的纯净度。同时改进热处理工艺，在热处理时，采用了接头二次“淬火+高温回火”、焊缝“一次淬火+二次回火”工艺，使材料组织晶粒度达到10级以上，具有很好的抗硫性能[9]。

目前已经制造出一批高抗硫钻杆，抗硫化氢应力腐蚀的能力远高于普通API钻杆，强度在许可范围内，可以满足酸性油气田开采的需要。

3. 铝合金钻杆

随着深井、超深井数量的增多，常规钢制钻杆自重过大、强度余量不足问题较突出。铝合金钻杆以其低重量、无磁性、耐腐蚀性以及稳定的力学性能，而且具有钻进能耗低、易于搬运等优点，成为取代钢钻杆的一种最佳选择，在深井、超深井以及海洋钻井等领域广泛应用。

合金钻杆具有低密度、高比强度、耐酸性腐蚀、疲劳寿命高等优点，是解决超深井、大位移井及高含硫等复杂井的安全及高效钻井问题的主要结构材料之一，在石油勘探钻井领域具有广泛的应用前景，是当前高性能油井管材料研究的热点。

近几十年来国内外学者在铝合金钻杆的结构设计、管材选用、加工制造、工况适用性评价、钻井设计及使用技术等方面进行了积极的探索，取得了显著进展和大量成果。

铝合金钻杆的技术优势有：

① 密度小、比强度高、极限下入深度大、钻柱重量显著降低。钢的密度是 7.85g/cm^3，弹性模量是 210GPa；而铝合金的密度是 2.78g/cm^3，弹性模量只有 71GPa。铝合金的密度和弹性模量几乎只有钢的 1/3，而比强度(断裂强度极限与相对密度之比)却是钢的 1~3 倍。在同等钻机载荷下，用铝合金钻杆比用钢钻杆钻达的井深深 1.4~4 倍。

② 弹性模量小、水力性能好、有效降低理论钻机负荷，显著提高钻井效率。铝合金钻杆弹性模量约为钢的 30%，可以有效提高水平井曲段的通过性。在钻井液工况下，铝合金钻杆与套管和井壁间摩擦系数小于钢制钻杆，可以显著提高钻柱水力性能，提高井下动力钻具的钻井效率。同时铝合金钻杆有很强的吸收弹性震动能量的能力，减震能力比常规钢钻杆大一半左右[10]。

③ 耐硫化氢应力腐蚀、低温韧性好、无磁性。

④ 铝合金钻杆落井后，牙轮钻头钻除铝合金钻具的钻速可以达到 30m/h，方便处理井下事故。

铝合金钻杆的缺点是铝合金材料强度随温度的升高而降低。当环境温度达到 200℃时，材料屈服强度和抗拉强度相比室温有明显的下降，试验中甚至下降到 40%以上。因此在地温较高的井内使用存在风险[11]。

铝合金钻杆耐磨性较差，不适合转盘和顶驱钻进，更适合井下动力钻具钻进。

此外，铝合金钻杆价格一般为钢制钻杆的 2 倍，市场受限。

目前铝合金钻杆有两种，一种是管体为铝合金、接头为钢制接头的钢接头铝合金钻杆，一种为管体和接头都是铝合金的全铝合金钻杆。两种铝合金钻杆都有应用。

铝合金钻杆由于具有低密度、高比强度、耐酸性腐蚀、疲劳寿命高等优点，是解决超深井、大位移井及高含硫等复杂井的安全及高效钻井问题的理想钻具材料之一，在石油勘探钻井领域具有广泛的应用前景。

目前铝合金钻杆在世界范围内已成功应用。俄罗斯、美国等在管体新材料的开发、钻柱结构设计优化和现场生产实践经验总结基础上，在超深井、页岩气井、丛式井、海洋石油等钻探领域取得了突破性进展。

铝合金钻杆技术在国内起步较晚，但发展迅速，正得到越来越多的应用。

4. 钛合金钻杆

钛合金钻杆的应用背景和铝合金相似。钛合金是以钛为基体，加入其他元素组成的合金，钛合金的比强度高、热强度高、抗蚀性好、低温性能好、化学活性大、导热系数小、弹性模量小、无磁。

钛合金密度为 4.54g/cm^3，相对于钢制钻杆材料密度 7.85g/cm^3(表 1-8)，可以使钛合金钻杆质量相对于同体积的钢制钻杆减少一半以上。

表 1-8 钻杆材质物理/力学性能(20℃)[10]

材质	钢制钻杆	钛合金钻杆	铝合金钻杆
密度/(g/cm^3)	7.85	4.54	2.78
弹性模量/GPa	210	110	71
剪切模量/GPa	79	42	27
泊松比	0.27	0.28	0.30
屈服强度范围/MPa	517~931	517~724	325~550
比强度/(kN·m/kg)	65.8~118.6	121.4~159.5	116.9~-197.8
线膨胀系数/(10^{-6}/℃)	11.4	8.4	22.6
比热容/[J/(kg·℃)]	500	460	840

钛合金钻杆具备铝合金钻杆的大部分优点：

① 钛合金钻杆可以减轻钻柱质量、钻机负荷、转盘扭矩，提升钻机能力。

② 钛合金材料相对于钢制钻杆韧性大、弹性好，可以应用于曲率半径小于 30m 的短半径水平井。

③ 钛合金钻杆具备更好的耐腐蚀和抗冲蚀能力。在空气环境中疲劳寿命是钢钻杆的 10 倍，在腐蚀环境中疲劳寿命是钢钻杆的 100 倍。耐腐蚀性在环境温度 330℃以下时，全钛合金钻杆具备完全抵御硫化氢、二氧化碳和氯离子的腐蚀等特殊性能，适用于高腐蚀井、超短半径水平井、深井和超深井。

④ 钛合金钻杆具备高抗疲劳性，在气体钻井和钻井液钻井环境中抗疲劳性能几乎相同。

⑤ 钛合金钻杆具有较高的强度，强度质量比是 S135 钢制钻杆的 1.5 倍。

⑥ 钛合金钻杆耐高温。因此，钛合金钻杆性能优异，可以应用于复杂井下环境中。20 世纪 80 年代苏联的克拉科学探井中，就大量使用钛合金钻杆。

钛合金钻杆的缺点是价格高昂，价格一般是普通钢制钻杆的 10 倍左右。

钛合金钻杆和铝合金钻杆一样，有带钢制接头的钛合金钻杆，也有全钛合金钻杆。最初的钛合金钻杆以第一种为主，但第二种全钛合金钻杆也已经研发成功正在推广使用[12]。

5. 碳纤维复合材料钻杆

钻杆的发展历程表明，钻杆存在轻型化的趋势。

近年来，国内外厂家针对大曲率井一直在进行非金属类轻型钻杆——碳纤维钻杆的研制，有一些公司已经推出样品。

国外研制的碳纤维复合材料钻杆由复合材料管和钢接头组成。复合材料管的成型工艺是在心棒上缠绕碳纤维，同时在其上裹敷环氧树脂以包裹碳纤维并保证管材与接头的密封性，成型后抽出心棒并在其外涂覆耐磨材料。

碳纤维复合钻杆主要材料为碳纤维及环氧树脂，部分碳纤维复合钻杆可由两人轻松抬起。

碳纤维复合钻杆除了具备质量轻、强度质量比高、抗腐蚀性强、抗疲劳强度好等特点外，还具备无磁性，可以在管体内部植入光缆和电线、传感器等，形成智能钻杆。

碳纤维复合材料钻杆目前的缺点主要有：为了保持强度，壁厚较大，导致钻井水力参数下降；其次价格依然较高。

但碳纤维复合材料钻杆的改进空间非常大，目前依然在发展之中[13]。

6. 凯夫拉材料钻杆

20 世纪 60 年代，美国杜邦公司研制出一种新型芳纶纤维复合材料——芳纶 1414，注册商标为 Kevlar(凯夫拉)。

这种新型材料密度低、强度高、韧性好、耐高温、易于加工和成型，其强度为同等质量钢铁的 5 倍，但密度仅为钢铁的 1/5(Kevlar 密度为 1.44g/cm^3)，从而受到人们的重视。

由于凯夫拉产品材料坚韧耐磨、刚柔相济、阻燃、抗静电、抗腐蚀等，具有刀枪不入的特殊本领，被广泛应用于军事工业，如坦克、装甲车、军舰及防弹衣等装甲材料，使上述兵器的防护性能及机动性能均大为改观。凯夫拉与碳化硼等陶瓷的复合材料用于制造军用战机驾驶舱和驾驶座，一度被视为限制出口的军用物资。

目前，国内外部分厂家正在试图使用这种材料开发新型材料钻杆。

（二）新型结构钻杆

1. 双台肩接头螺纹钻杆

石油钻井中，随着深层页岩气、页岩油、煤层气及超深井、分支井、水平井的大范围开发，钻井工艺对钻杆的抗扭性能提出了更高的要求。而钻杆接头是整个结构的薄弱环节，因此提高钻杆抗扭性能主要在于提高钻杆接头的性能。

在实际应用中，主要从以下两个方面进行改善：

一是使用高钢级钻杆，如 V150 级钻杆。

二是在不改变钢级和接头外径的前提下，对钻杆接头螺纹结构进行改进，从而获得理想的抗扭特性。

双台肩接头螺纹钻杆的出现，既规避了高钢级的技术门槛，同时又获得了良好的抗扭性能和良好的泥浆循环通道，无论是在国内还是国外，都取得了大量的研发专利并应用到实际钻井生产中。

目前，在深井和超深井钻井中，双台肩钻杆已得到了普遍应用。

双台肩螺纹接头如图 1-8 所示。

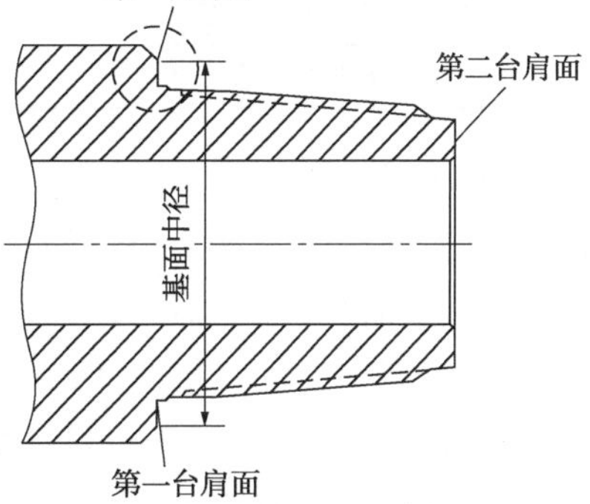

图 1-8　双台肩螺纹接头示意图

第一台肩面(主台肩)和传统的 API 接头结构相同，通过适当的金属面间的应力形变实现金属密封。在外螺纹顶端形成了具有一定锥角的金属面鼻端，在鼻端最前端面为第二台肩面(副台肩)。当扭矩达到一定程度后，第二台肩面的内外螺纹接触，形成机械停止位，从而增加抗扭能力[14]。

此外，在保证抗扭性能前提下，可以增大钻具的内径而减小钻杆接头的外径，进而获得钻具内通道和井内环空的双提升，极大降低了循环压耗。

双台肩钻杆主要具备如下优点：

① 内径足够大，提高了钻井液水力参数性能，有利于水力破岩降低钻杆内压耗，降低泵压，减小地面管汇损耗降低循环压降；

② 双台肩钻杆连接后，因为螺纹两端均有支撑面，因此螺纹的应力分布比 API 接头合理，不容易发生疲劳、应力腐蚀开裂；

③ 可以较大幅度提高钻杆的抗扭强度。

因此，双台肩接头钻杆得到了广泛应用。

双台肩钻杆也有不足之处，一是钻杆接头使用寿命较 API 接头低，二是钻杆接头螺纹修理精度要求高。

目前双台肩钻杆已经发展出多种形态，螺纹锥度有 1∶6、1∶12、1∶16 三种，接头水眼也有多种规格。

国内多个厂商都开发出了双台肩钻杆，鉴于目前尚无国家统一的双台肩标准，因此各厂家的双台肩钻杆标识、规格都有不同，具体参数应参照生产厂家的说明。

国外钻杆生产厂家以美国 NOV 公司旗下的格兰特钻具公司和法德合资的 V&M 公司最为知名。格兰特钻具公司钻杆双台肩螺纹结构在抗扭钻杆中已经得到了广泛的应用，并形成了 GPDS、HT 和 XT 三个双台肩系列。

国内较为常见的双台肩钻杆螺纹型式见表 1-9。

表 1-9　国内较为常见的双台肩钻杆螺纹型式

厂家	螺纹系列	备注
中原管具公司	ZY 系列	河南濮阳
上海海隆石油钻具有限公司	HL(HLST、HLIDS、HLMT)系列	上海
渤海能克钻杆有限公司	BH(BHDH、BHDX)系列	天津
曙光华阳钻具有限公司	HYHT 和 JSHET	江苏泰州
北方风雷工业集团有限公司	FL 和 FLHT	山西侯马
威玛石油钻具有限公司	WMT	山东东营
伊莱特钻杆有限公司	ELT-T 系列	江苏泰州
德玛斯特钻具有限公司	DPM-DS 系列	江苏江阴
宝山钢铁股份有限公司	BGDS 系列	上海

2. 直连型钻杆

直连型钻杆，是一种将管材两端镦粗加厚成接头毛坯形状，然后机加工成型的钻杆，加工工艺和普通钻杆不同，不需要管体接头分别加工再摩擦焊接成型。

直连型钻杆优点是钻杆接头外径小于 API 标准钻杆接头外径，增大了钻杆接头和井壁(套管内壁)之间的环空，可以获得更有利的水力学参数。

其缺点是难以加工较大外径尺寸的钻杆，主要适用于 3½″以下尺寸的钻杆如 2⅞″(73mm)钻杆和 3⅛″(79.4mm)钻杆，主要使用于小井眼井的钻井、开窗侧钻和大修等作业，有利于老油气井的改造[15]。直连型钻杆螺纹可与双台肩螺纹配合，增强其井下作业性能。

3. 双锥面钻杆

深井、超深井钻井中，为提高钻井时效，起下钻环节采用了“一吊一卡”作业形式，即拆卸钻具时，使用卡瓦卡住钻杆管体来固定钻具。相对于传统的双吊卡作业，可以节省更换吊卡的体力和时间，从而提高了作业速度和效率，同时该作业形式也可以防止单吊环事件，从而一度在深井和超深井中得到了推广应用。

由于深井和超深井钻具悬重大，卡瓦夹持钻具时易咬伤钻杆表面，甚至导致钻杆管体被挤变形，对钻具损伤较大，缩短了钻杆使用寿命，且易发生钻具失效事故。因此开发出双锥面钻杆（图 1-9），该种钻杆将钻杆内螺纹接头连接的管体部分外径加大，形成第二锥面，在起下钻过程中通过专用气动吊卡的配合，可以实现提高起下钻效率的目的。

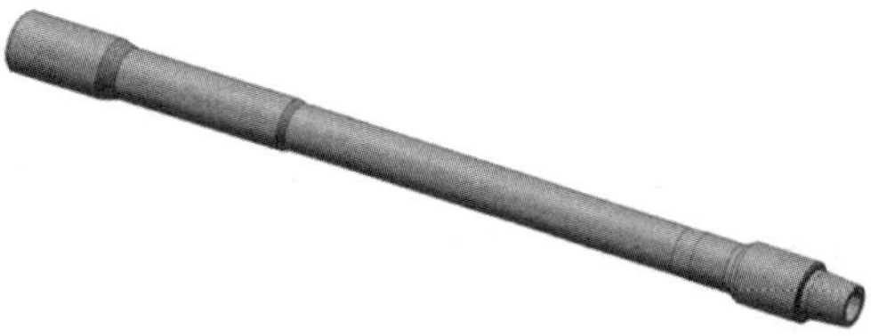

图 1-9　双锥面钻杆示意图

双锥面钻杆是一种新兴钻井设备，正处于推广阶段，还有进一步发展和提升的空间。

4. 双壁钻杆

双壁钻杆，又称双层钻杆，由内、外两层钻杆（称内管和外管）所组成，如图 1-10 所示。内、外管之间构成环形间隙，允许各种流体通过，以满足特殊工艺需求。

图 1-10　双壁钻杆示意图

双壁钻杆内外管之间的环形间隙，既可以在充气欠平衡钻井中作为寄生管线向井内充气，也可以成为钻井液注入或返回的通道，使钻井液不流经钻杆和井眼间的环空而完成循环。因此，双壁钻杆钻井方法可以应用于多种钻井环境中，且能进行正循环和反循环两种方式。

目前双壁钻杆多应用于低压地层的充气欠平衡钻井、气体反循环钻井、易漏失地层钻井等。

在气举反循环工艺中，双壁钻杆具有钻进效率高、钻头寿命长、成井质量好，在复杂地层中钻进安全可靠，而且对地下水源污染小，节省辅助时间和减轻劳动强度等优点[16]。

双壁钻杆是一种新兴钻井设备，有着较为良好的应用前景。其缺点在于：①双壁钻杆的可靠性和寿命还需要进一步提高；②双壁钻杆使用成本比普通钻杆高。

双壁钻杆正处于推广阶段，还有进一步发展和提升的空间。目前这种钻杆除在石油钻井中使用外，也已在大口径瓦斯排放井、通风井、矿山抢险救援井中得到应用[17]。

（三）其他钻杆

1. 隔热钻杆

随着勘探开发逐步向深部发展，井下情况越来越复杂，风险加大，因此亟待随钻仪器对钻井过程进行实时监控和控制，为随钻仪器创造一个良好的工作环境。

而部分区域深井、超深井地层温度高（200℃），严重影响内部关键探测设备的正常运转。在传感设备和仪器工作温度暂时无法提高的前提下，为确保井下仪器工作正常，开发出各种隔热钻杆，降低钻杆的传热效率，使钻杆内部温度显著小于环空温度，为钻杆内部的探测设备创造良好的工作环境。

目前隔热钻杆主要采用几种方式：第一种是在钻杆内附加衬管，钻杆内壁和衬管之间添加隔热材料或者形成真空，从而达到隔热效果；第二种是在钻杆内壁或外壁喷涂隔热涂层，从而形成隔热钻杆；第三种是在钢制钻杆内部镶套隔热衬管形成复合材料钻杆。

目前各种技术均不够成熟，依然处于研发阶段。

2. 智能钻杆

智能钻杆是为了满足智能随钻技术快速发展需求而产生的一种新型钻杆。

井下随钻技术和仪器种类近 10 年急剧增加，随钻前探技术（实时探测探测仪器 15ft 内油水界面，从而精确寻找油气藏位置）、随钻地震技术（实时探测钻头前方未钻地层的地层压力等参数，可有效降低钻井风险）、随钻天然气裂缝识别技术、实时地质导向技术（三维可视化、辅助决策）、实时钻头磨损情况检测技术等一大批井下随钻技术和设备仪器被开发出来，井下数据量越来越大，亟需高速率、大容量、实时的数据传输。

目前井下实时数据传输主要采用钻井液压力脉冲、无线声波、电磁波等方式进行，衰减大、抗干扰能力差，传输效率低下，每秒传输数据在 100B 以下，故井下信息实时传输已经成为随钻技术和智能钻井技术发展的一个瓶颈，具有高速、大容量信息传输的智能钻杆是亟需发展的新型钻杆。

目前已经出现了部分投入商用的智能钻杆，通过在钻杆中埋入同轴铠装数据电缆，接头处通过电磁感应实现数据连接，从而实现井下数据有线传输。据公开报道可知，这种智能钻杆传输数据可以达到每秒 2MB 以上，是传统钻井液压力脉冲的 20 万倍，且不受钻井液紊流、钻杆运动和井下环境的干扰。缺点是信号传输衰减依然较大，需要在钻柱中加装信号中继装备。

部分智能钻杆采用了新型非金属材料（如碳纤维复合材料），将电缆、传感器等均集成到钻杆中，有重量轻、耐腐蚀等特点。

部分钻杆探索埋入动力电缆，以便向井下仪器提供动力。

目前的智能钻杆技术还没有完全成熟，很多技术还需要继续探索，但智能钻杆的出现，已有望将井下和地面设备整合起来，构建一个宽带网络，实现钻井的智能化。

四、钻杆发展趋势

石油钻井杆是用于传递动力、输送泥浆的主要工具。在整个钻柱中，钻杆用量占 85% 以上，是钻井中的主要工具。随着世界经济的发展，石油天然气的需求不断增长，而目前国际大型石油天然气开发项目却都集中在深井、超深井、深海井、高腐蚀性井等领域，油气井钻探难度明显加大。这表明，只有不断地进行钻杆的理论研究、不断地提高钻杆的质量、不断地研究开发满足最新钻井技术要求的钻杆新产品，才能满足日益苛刻的钻井作业要求。

目前钻井和钻井设备发展的大趋势，第一是满足提速提效以降本增效的要求；第二是满足深井、超深井和海洋钻井等地质情况复杂的油气藏，以及煤层气、地热井等非常规油气藏开发需求；第三是适应自动化、智能化发展方向。

提速提效是钻井永恒的主题。随着技术的进步，提速提效不断取得成效，但是潜力依然很大，尤其是深井、水平井、大位移井和深水钻井。提速提效的途径很多，包括工厂化作业模式、高效钻井液、钻井工艺提升、地面和井下技术装备等。钻杆的发展也能为提速提效提供支持，如双锥面钻杆，可以在一定程度上提高起下钻效率；高强度钻杆、高抗扭钻杆等，可以降低钻杆失效率，减少钻杆失效带来的钻井失效时间。

深井、超深井等地质情况复杂的井眼，可能面临复杂的井下工况，如高温、高压、高含硫化氢，可能面对高流速、高冲蚀、高腐蚀性、强酸碱等特殊钻井流体或井内流体环境，可能面对各种高研磨性、大曲率、地层倾角大等地质条件，急需各种新型的、高可靠性钻杆，高抗硫钻杆、铝合金钻杆、钛合金钻杆、碳纤维复合型钻杆等新型材料钻杆，以及双台肩高抗扭钻杆、高密封型钻杆等新型结构钻杆应运而生，也急需各种能耐高温、耐冲蚀、耐研磨的新型内涂层和耐磨带材料。未来针对这些复杂的工况的钻杆可能有进一步的发展。

非常规油气藏，如煤层气、地热井、页岩气乃至科探井，都有可能出现专用的钻杆，或为降低成本、或为提高效率、或为提高安全性、或为满足特殊需要。

钻井及钻井设备的自动化、智能化是未来一个重要的发展趋势。智能化可以分为地面智能化、井下智能化以及辅助决策的智能化。智能钻杆将是未来井下智能化的关键设备，有可能将井下数据传感器、数据传输系统甚至部分 PLC 系统集成到钻杆中，使智能钻杆成为井下智能设备的关键，并成为井下和地面智能系统的数据连接大动脉，成为智能导向、智能钻井液、智能完井系统、智能钻机的核心部件。

此外，钻杆理论研究也在不断发展中，如对钻杆失效机理的分析、钻杆井下受力分析和模拟、钻杆自动化检测等技术和设备也是未来发展的重要方向[18-20]。

第三节　方　钻　杆

一、概述

方钻杆(Kelly)：位于水龙头和钻杆之间，横截面内为圆孔、外为正四方形或正六边形的钢制管件，靠转盘驱动管体并将扭矩传递给钻柱，内控用于输送钻井液。

方钻杆适用于转盘钻进，运输应装入金属防护管，以防碰撞和弯曲。

方钻杆应遵循行业标准 SY/T 6509《方钻杆》。

二、方钻杆规范

1. 命名

方钻杆根据外形可分为两种形式：

四方方钻杆：管体横截面内为圆孔、外为正四方形的方钻杆，代号为 FZ。

六方方钻杆：管体横截面内为圆孔、外为正六方形的方钻杆，代号为 LFZ。

石油钻井多用四方方钻杆。

2. 结构

四方方钻杆结构如图 1-11(a)，六方方钻杆结构如图 1-11(b)。

3. 尺寸规范

方钻杆尺寸规范见表 1-10。

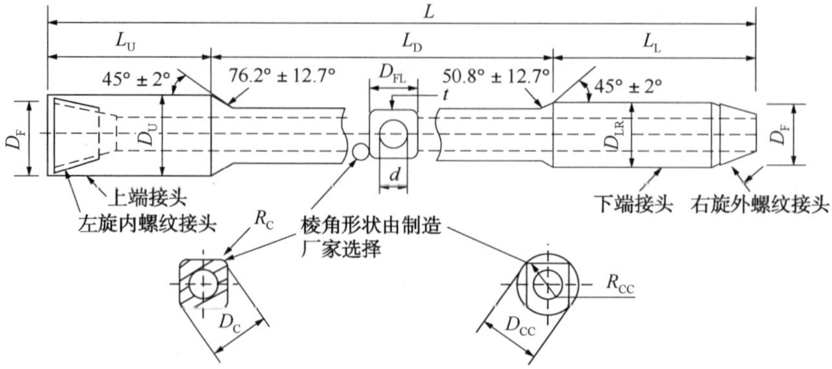

(a)四方方钻杆

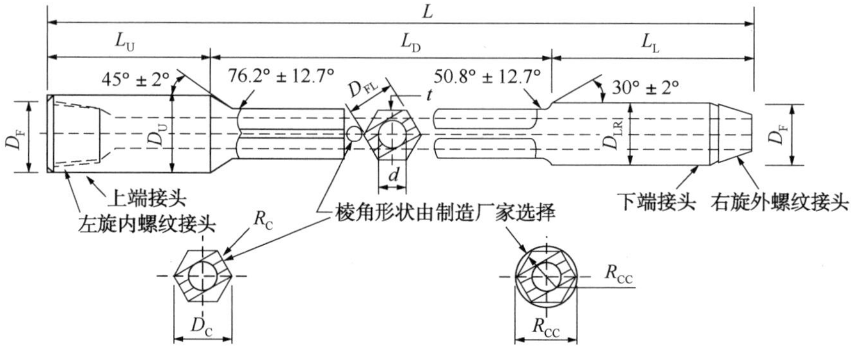

(b)六方方钻杆

图 1-11　方钻杆结构示意图

表 1-10a　方钻杆端部加厚和连接

1	2	3	4	5	6	7	8	9	10	11
规格/mm		上端内螺纹				下端外螺纹				
		螺纹型号	外径 $D_U \pm 0.8$	倒角直径 $D_F \pm 0.4$	加厚端长度 $L_{U\ -0}^{\ +63.5}$	螺纹型号	外径 $D_{LR} \pm 0.4$	内径 $d_{-0.0}^{+1.6}$	倒角直径 $D_F \pm 0.4$	加厚端长度 $L_{L\ -0}^{\ +63.5}$
四方钻杆										
76.2	标准	6⅝REG	196.9	186.1	406.4	NC31	104.8	44.5	100.4	508.0
	选用	4½REG	146.1	134.5	406.4	NC31	104.8	44.5	100.4	508.0
88.9	标准	6⅝REG	196.9	186.1	406.4	NC38	120.7	57.2	116.3	508.0
	选用	4½REG	146.1	134.5	406.4	NC38	120.7	57.2	116.3	508.0
108.0	标准	6⅝REG	196.9	186.1	406.4	NC46	158.8	71.4	145.3	508.0
	标准	6⅝REG	196.9	186.1	406.4	NC50	161.9	71.4	154.0	508.0
	选用	4½REG	146.1	134.5	406.4	NC46	158.8	71.4	145.3	508.0
	选用	4½REG	146.1	134.5	406.4	NC50	161.9	71.4	154.0	508.0
133.4	标准	6⅝REG	196.9	186.1	406.4	5½FH	177.8	82.6	170.7	508.0
	标准	6⅝REG	196.9	186.1	406.4	NC56	177.8	82.6	171.7	508.0

续表

1	2	3	4	5	6	7	8	9	10	11
六方钻杆										
108.0	标准	6⅝REG	196.9	186.1	406.4	NC38	120.7	57.2	116.3	508.0
	选用	6⅝REG	146.1	134.5	406.4	NC38	120.7	57.2	116.3	508.0
133.4	标准	6⅝REG	196.9	186.1	406.4	NC46	158.8	76.2	145.3	508.0
	选用	6⅝REG	196.9	186.1	406.4	NC50	161.9	82.6	154.0	508.0

表 1-10b 方钻杆驱动部分

1	2	3	4	5	6	7	8	9	10	11
规格/mm	驱动部分长度/m		全长/m		对边宽/mm	对角宽/mm	对角宽/mm	半径/mm	半径/mm	偏心孔最小壁厚/mm
	标准 $L_{D\,-0.127}^{\,+0.125}$	选用 $L_{D\,-0.127}^{\,+0.125}$	标准 $L_{-0.000}^{+0.152}$	选用 $L_{-0.000}^{+0.152}$	D_{FL}	D_C	$D_{CC\,-0.4}^{\,+0.0}$	R_C	R_{CC} 仅供参考	t
四方钻杆										
76.2	11.28	—	12.19	—	76.2	100.0	98.43	9.5	49.2	11.43
88.9	11.28	—	12.19	—	88.9	115.1	112.70	12.7	56.4	11.43
108.0	11.28	15.54	12.19	16.46	108.0	141.3	139.70	12.7	69.9	12.07
133.4	11.28	15.54	12.19	16.46	133.4	175.4	171.45	15.9	85.7	15.88
六方钻杆										
108.0	11.28	15.54	12.19	16.46	108.0	122.2	121.44	7.9	60.7	15.88
133.4	11.28	15.54	12.19	16.46	133.4	151.6	149.86	9.5	75.0	15.88

4. 机械性能

方钻杆壁厚比钻杆大 3 倍左右，并用高强度的合金钢制造，因此具有较高的抗拉强度和抗扭强度。方钻杆的机械性能见表 1-11。

表 1-11 方钻杆的机械性能

下部加厚端外径/mm	屈服强度/MPa	抗拉强度/MPa	延伸率/%	布氏硬度/HBW	夏比冲击吸收能/J
85.7~174.6	≥758	≥965	≥13	≥285	≥54 或≥70
177.8	≥689	≥931	≥13	≥285	≥54 或≥70

注：在特殊工况下，根据供求双方协商，可将夏比冲击吸收能确定为大于 70J。

第四节 加重钻杆

一、概述

加重钻杆(Heavy Weight Drill Pipe，HWDP)是一种壁厚比普通钻杆大、接头尺寸长、两端接头之间有整体式耐磨垫、具有稳定器的作用的钻柱构件。加重钻杆像钻铤一样，能在受压状态下工作。

加重钻杆的总长度一般为 9.45m，也有特殊长度为 2m、3m、13m 的，两端有超长的外加厚接头，中间有一个或两个加厚部分，用以保护管体使之不易磨损，长度为 13m 的加重钻杆中间有两个加厚部分。

加重钻杆作用如下：

① 位于钻铤与钻杆之间的过渡区，以缓和两者弯曲应力的变化、减少钻杆的损坏。

② 在小井眼钻井中代替钻铤，操作方便。

③ 在定向井中代替大部分钻铤，以减少扭矩和黏附卡钻等的发生，同时有利于保持定向井的方位。由于钻铤与井壁接触面积大，转动时与井壁摩擦力较大，使井眼有偏转的趋势。使用加重钻杆代替钻铤时，可以减少这种确实趋势，有利于保持定向井方位。

根据加重钻杆的加工方式，可以将加重钻杆分为整体加重钻杆（也称一体式加重钻杆）和摩擦焊接加重钻杆。

加重钻杆内螺纹接头与钻杆吊卡扣合处可按要求制作成 18°锥型台肩。不论整体的还是对焊的，在其两端接头和中间加厚部分都有加厚耐磨带。

二、加重钻杆规范

1. 命名

国产整体加重钻杆按下列原则命名：

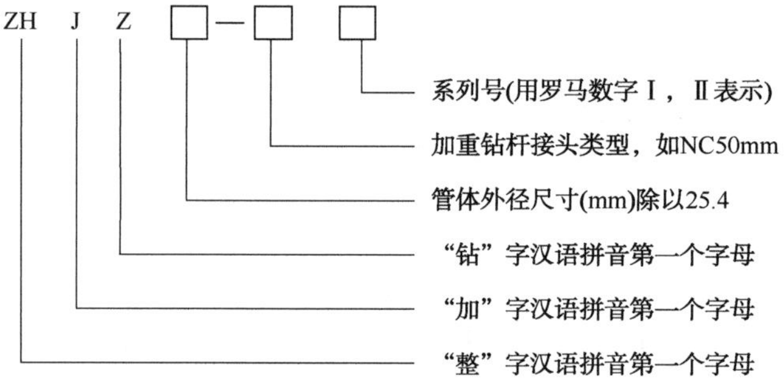

摩擦焊接加重钻杆按下列原则命名：

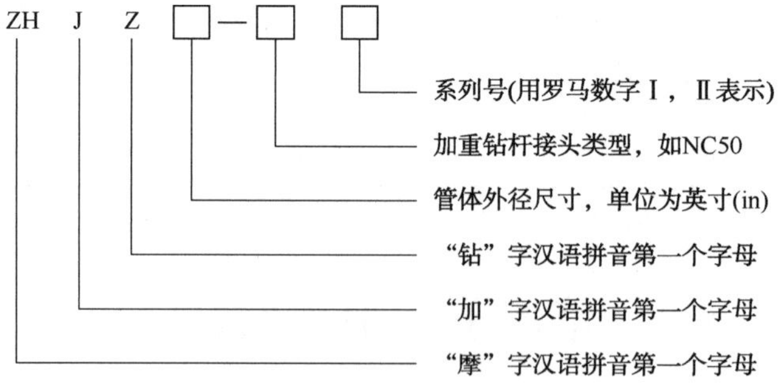

2. 结构

整体加重钻杆结构如图 1-12 所示，摩擦焊接加重钻杆结构如图 1-13 所示。

3. 尺寸规范

整体加重钻杆尺寸规格见表 1-12-A。

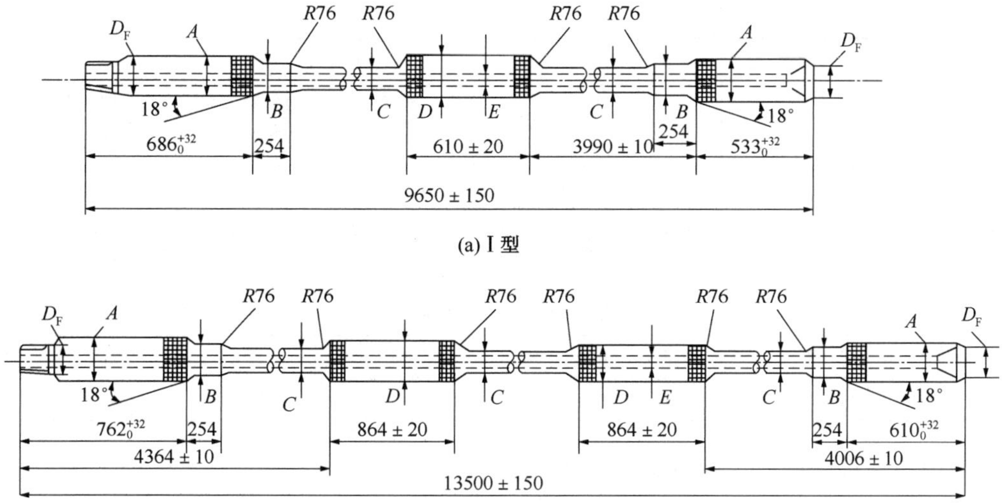

(a) Ⅰ型

(b) Ⅱ型

图 1-12 整体加重钻杆结构(单位：mm)

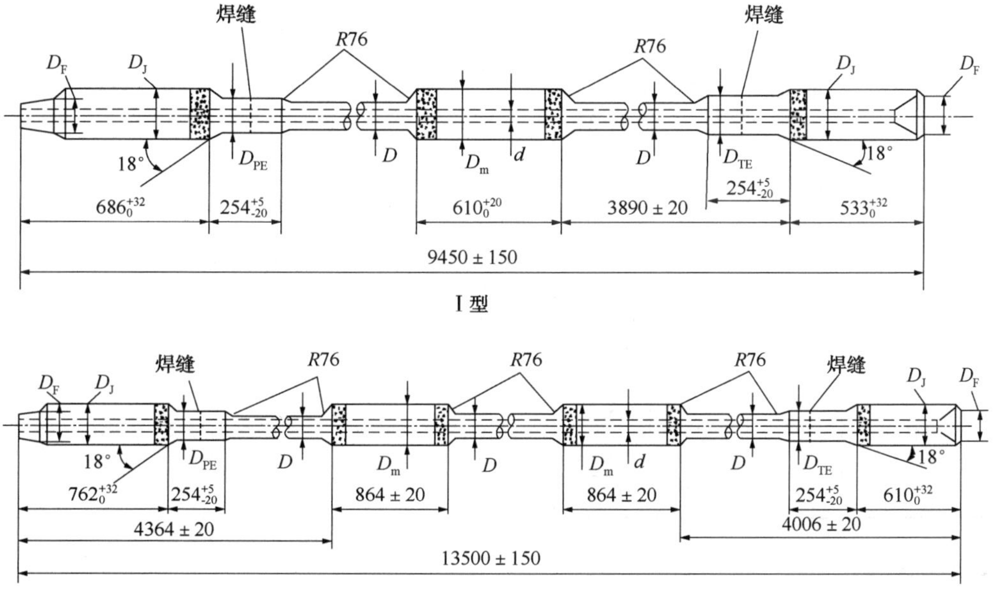

Ⅰ型

Ⅱ型

图 1-13 摩擦焊接加重钻杆结构(单位：mm)

表 1-12-A 整体加重钻杆尺寸规格[21]

型号	外径/C		内径/E		接头				管体	
					型式	外径 A		内外螺纹台肩倒角$D_F$mm	加厚部分尺寸	
	mm	in	mm	in		mm	in		中部 Dmm	端部 Bmm
Ⅰ型(单根长度为 9650mm)										
ZH-JZ55-5½FH-Ⅰ	139.7	5½	92.1	3⅝	5½FH	177.8	7	170.7	152.4	144.5
ZH-JZ50-NC50-Ⅰ	127.0	5	76.2	3	NC50	168.3	6½	154.0	139.7	130.2

续表

型号	外径/C		内径/E		接头				管体	
					型式	外径 A		内外螺纹台肩倒角 D_F mm	加厚部分尺寸	
	mm	in	mm	in		mm	in		中部 Dmm	端部 Bmm
Ⅰ型(单根长度为9650mm)										
ZH-JZ45-NC46-Ⅰ	114.3	4½	71.4	$2\frac{13}{16}$	NC46	158.8	6¼	145.3	127.0	119.06
ZH-JZ35-NC38-Ⅰ	88.9	3½	52.4	$2\frac{1}{16}$	NC38	127.0	4¾	116.3	101.6	98.43
Ⅱ型(单根长度为13500mm)										
ZH-JZ50-NC50-Ⅱ	127.0	5	76.2	3	NC50	168.3	6⅝	154.0	139.7	130.2
ZH-JZ45-NC46-Ⅱ	114.3	4½	71.4	$2\frac{13}{16}$	NC46	158.8	6¼	145.3	127.0	117.5

摩擦焊接加重钻杆尺寸规格见表1-12-B。

表1-12-B 摩擦焊接加重钻杆尺寸规格

型号	接头				管体				
	规格外径/D		内径 d/mm	类型	规格外径/D		加厚部分尺寸/mm		内径 d/mm
	mm	in			mm	in	中部	端部	
MJZ35-NC38-Ⅰ/Ⅱ	88.90	3½	57.15	NC38 (3½IF)	88.90	3½	101.60	98.43	57.15
			52.39						52.39
MJZ45-NC46-Ⅰ/Ⅱ	114.30	4½	68.26	NC46 (4 IF)	114.30	4½	127.00	119.06	68.26
			69.85						69.85
			71.44						71.44
MJZ50-NC50-Ⅰ/Ⅱ	127.00	5	76.2	NC50 (4½IF)	127.00	5	139.70	130.18	76.20
MJZ55-5½FH-Ⅰ/Ⅱ	139.70	5½	82.55	5½FH	139.70	5½	152.40	144.46	82.55
			85.72						85.72
			98.42						98.42
			101.60						101.60

4. 机械性能

加重钻杆管体和接头的机械性能见表1-13。

表1-13 整体加重钻杆管体和接头的机械性能

项目		屈服强度/MPa	抗拉强度/MPa	伸长率 A/%	布氏硬度/HB
整体加重钻杆					
管体和接头		≥965	≥758	≥13	285~341
摩擦焊接加重钻杆					
管体	A级	≥517	≥690	≥14.5	≥235
	B级	≥379	≥655	≥18	—
接头		≥827	≥965	≥13	285~341

5. 化学成分

整体式加重钻杆材料为 42CrMo 钢，化学成分中磷、硫含量不应超过 0.025%。

摩擦焊接加重钻杆管体和接头用钢化学成分中磷、硫含量要求见表 1-14。

表 1-14 摩擦焊接加重钻杆管体和接头化学成分

元素	P	S
加重钻杆管体	≤0.020%	≤0.015%
接头	≤0.020%	≤0.015%

三、常用加重钻杆数据

常用加重钻杆数据见表 1-15。

表 1-15 常用加重钻杆数据

公称尺寸/in	5	$3\frac{1}{2}$	中部加厚/in(mm)	$5\frac{1}{2}$(139.7)	4(101.6)
公称质量/(lb/ft)	50	26	接头外径/in(mm)	$6\frac{1}{2}$(165.1)	$4\frac{3}{4}$(120.6)
定尺长度级别	I	I	接头内径/in(mm)	$3\frac{1}{16}$(/77.8)	$2\frac{3}{16}$(55.6)
中部磨辊数量	1	1	母接头长度/in(mm)	21(533.4)	21(533.4)
磨辊长度/in(mm)	21(609.6)	21(609.6)	公接头长度/in(mm)	27(685.8)	27(685.8)
壁厚/in(mm)	1(25.4)	0.719(18.2)	管体抗拉强度/N	3070	1530
内径/in(mm)	3(76.2)	$2\frac{1}{16}$(52.4)	接头抗拉强度/N	5630	3330
重量/(kg/m)	73.5	37.7	管体抗扭强度/(N·m)	76600	2654
内容积/(L/m)	4.61	2.19	接头抗扭强度/(N·m)	69660	2383
开排/(L/m)	9.36	4.81	紧扣扭矩/(N·m)	39850	13420
闭排/(L/m)	13.97	7	连接型式	NC50	NC38
端部加厚/in(mm)	$5\frac{1}{8}$(130.2)	$3\frac{5}{8}$(92.1)			

第五节 钻 铤

一、概述

钻铤(Drill Collar)：用于对钻头施加钻压的刚性大的厚壁管。

钻铤是钻柱的主要组成部分之一，其作用是给钻头提供足够的钻压，并保持钻头钻进方式稳定。钻铤的重量也使钻杆处于受拉状态，以防钻杆弯曲。

钻铤应遵循行业标准 SY/T 5144《钻铤》。

二、钻铤规范

1. 命名

钻铤根据材料分为普通钻铤和无磁钻铤两种形式。

普通钻铤又分为圆柱式钻铤(圆钻铤)和螺旋钻铤。

圆钻铤(A 型)：用普通合金钢制成的、管体横截面内外皆为圆形的钻铤，代号为 ZT。

螺旋钻铤(B 型)：用普通合金钢制成的、管体外表面具有螺旋槽的钻铤。根据螺旋槽的不同又分为两种形式，即Ⅰ型和Ⅱ型，代号分别为 LTI、LTⅡ。

无磁钻铤(C 型)：用磁导率很低的合金钢制成的，管体横截面内侧皆为圆形，外侧为圆形或螺旋形的钻铤，代号为 WT。螺旋形无磁钻铤的结构和尺寸符合 B 型钻铤的规定。

钻铤的标记方法如下：

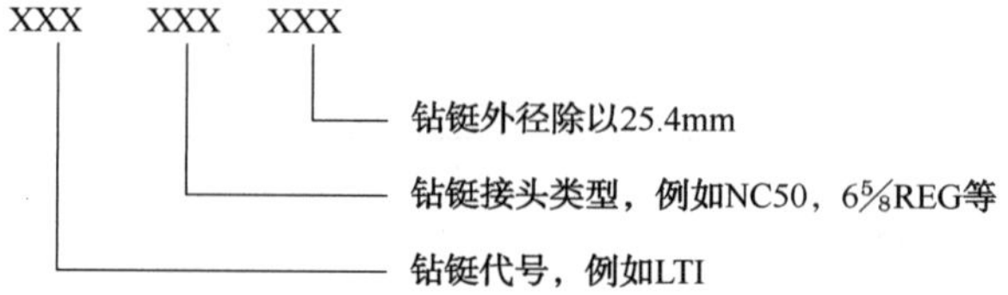

2. 结构

钻铤的结构见图 1-14、图 1-15 和图 1-16。其中图 1-15、图 1-16 中的横截面位于钻铤轴向的中间位置。

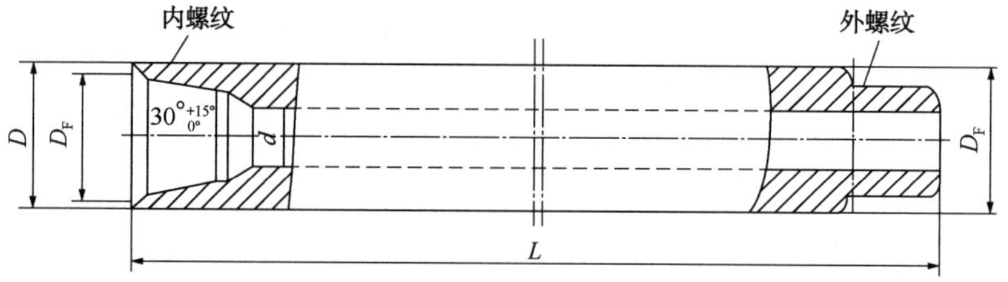

图 1-14 A 型、C 型钻铤结构

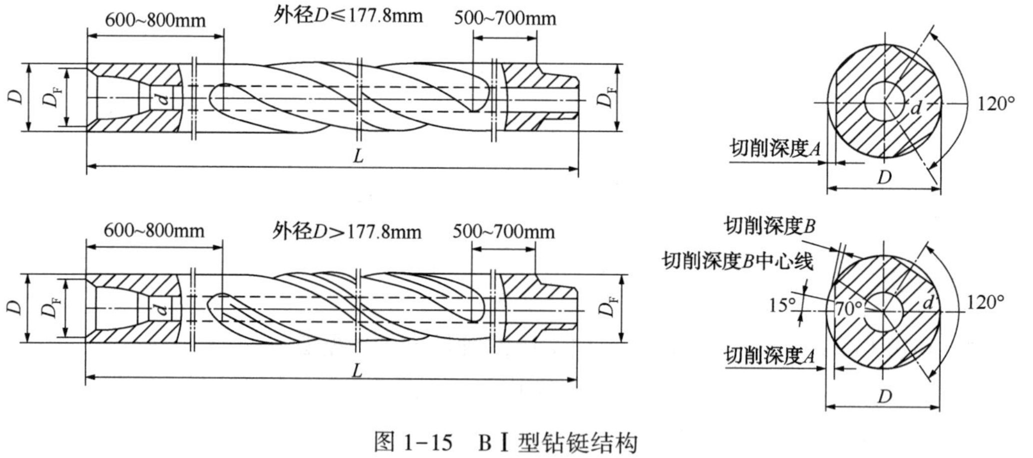

图 1-15 BⅠ型钻铤结构

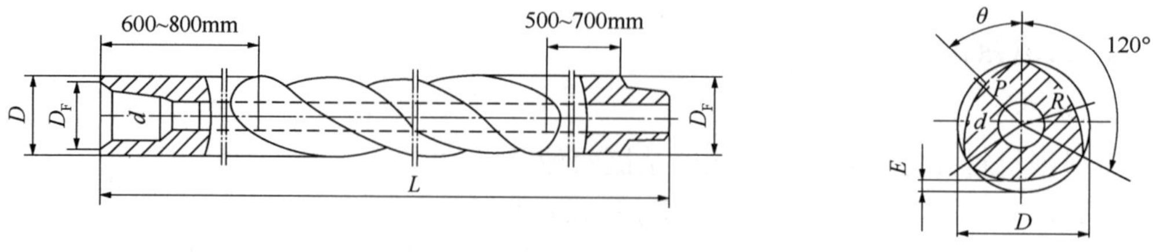

图 1-16 BⅡ型钻铤结构

3. 尺寸规范

API 钻铤规范见表 1-16。

表 1-16 API 钻铤规范(API SPEC7-2)[23]

钻铤数字	外径		内径	倒角	长度	质量	紧扣扭矩		弯曲强度比
	mm	in	mm	mm	m	kg/m	最小	最大	
NC23-31	79.4	3⅛	31.8	76.2	9.1	32.7	4.45	4.9	2.57 : 1
NC26-35	88.9	3½	38.1	82.9	9.1	45	6.25	6.9	2.42 : 1
NC31-41	104.8	4⅛	50.8	100.4	9.1	51.6	9.0	9.9	2.43 : 1
NC35-47	120.7	4¾	50.8	114.7	9.1	69.7	12.5	13.5	2.58 : 1
NC38-50	127.0	5	57.2	121.0	9.1	79.3	17.5	19.0	2.38 : 1
NC44-60	152.4	6	57.2	144.5	9.1 或 9.4	122.9	31.5	35.0	2.49 : 1
NC44-60	152.4	6	71.4	144.5	9.1 或 9.4	111.6	24.5	27.0	2.84 : 1
NC44-62	158.8	6¼	57.2	149.2	9.1 或 9.4	134.7	31.5	35.0	2.91 : 1
NC46-62	158.8	6¼	71.4	150.0	9.1 或 9.4	123.6	30.0	33.0	2.63 : 1
NC46-65	165.1	6½	57.2	154.8	9.1 或 9.4	148.1	38.0	42.0	2.76 : 1
NC46-65	165.1	6½	71.4	154.8	9.1 或 9.4	136.4	30.0	33.0	3.05 : 1
NC46-67	171.5	6¾	57.2	159.9	9.1 或 9.4	161.5	38.0	42.0	3.18 : 1
NC50-70	177.8	7	57.2	164.7	9.1 或 9.4	174.9	51.5	56.5	2.54 : 1
NC50-70	177.8	7	71.4	164.7	9.1 或 9.4	163.2	43.5	48.0	2.73 : 1
NC50-72	184.2	7¼	71.4	169.5	9.1 或 9.4	177.2	43.5	48.0	3.12 : 1
NC56-77	196.9	7¾	71.4	185.3	9.1 或 9.4	107.0	65.5	71.5	2.70 : 1
NC56-80	203.2	8	71.4	190.1	9.1 或 9.4	222.7	65.5	71.5	3.02 : 1
6⅝REG	209.6	8¼	71.4	195.7	9.1 或 9.4	238.7	72.0	79.0	2.93 : 1
NC69-90	228.6	9	71.4	212.7	9.1 或 9.4	290.2	92.0	101.0	3.17 : 1
7⅝REG	241.3	9½	76.2	223.8	9.1 或 9.4	322.9	119.5	131.5	2.81 : 1
NC70-97	247.7	9¾	76.2	232.6	9.1 或 9.4	342.3	142.5	156.5	2.57 : 1
NC70-100	254.0	10	76.2	237.3	9.1 或 9.4	261.6	142.5	156.5	2.81 : 1
NC77-110	279.4	11	76.2	268.0	9.1 或 9.4	445.0	194.0	213.5	2.78 : 1

钻铤的主要尺寸公差见表 1-17。

表 1-17 钻铤的主要尺寸公差[23]

外径范围		外径 D		外径差[a]		内径 d/	长度 L/	台肩倒角直径
mm	in	mm	in	mm	in	mm	mm	D_F/mm
≤88.9	≤3½	+1.190	1/64 0	≤0.89	≤0.035			
>88.9~114.3	>3½~4½	+1.590	1/64 0	≤1.17	≤0.046	+1.60	±152.4[b]	±0.4
>114.3~139.7	>4½~5½	+1.980	5/64 0	≤1.47	≤0.058			

续表

外径范围		外径 *D*		外径差[a]		内径 *d*/	长度 *L*/	台肩倒角直径
mm	in	mm	in	mm	in	mm	mm	D_F/mm
>139. 7~165. 1	>5½~6½	+3. 180	⅛0	≤1. 78	≤0. 070	+1. 60	±152. 4[b]	±0. 4
>165. 1~209. 6	>6½~8¼	+3. 970	5/32 0	≤2. 16	≤0. 085			
>209. 6~241. 3	>8¼~9½	+4. 760	1/16 0	≤2. 54	≤0. 100			
>241. 3	>9½	+6. 350	¼0	≤3. 05	≤0. 120			

注：a：该“外径差”指同一横截面上测量的最大与最小外径之差，不包括规定的表面修磨量。

b：C 型钻铤长度公差为(+152. 4，0)。

4. 机械性能

A 型、B 型钻铤的机械性能见表 1-18。

表 1-18　A 型、B 型钻铤的机械性能

外径范围		屈服强度		抗拉强度		延伸率/%	布氏硬度/HB	纵向夏比冲击吸收能/J
mm	in	MPa	psi	MPa	psi			
79. 4~171. 4	3⅛~6¾	≥758	≥110. 000	≥965	≥140. 000	≥13	285~341	平均值≥70 单个值≥60
177. 8~279. 4	7~11	≥689	≥100. 000	≥930	≥135. 000	≥13	285~341	平均值≥70 单个值≥60

C 型钻铤的机械性能见表 1-19。

表 1-19　C 型钻铤的机械性能

外径范围		屈服强度		抗拉强度		延伸率/%	布氏硬度/HB	纵向夏比冲击吸收能/J
mm	in	MPa	psi	MPa	psi			
79. 4~171. 4	3⅛~6¾	≥758	≥110. 000	≥827	≥120. 000	≥18	270~320	单个值≥75
177. 8~279. 4	7~11	≥689	≥100. 000	≥758	≥110. 000	≥20		

三、钻铤连接螺纹

钻铤损坏主要是连接螺纹的损坏，多数情况下是弯曲应力而非扭转应力导致的。根据钻铤尺寸选用合适的连接螺纹，对于保证其抗弯强度是至关重要的。

为保证内、外螺纹连接时的抗弯强度趋于平衡，钻铤内、外螺纹接头截面模数之比必须在一定的范围内，即内、外螺纹的刚度保持一定的比例，这个比例称为**弯曲强度比**。

钻铤的弯曲强度比一般为(2. 25~2. 75)∶1，最大允许误差为(2. 0~3. 2)∶1。

计算方法如下：

钻铤弯曲强度比[23]：

$$B_{sr}=\frac{Z_b}{Z_p}=\frac{\dfrac{D^4-b^4}{D}}{\dfrac{R^4-d^4}{R}}$$

式中 $B_{sr}B_{sr}$——弯曲强度比；

Z_b——内螺纹接头截面模数，mm^3；

Z_p——外螺纹接头截面模数，mm^3；

D——内螺纹接头外径（见图 1-17），mm；

d——外螺纹接头内径（见图 1-17），mm；

b——外螺纹接头末端处的内螺纹底径（见图 1-17），mm；

R——离外螺纹接头台肩 19.05mm 处的外螺纹底径（见图 1-17），mm。

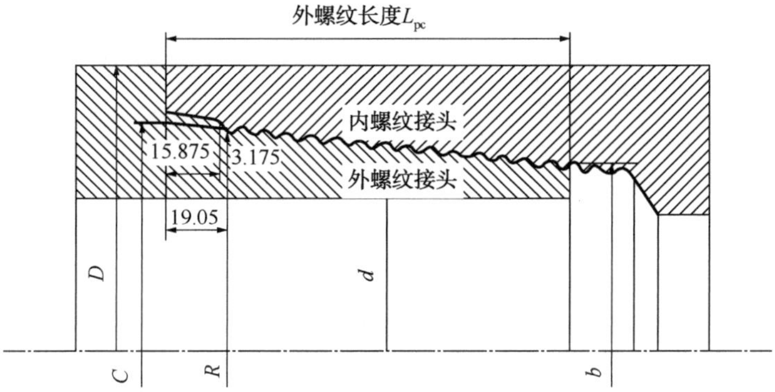

图 1-17 螺纹接头尺寸

应用公式前，首先计算牙底高度H_r及 b 和 R：

$$H_r=\frac{H}{2}-F_m$$

$$b=C-T_{pr}(L_{pc}-15.875)+2H_r$$

$$R=C-2H_r-3.175T_{pr}$$

式中 H_rH_r——牙底高度，mm；

H——螺纹理论高度，mm；

F_m——截底高度，mm；

C——基面中径，mm；

T_{pr}——锥度；

$L_{pc}L_{pc}$——外螺纹长度（见图 1-17），mm。

由于钻铤外径磨损比内径磨损快得多，螺纹弯曲强度比相应减少，当弯曲强度比下降到 2.0∶1 以下时，连接即可能出问题，如内螺纹胀大，内螺纹接头断裂或最后一圈螺纹发生疲劳裂纹，所以，根据钻铤的内外径选择合适的连接方式十分重要。钻铤螺纹尺寸见图 1-18、图 1-19 和表 1-20。

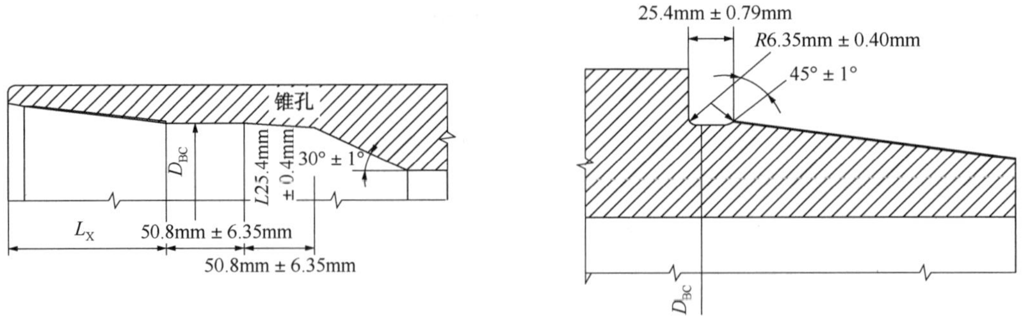

(a)内螺纹后扩孔应力分散结构　　(b)外螺纹后扩孔应力分散结构

图 1-18　钻铤螺纹应力分散槽

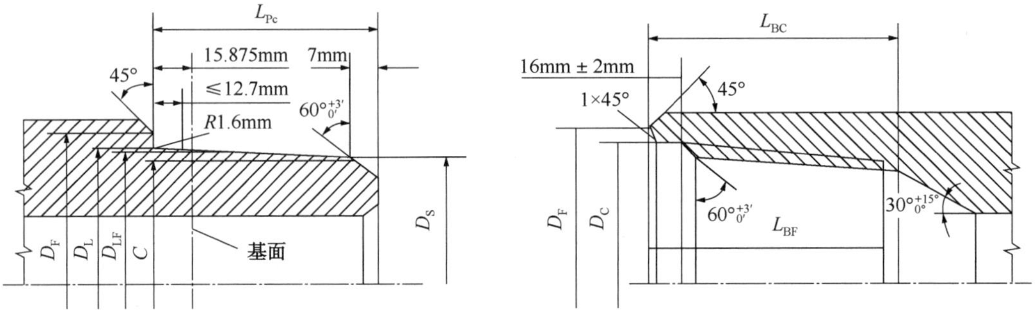

图 1-19　钻铤螺纹尺寸

表 1-20　钻铤螺纹尺寸

螺纹类型	螺纹牙型	螺距 P/mm	每 25.4mm 牙数	锥度	螺纹基面中径 C	外螺纹锥部大端直径 D_L	外螺纹圆柱部分直径 $D_{LF}=0.40$	外螺纹锥部小端直径 D_S	外螺纹锥部总长度 $L^{0}_{PC-3.2}$	内螺纹最小有效长度 L_{BT}	内螺纹锥部长度 $L^{+9.5}_{BC0}$	内螺纹扩锥孔大端直径 $Q^{+0.8}_{C-0.4}$
					mm							
NC23	V-0. 038R	6. 350	4	1 : 6	59. 817	65. 100	61. 90	52. 400	76. 2	79. 4	92. 1	66. 7
NC26	V-0. 038R	6. 350	4	1 : 6	67. 767	73. 050	69. 85	60. 350	76. 2	79. 4	92. 1	74. 6
NC31	V-0. 038R	6. 350	4	1 : 6	80. 848	86. 131	82. 96	71. 323	88. 9	92. 1	104. 8	87. 7
NC35	V-0. 038R	6. 350	4	1 : 6	89. 687	94. 971	92. 08	79. 096	95. 2	98. 4	111. 1	96. 8
NC38	V-0. 038R	6. 350	4	1 : 6	96. 723	102. 006	98. 83	85. 065	101. 6	104. 8	117. 5	103. 6
NC44	V-0. 038R	6. 350	4	1 : 6	112. 192	117. 475	114. 27	98. 425	114. 3	117. 5	130. 2	119. 1
NC46	V-0. 038R	6. 350	4	1 : 6	117. 500	122. 784	119. 61	103. 734	114. 3	117. 5	130. 2	124. 6
NC50	V-0. 038R	6. 350	4	1 : 6	128. 059	133. 350	130. 43	114. 300	114. 3	117. 5	130. 2	134. 9
NC56	V-0. 038R	6. 350	4	1 : 4	142. 646	149. 250	144. 86	117. 500	127. 0	130. 2	142. 9	150. 8
NC61	V-0. 038R	6. 350	4	1 : 4	156. 921	163. 525	159. 16	128. 600	139. 7	142. 9	155. 6	165. 1
NC70	V-0. 038R	6. 350	4	1 : 4	178. 146	185. 750	181. 38	147. 650	152. 4	155. 6	168. 3	187. 3
6⅝REG	V-0. 050	6. 350	4	1 : 4	146. 248	152. 197	149. 40	131. 039	127. 0	130. 2	142. 9	154. 0
7⅝REG	V-0. 050	6. 350	4	1 : 4	170. 549	177. 800	175. 01	144. 475	133. 4	136. 5	149. 2	180. 2
NC77	V-0. 038R	6. 350	4	1 : 4	196. 621	203. 2	198. 83	161. 95	165. 1	168. 3	181. 0	204. 8

LET 螺纹技术：

钻铤外螺纹大端最后啮合螺纹根部的疲劳断裂是疲劳失效的最常见的方式之一，这种失效主要是由于该处螺纹齿根的应力集中导致的，以往的一些研究和实验表明，大约 30% 的钻铤外螺纹载荷由大端最后啮合承担，这也是该处容易发生疲劳断裂的原因。

LET(Last Engaged Thread height reduction，最后啮合螺纹高度降低)螺纹技术通过降低外螺纹末端啮合齿高度以改善螺纹受力情况，从而降低公扣末端应力集中以延长钻铤螺纹疲劳寿命。

LET 螺纹技术相对于普通的应力减轻槽优点是：LET 扣每修一次扣，只需切头 16~24mm 左右，与通常修扣的切头一致，而普通应力减轻槽每修一次扣另需切头 50.8~76.2mm 左右，大大减少了钻具的使用寿命。

根据钻铤修扣频繁的特点，4¾″以上钻铤外螺纹宜加工成 LET 扣，即 LET 螺纹结构型式（见图 1-20）多使用于 NC46-NC77 外螺纹接头。

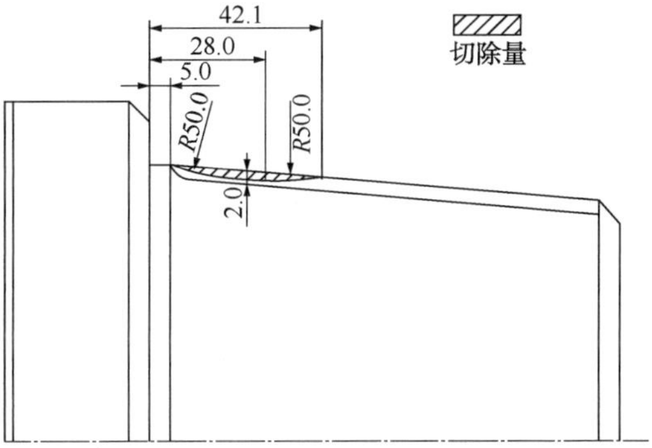

图 1-20　LET 螺纹结构示意图

四、螺旋钻铤

螺旋钻铤的作用是可以减少黏附卡钻的发生，它在圆钻铤外圆柱面上加工出三条右旋螺旋槽，在外螺纹端接头部分留有一段 305~560mm 的不切槽的圆钻铤段，在内螺纹接头部分留有 475~610mm 的不切槽的圆钻铤段，其重量比同尺寸的圆钻铤减少 4%。

各种规格的螺旋钻铤连接螺纹、内外径尺寸偏差、直线度、用钢和机械性能以及化学成分要求等均和普通钻铤一样。

BI 型钻铤的螺纹槽尺寸见表 1-21。

表 1-21　BI 型钻铤的螺纹槽尺寸

外径 D		切削深度 A/mm	导程+25.4/mm	切削深度 B/mm
mm	in			
98.4	3¾	4.0±0.79	914	
101.6~111.1	4~4⅜	4.8±0.79	914	
114.3~130.2	4½~5⅛	5.6±0.79	965	
133.4~146.1	5¼~5¾	6.4±0.79	1067	
149.2~161.9	5⅞~6⅜	7.1±1.59	1067	
165.1~177.8	6½~7	7.9±1.59	1168	
181.0~200.0	7⅛~7⅞	8.7±1.59	1626	5.6±0.79
203.2~225.4	8~8⅞	9.5±1.59	1727	6.4±0.79
228.6~250.8	9~9⅞	10.3±2.37	1829	7.1±1.59
254.0~276.2	10~10⅞	11.1±2.37	1930	7.9±1.59
279.4	11	11.9±2.37	2032	8.7±1.59

注：BI 型钻铤有 3 个螺旋槽，右旋，均布。

BⅡ型钻铤的螺纹槽尺寸见表1-22。

表1-22　BⅡ型钻铤的螺纹槽尺寸

外径 D		最大切削深度 $E=2e$①/mm	导程±25.4/mm
mm	in		
120.6	4¾	4.8	1000
155.6	6⅛	6.4	
158.8	6¼	6.4	
171.4	6¾	7.1	
184.2	7¼	7.9	
190.5	7½	7.9	
196.9	7¾	7.9	
203.2	8	9.5	
209.6	8¼	9.5	
215.9	8½	9.5	
228.6	9	9.5	
241.3	9½	11.9	
254.0	10	11.9	

注：BII型钻铤有3个螺旋槽，右旋，均布。①BII型钻铤外轮廓曲线方程：

$$\rho=R-e(1-\cos3\theta)$$

其中：ρ为极径，θ为极角，R为半径，e为系数。

为提高起下钻效率，近年来发展出一种带吊卡槽或卡瓦槽的螺纹钻铤。

带吊卡槽和卡瓦槽的螺旋钻铤：在普通钻铤或螺旋钻铤的内螺纹端外表面上加工吊卡槽和卡瓦槽，起下钻时就可不用提升短节和安全卡瓦，从而方便起下钻，提高起钻时效。

钻铤吊卡槽和卡瓦槽的过渡半径经特殊滚压工具冷压处理，增加了疲劳寿命。

钻铤吊卡槽和卡瓦槽规格见表1-23。

表1-23　钻铤吊卡槽和卡瓦槽规格

钻铤外长		吊卡槽直径/mm	卡瓦槽直径/mm	吊卡槽半径/mm	吊卡内径/mm	
mm	in				上	下
104.8	4⅛	93.66	95.25	3.18	96.84	107.95
120.7	4¾	107.95	111.13	3.18	111.13	123.83
127	5	114.3	117.48	3.18	117.48	130.18
152.4	6	136.53	139.70	3.18	139.70	155.58
158.8	6¼	142.88	146.05	3.18	146.05	161.93
165.1	6½	149.23	152.40	3.18	152.40	168.28
171.5	6¾	152.4	158.75	4.76	157.16	174.63
177.8	7	158.75	165.10	4.76	163.51	180.98
184.2	7¼	165.10	171.45	4.76	169.86	187.33

续表

钻铤外长		吊卡槽直径/mm	卡瓦槽直径/mm	吊卡槽半径/mm	吊卡内径/mm	
mm	in				上	下
196. 9	7¾	177. 80	184. 15	4. 76	182. 56	200. 03
203. 2	8	184. 15	190. 50	4. 76	188. 91	206. 38
209. 6	8¼	190. 50	196. 85	4. 76	195. 26	212. 73
228. 6	9	206. 38	215. 90	6. 35	212. 73	231. 78
241. 3	$9^{1}/_{1}$	219. 08	228. 60	6. 35	225. 47	244. 48
247. 7	9¾	225. 43	234. 95	6. 35	231. 78	250. 83
254	10	231. 78	241. 30	6. 35	238. 13	257. 18
279. 4	11	257. 18	166. 70	6. 35	263. 53	282. 58

五、无磁钻铤

1. *无磁钻铤的结构及作用*

无磁钻铤的结构与一般钻铤相同，只是化学成分和机械性能等有别于普通钻铤。无磁钻铤是定向钻井工程中具有特殊功能的钻具。定向钻井用磁力测斜仪测定井眼倾斜角和方位角时，为使罗盘不受钻柱磁场的影响，在钻柱中必须配备一定长度的无磁钻铤，使磁力测斜仪位于无磁钻铤内合适的位置进行测斜，否则不能得到正确的测量结果。

2. *无磁钻铤规格*

无磁钻铤规格见表 1-24。

表 1-24 无磁钻铤规格

外径		内径	连接螺纹	质量/kg	
mm	in	mm		长度 7620mm	长度 9144mm
120. 65	4¾	57. 15	NC35	531	662
120. 65	4¾	57. 15	NC38	531	662
127. 00	5	57. 15	NC38	606	755
152. 40	6	57. 15	NC44	939	1169
152. 40	6	71. 44	NC44	852	1061
158. 75	6¼	57. 15	NC44	1034	1245
158. 75	6¼	71. 44	NC46	947	1178
165. 10	6½	57. 15	NC46	1130	1407
165. 10	6½	71. 44	NC46	1043	1298
174. 45	6⅞	71. 44	NC50	1141	1421
177. 80	7	57. 15	NC50	1335	1663
177. 80	7	71. 44	NC50	1249	1554
184. 50	7¼	71. 4	NC50	1359	1690
196. 85	7¾	71. 4	NC56	1580	1967

续表

外径		内径	连接螺纹	质量/kg	
mm	in	mm		长度 7620mm	长度 9144mm
203.20	8	71.4	$6\frac{5}{8}$REG	1701	2166
209.55	$8\frac{1}{4}$	71.4	$6\frac{5}{8}$REG	1826	2265
228.60	9	71.4	NC61-70	2217	2760
241.30	$9\frac{1}{2}$	76.2	$7\frac{5}{8}$REG	2468	3064

3. *无磁钻铤的磁导率及磁感应强度*

C 型钻铤的相对磁导率(μ_r)应小于 1.010。

C 型钻铤沿内孔任意相距 100mm 的磁感强度梯度(ΔB)不应大于 0.05μT。

第六节　转换接头

一、概述

转换接头是钻柱中的连接构件，两端具有不同螺纹，是用于钻柱截面从一种螺纹接头转换到另一种螺纹接头的短构件。

转换接头可根据外形与使用分为三种型式：

A 型(同径式)：一只转换接头只有一个外径尺寸(D)，代号为 JTA；

B 型(异径式)：一只转换接头有两个外径尺寸(D，D_1)，代号为 JTB；

C 型(左旋式)：转换接头的连接螺纹为左旋型式，代号为 JTC。

转换接头的结构型式和种类应符合图 1-21、表 1-25 的规定。

表 1-25　转换接头种类

种类	名称	上部连接件	下部连接件	型式
1	方钻杆转换(保护)接头	方钻杆	钻杆	A 型或 B 型
2	钻杆转换接头	钻杆	钻杆	A 型或 B 型
3	过渡转换接头	钻杆	钻铤	A 型或 B 型
		钻铤	钻杆	
4	钻铤转换接头	钻铤	钻铤	A 型或 B 型
5	钻头转换接头	钻头	钻铤	A 型或 B 型
6	顶驱转换接头	顶驱	钻杆	A 型或 B 型
7	水龙头转换接头	水龙头下接头	方钻杆	C 型
8	打捞用转换接头	方钻杆	钻杆	C 型
		钻杆	打捞工具	

注：1. 转换接头连接的钻具，当其直径差大于 15mm(水龙头转换接头和打捞用转换接头)除外，在井深小于或者等于 2000m 时，可以采用 A 型或 B 型转换接头，在井深大于 2000m 时，应采用 B 型转换接头。

2. 本表中的转换接头连接件为常规推荐，对特殊的钻具组合，用户可根据需要选用特殊的转换接头。

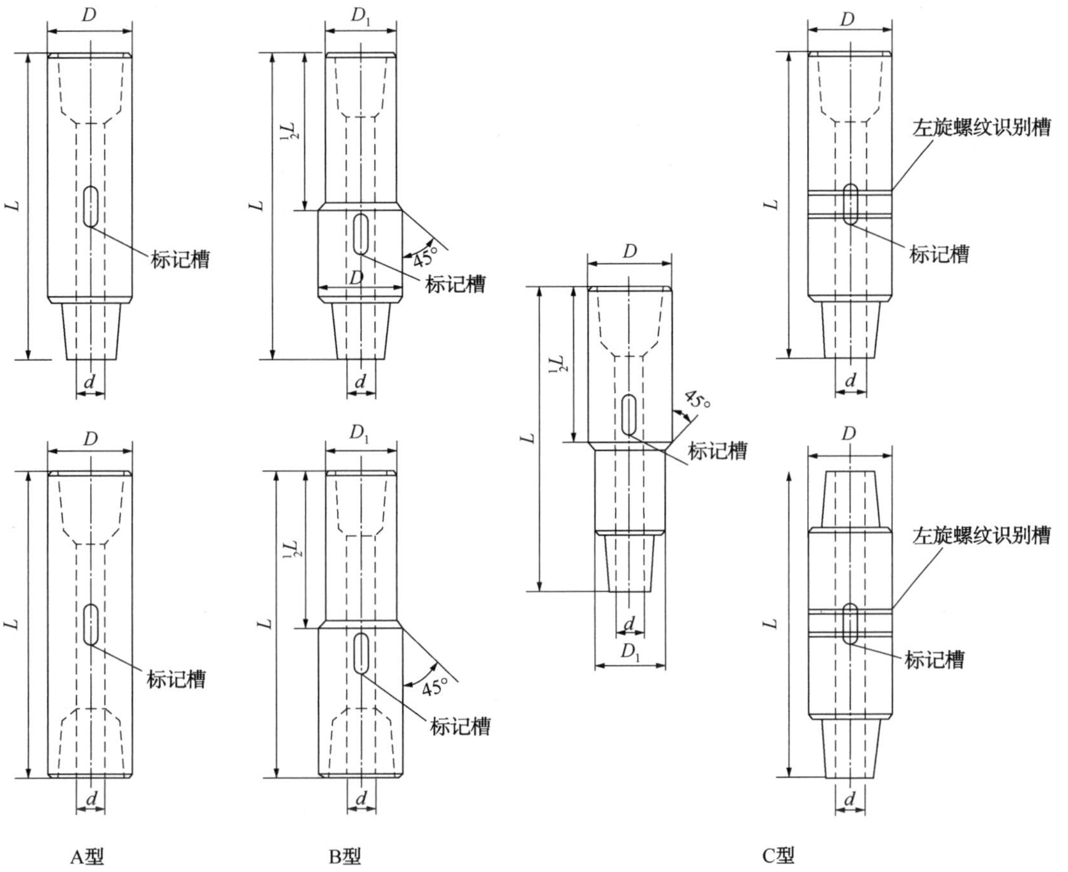

图 1-21 转换接头结构型式

二、尺寸规格

A 型转换接头外径(D)应与大尺寸连接件的标准外径一致，B 型转换接头外径(D_L，D_m)应分别与其连接的外径一致。

转换接头与钻杆接头连接时，外径(D，D_1)应符合表 1-26 的规定。

A 型或 B 型转换接头内径(d)应与两端连接部件中内径较小者一致；如果订货单上有明确规定，则内径(d)可以是表 1-26 中的连接件的任一内径。

A 型或 B 型转换接头的长度分为Ⅰ类长度和Ⅱ类长度，应符合表 1-27 的规定。

表 1-26 转换接头尺寸规格

钻杆		外径 D/mm (D_L，D_m，D_u)		倒角直径 D_F/mm		内径 d/mm		钻杆接头代号	外螺纹接头与管体的抗扭强度比
公称尺寸	钢级	基本尺寸	公差	基本尺寸	公差	基本尺寸	公差		
60.3	E	85.7	0.8	83.0	±0.4	44.5	+0.4 -0.8	NC26-E(2⅜IF-E)	1.10
	X							NC26-X(2⅜IF-X)	0.87
	G							NC26-G(2⅜IF-G)	0.79

续表

钻杆		外径 D/mm（D_L，D_m，D_u）		倒角直径 D_F/mm		内径 d/mm		钻杆接头代号	外螺纹接头与管体的抗扭强度比
公称尺寸	钢级	基本尺寸	公差	基本尺寸	公差	基本尺寸	公差		
73.0	E	104.8	±0.8	100.4	±0.4	54.0	+0.4 -0.8	NC31-E(2⅞IF-E)	1.03
	X					50.8		NC31-X(2⅞IF-X)	0.90
	G							NC31-G(2⅞IF-G)	0.82
	S	111.1				41.3		NC31-S(2⅞IF-S)	0.82
88.9	E	127.0		116.3		68.3		NC38-E(3½IF-E)	0.98
	X					65.1		NC38-X(3½IF-X)	0.87
	G					61.9		NC38-G(3½IF-G)	0.86
	S					54.0		NC38-S(3½IF-S)	0.80
	E					65.1		NC38-E(3½IF-E)	0.97
	X					61.9		NC38-X(3½IF-X)	0.83
	G					54.0		NC38-G(3½IF-G)	0.90
	S	139.7		127.4		57.2		NC38-S(3½IF-S)	0.87
101.6	E	152.4		145.0		82.6		NC46-E(4IF-E)	1.25
	X							NC46-X(4IF-X)	0.97
	G					76.2		NC46-G(4IF-G)	0.88
	S					95.3		NC46-S(4IF-S)	0.81
114.3	E	168.3		154.0				NC50-E(4IF-E)	1.23
	X					88.9		NC50-X(4IF-X)	0.97
	G					92.1		NC50-G(4IF-G)	0.88
	S					88.9		NC50-S(4IF-S)	0.81
	E							NC50-E(4IF-E)	1.02
	X					76.2		NC50-X(4IF-X)	0.96
	G					95.3		NC50-G(4IF-G)	0.86
	S					88.9		NC50-S(4IF-S)	0.87
127	E	168.3		154.0		82.6		NC50-E(4IF-E)	0.92
	X					69.9		NC50-X(4IF-X)	0.86
	G					88.9		NC50-G(4IF-G)	0.89
	S					76.2		NC50-S(4IF-S)	0.86
	E					69.9		NC50-E(4IF-E)	0.86
	X					95.3		NC50-X(4IF-X)	0.86
	G							NC50-G(4IF-G)	0.87
139.7	E	177.8		170.7				5½FH-E	1.53
	X					88.9		5½FH-X	1.21
	G							5½FH-G	1.09
	S	184.2						5½FH-S	0.98
	E	177.8						5½FH-E	1.21
	X					82.6		5½FH-X	0.95
	G	184.2						5½FH-G	0.99
	S							5½FH-S	0.83

表 1-27　转换接头长度　　mm

转换接头型式	Ⅰ类长度		Ⅱ类长度	
	基本尺寸	公差	基本尺寸	公差
A	915	±15	610	±10
B	1220	±20	610	±10

注：井深大于 2000m，应选用Ⅰ类长度，井深小于或等于 2000m，可选用Ⅰ类或Ⅱ类长度。

三、技术要求

钻柱转换接头力学性能要求见表 1-28。

表 1-28　钻柱转换接头的力学性能（SY/T 5200—2012）

外径尺寸/mm(in)	抗拉强度 σ_b/MPa	屈服强度 $\sigma_{0.2}$/MPa	伸长率 δ_4/%	冲击功 A_{KV}/J	硬度/HB
79.4~175(3⅛~6⅞)	≥965	≥760	≥13	≥54	≥285
178~254(7~10)	≥930	≥690			≥277

中石化西北油田分公司转换接头关键性能要求见表 1-29。

表 1-29　转换接头关键性能[25]

材料牌号	尺寸范围	屈服强度/MPa	抗拉强度/MPa	冲击功/J 本体		硬度/HB	延伸率/%	断面收缩率/%	有害元素		晶粒度	夹杂物控制
				20℃±3℃	-20℃±3℃				P/%	S/%		非金属夹杂物微观分析级别
4145H 4137M	<7″	≥827	≥965	单个值 纵向≥80	单个值 纵向≥65	285~341	≥15	≥45	≤0.015	≤0.010	≥7.5	A、B、C、D 单项不超过 1.0 级，四类总和不超过 2.5 级
	≥7″	≥758	≥930									

第七节　钻具参数表

钻铤紧扣扭矩、质量见表 1-30。

表 1-30　钻铤紧扣扭矩、质量

序号	规格	扣型	外径/mm	内径/mm	单根质量/kg	最小紧扣扭矩/(kN·m)	最佳紧扣扭矩/(kN·m)	最大紧扣扭矩/(kN·m)
1	3½″	NC26	88.9	38.1	300	6.0	6.6	7.1
2	4¾″	NC38	120.7	50.8	700	13.1	14.2	15.4
3	5″	NC38	127	57.2	800	17.0	18.5	20.1
4	5½″	DS40	139.7	57.2	900	32.4	35.3	38.3
5	5⅝″	DS40	142.9	57.2	950	32.5	35.5	38.4
6	6¼″	NC46	158.8	71.4	1100	37.2	40.6	44.0

续表

序号	规格	扣型	外径/mm	内径/mm	单根质量/kg	最小紧扣扭矩/(kN·m)	最佳紧扣扭矩/(kN·m)	最大紧扣扭矩/(kN·m)
7	6½″	NC46	165.1	71.4	1300	37.2	40.6	44.0
8	7″	NC50	177.8	71.4	1500	39.1	42.7	46.3
9	7¾″	NC56	196.9	71.4	2000	58.1	63.4	68.7
10	8″	NC56	203.2	71.4	2100	58.6	64.0	69.3
11	8″	6⅝REG	203.2	71.4	2100	66.2	72.3	78.3
12	8½″	NC56	215.9	71.4	2300	59.7	65.1	70.5
13	9″	NC61	228.6	71.4	2500	83.4	91.0	98.6
14	9″	7⅝REG	228.6	71.4	2500	87.5	97.2	106.9
15	9½″	7⅝REG	241.3	76.2	3000	87.5	97.2	106.9
16	11″	8⅝REG	279.4	76.2	4000	139.5	155.0	170.5

加重钻杆紧扣扭矩、质量见表 1-31。

表 1-31 加重钻杆紧扣扭矩、质量

序号	规格	扣型	单根质量/kg	最小紧扣扭矩/(kN·m)	最佳紧扣扭矩/(kN·m)	最大紧扣扭矩/(kN·m)	备注
1	3½″	NC38	370	13.4	14.6	15.8	
2	4″	HLST39	420	28.7	31.3	33.9	
3	5″	NC50	700	39.5	43.1	46.7	
4	5½″	5½FH	900	43.3	47.2	51.2	

钻具机械性能参数见表 1-32。

表 1-32 钻具机械性能参数

类别	钢级	钻铤尺寸/in	最小屈服强度/MPa	最大屈服强度/MPa	最小抗拉强度/MPa
钻杆接头	4137	—	827	—	965
	110SS	—	758	862	862
钻杆管体	105SS	—	724	827	793
	G105	—	724	931	793
	S135	—	931	1138	1000
	V150	—	1034	1172	1103
钻铤、方钻杆	4145H	3⅛~6¾	758		965
		7~11	689		930
无磁		3⅛~6¾	758		827
		7~11	689		758
加重钻杆	4145H	—	827		965

钻杆紧扣扭矩、单根质量见表 1-33。

表 1-33 钻杆紧扣扭矩、单根质量

序号	规格	钢级	螺纹扣型	接头外径/mm	水眼/mm	管体外径/mm	壁厚/mm	单根质量/kg	新钻杆紧扣扭矩/(kN·m)			备注
									最小紧扣扭矩	最佳紧扣扭矩	最大紧扣扭矩	
1	2⅜″	G105	NC26	85.7	44.5	60.32	7.11	100	5.4	5.89	6.4	
2	2⅞″	G105	NC31	104.8	50.8	73.02	9.19	160	9.8	10.7	11.6	
3	2⅞″	S135	NC31	111.1	41.3	73.02	9.19	160	12.6	13.7	14.9	
4	3⅛″	S135	NT30	98	54	79.38	9.35	200	11.9	13.0	14.1	
5	3⅛″	G105	ZY31	102	54	79.38	12.7	200	14.2	15.4	16.7	
6	3½″	S135	ZY31	108	41	89	9.35	200	21.0	22.9	24.9	
7	3½″	S135	NC38	127	54	89	9.35	200	19.8	21.5	23.3	
8	3½″	G105	NC38	127	61.9	89	9.35	200	16.6	18.1	19.6	
9	4″	S135	ST39	127	61.9	101.6	9.65	250	31.3	34.1	37.0	
10	4″	S135	ST39	127	65	101.6	9.65	250	29.3	32.0	34.6	
11	4″	G105	ST39	127	65	101.6	9.65	250	29.3	32.0	34.6	
12	4″	S135	HT40	139.7	65	101.6	9.65	250	29.5	32.1	34.8	
13	4½″	G105	DS40	139.7	61.9	114.3	12.7	330	31.6	34.9	37.4	
14	4½″	S135	DS40	139.7	63.5	114.3	10.92	330	30.3	33.0	35.8	
15	5″	G105	NC50	168.3	82.5	127.0	9.19	330	38.5	42.0	45.5	
16	5″	S135	NC50	168.3	69.9	127.0	9.19	330	47.2	51.5	55.8	
17	5″	S135	NC52	172	88.9	127.0	9.65	330	41.0	44.7	48.4	
18	5½″	G105	5-½FH	184	88.9	139.7	10.54	400	54.0	58.9	63.9	
19	5½″	S135	5-½FH	190.5	76.2	139.7	10.54	400	65.0	70.9	76.8	
20	5½″	S135	ZY54	178	101.6	139.7	10.54	400	62.6	68.3	73.9	
21	5½″	S135	DS55	184	88.9	139.7	10.54	400	77.1	84.1	91.1	
22	5½″	S135	DS55	184	95.3	139.7	10.54	400	66.7	72.8	78.9	
23	5½″	S135	DS55	184	101.6	139.7	10.54	400	55.7	60.8	65.9	
24	5½″	G105	DS55	178	101.6	139.7	14.22	500	55.3	60.4	65.4	
25	5⅞″	V150	DS55	184	101.6	149.2	9.19	400	76.4	83.3	90.2	
26	5⅞″	V150	DS55	184	101.6	149.2	10.54	500	76.4	83.3	90.2	
27	6″	SS105	BGST57	184	101.6	152.4	10.54	500	76.4	83.3	90.2	
28	6″	G105	BGST57	184	101.6	152.4	10.54	500	76.4	83.3	90.2	
29	6″	V150	WMT57	184	101.6	152.4	9.65	435	76.4	83.3	90.2	

一级钻杆管体性能参数见表 1-34。

表 1-34 一级钻杆管体性能参数

规格	钢级	管体外径/mm	壁厚/mm	横截面积/mm^2	管体抗拉/t	管体抗扭/(kN·m)	抗外挤强度/MPa	抗内压强度/MPa
2⅜″	G105	57.456	5.69	925.06	68.3	9.12	129.16	125.43
2⅞″	G105	69.324	7.35	1431.37	105.7	16.80	137.28	134.37

续表

规格	钢级	管体外径/mm	壁厚/mm	横截面积/mm^2	管体抗拉/t	管体抗扭/(kN·m)	抗外挤强度/MPa	抗内压强度/MPa
2⅞″	S135	69.324	7.35	1431.37	136.0	21.60	176.53	172.79
2⅞″	G105	69.14	7.72	1489.63	110.1	17.24	143.63	141.47
3⅛″	S135	75.66	7.48	1602.17	152.2	26.76	165.88	161.07
3½″	G105	85.16	7.48	1825.42	134.9	27.27	116.01	111.29
3½″	S135	85.16	7.48	1825.42	173.4	35.06	149.18	143.10
3½″	S135	83.82	10.16	2351.13	223.4	41.66	198.34	197.48
4″	G105	97.232	8.74	2428.77	179.4	41.26	118.41	113.84
4″	G105	97.74	7.72	2183.27	161.3	38.09	105.34	100.07
4″	S135	97.74	7.72	2183.27	207.4	48.98	135.45	128.69
4½″	G105	108.9	10.80	3328.46	233.6	62.18	129.36	125.65
5″	G105	123.324	7.35	2678.61	197.9	61.26	81.18	75.53
5″	S135	123.324	7.35	2678.61	254.5	78.78	104.39	97.13
5½″	G105	135.484	8.43	3365.60	248.6	84.13	84.51	78.85
5½″	S135	135.484	8.43	3365.60	319.7	108.18	108.67	101.40
5⅞″	V150	145.524	7.35	3190.45	336.6	125.21	99.16	91.40
5⅞″	V150	144.984	8.43	3616.35	381.6	139.27	113.25	105.22
6″	G105	148.184	8.432	3702.0	273.5	102.29	77.71	72.10
6″	V150	148.54	7.72	3415.3	360.4	136.42	101.89	94.04

注：一级钻杆以外径均匀磨损，最小壁厚按名义壁厚的80%计算。

各种类型接头及其与国内名称对照见表1-35。

表1-35 各种类型接头及其与国内名称对照

国内油田现场叫法	API标准接头扣型	每英寸扣数	公扣小头直径/mm	母扣台肩内径/mm
211×210	NC26=2⅜″IF	4	60.35	74.61
211×210	NC31=2⅞″IF	4	71.31	87.71
311×310	NC38=3½″IF	4	85.06	103.58
4A21×4A20	NC40=4″FH	4	89.66	110.33
	NC44	4	98.42	119.06
4A11×4A10	NC46=4″IF	4	103.73	124.61
411×410	NC50=4½″IF	4	114.30	134.91
	NC56		117.50	150.81
	NC61	4	126.60	165.10
	NC70	4	147.65	187.33
	NC77	4	161.85	204.79
	2⅜″REG	5	47.62	68.20
231×230	2⅞″REG	5	53.97	77.78
331×330	3½″REG	5	65.07	90.48
431×430	4½″REG	5	90.47	119.06

续表

国内油田现场叫法	API 标准接头扣型	每英寸扣数	公扣小头直径/mm	母扣台肩内径/mm
531×530	5½″REG	4	110.06	141.68
631×630	6⅝″REG	4	131.03	153.99
731×730	7⅝″REG	4	144.47	180.18
831×830	8⅝″REG	4	167.84	204.39
321×320	3½″FH	5	77.62	102.79
4A21×4A20	4″FH＝NC40	4	89.66	110.33
421×420	4½″FH	5	96.31	123.83
521×520	5½″FH	4	126.79	150.02
621×620	6⅝″FH	4	150.37	173.83
211×210	2⅜″IF＝NC26	4	60.35	74.61
211×210	2⅞″IF＝NC31	4	71.31	87.71
311×310	3½″IF＝NC38	4	85.06	103.58
4A11×4A10	4″IF＝NC46	4	103.73	124.61
411×410	4½″IF＝NC50	4	114.30	134.91
511×510	5½″IF	4	141.32	163.91

注：1. 某些 NC 型接头可以与 FH、IF 型接头互换。

2. 国内的接头加工尺寸与 API 标准不完全一致，略有误差。

3. IF＝internal flush 内平扣

FH＝full hole 贯眼扣

REG＝regular 正规扣

API 7-2 螺纹参数见表 1-36。

表 1-36 API 7-2 螺纹参数

类型	牙型	锥度 T/(mm/mm)	每 25.4mm 牙数	基面中径	外螺纹大径 D_L	外螺纹圆柱直径 $D_{LF}\pm0.4$	外螺纹小径 D_S	外螺纹长度 $L_{PC\,-3.18}^{\;0}$	内螺纹深度最小值 L_{BT}	内螺纹整体深度 $L_{BC\,0}^{\;+9.5}$	内螺纹镗孔直径 $C_{-0.4}^{+0.8}$	内螺纹镗孔深度 $L_{QC\,-0.8}^{\;+2.4}$	第一牙完整螺纹长度 L_{ft}
				mm									
NC23	V-038R	1/6	4	59.8170	65.10	61.90	52.40	76.21	79.38	92.08	66.68	15.875	12.70
NC26	V-038R	1/6	4	67.7672	73.05	69.85	60.35	76.21	79.38	92.08	74.63	15.875	12.70
NC31	V-038R	1/6	4	82.8482	86.13	82.96	71.31	88.91	92.08	104.78	87.71	15.875	12.70
NC35	V-038R	1/6	4	89.6874	94.97	92.08	79.09	95.26	98.43	111.13	96.82	15.875	12.70
NC38	V-038R	1/6	4	96.7232	102.00	98.83	85.07	101.61	104.78	117.48	103.58	15.875	12.70
NC40	V-038R	1/6	4	103.4288	108.71	105.56	89.66	114.31	117.48	130.18	110.34	15.875	12.70
NC44	V-038R	1/6	4	112.1918	117.47	114.27	98.42	114.31	117.48	130.18	119.08	15.875	12.70
NC46	V-038R	1/6	4	117.5004	122.78	119.61	103.73	114.31	117.48	130.18	124.61	15.875	12.70
NC50	V-038R	1/6	4	128.0592	133.34	130.43	114.29	114.31	117.48	130.18	134.95	15.875	12.70

续表

类型	牙型	锥度 T/(mm/mm)	每25.4mm牙数	基面中径	外螺纹大径 D_L	外螺纹圆柱直径 $D_{LF}\pm0.4$	外螺纹小径 D_S	外螺纹长度 $L_{PC}{}^{0}_{-3.18}$	内螺纹深度最小值 L_{BT}	内螺纹整体深度 $L_{BC}{}^{+9.5}_{0}$	内螺纹镗孔直径 $C^{+0.8}_{0.4}$	内螺纹镗孔深度 $L_{QC}{}^{+2.4}_{-0.8}$	第一牙完整螺纹长度 L_{ft}
				mm									
NC56	V-038R	1/4	4	142.6464	149.24	144.86	117.49	127.01	130.18	142.88	150.83	15.875	12.70
NC61	V-038R	1/4	4	156.9212	163.52	159.16	128.59	139.71	142.88	155.58	165.10	15.875	12.70
NC70	V-038R	1/4	4	179.1462	185.74	181.38	147.64	152.41	155.58	168.28	187.33	15.875	12.70
1REG	V-055	1/8	6	29.3116	32.54	31.32	27.78	38.11	50.81	53.98	33.05	11.125	10.16
1½REG	V-055	1/8	6	39.1414	42.37	41.17	36.02	50.81	53.98	66.68	42.88	11.125	10.16
2⅜REG	V-040	1/4	5	60.0804	66.68	63.88	47.62	76.21	79.38	92.08	68.28	15.875	12.70
2⅞REG	V-040	1/4	5	69.6054	76.20	73.41	53.98	88.91	92.08	104.78	77.80	15.875	12.70
3½REG	V-040	1/4	5	82.2927	88.89	86.11	65.07	95.26	98.43	111.13	90.50	15.875	12.70
4½REG	V-040	1/4	5	110.8677	117.46	114.68	90.47	107.96	111.13	123.83	119.08	15.875	12.70
5½REG	V-050	1/4	4	132.9441	140.20	137.41	110.03	120.66	123.82	136.53	141.68	15.875	12.70
6⅝REG	V-050	1/6	4	146.2481	152.19	149.40	131.02	127.01	130.18	142.88	154.00	15.875	12.70
7⅝REG	V-050	1/4	4	170.5491	177.80	175.01	144.46	133.36	136.53	149.23	180.19	15.875	12.70
8⅝REG	V-050	1/4	4	194.7311	201.98	199.14	167.85	136.53	139.71	152.40	204.39	15.875	12.70
5½FH	V-050	1/6	4	142.0114	147.95	145.16	126.78	127.01	130.18	142.88	150.01	15.875	12.70
6⅝FH	V-050	1/6	4	165.5978	171.53	168.73	150.37	127.01	130.18	142.88	173.84	15.875	12.70

钻杆扭转系数见表1-37。

表1-37 钻杆扭转系数

钻杆外径		扭转系数	
in	mm	S135	G105
2⅜	60.3	0.020869	0.016231
2⅞	73.0	0.017239	0.013408
3⅛	79.4	0.015849	0.012327
3½	88.9	0.014161	0.011014
4	101.6	0.012391	0.009637
4½	114.3	0.011014	0.008566
5	127.0	0.009913	0.007710
5½	139.7	0.009011	0.007009
6	152.4	0.008288	0.006421

注：钻杆最大允许扭转圈数计算公式：$N=KH$（式中，N为允许扭转圈数，圈；K为扭转系数，圈/m；H为卡点深度，m）。

参 考 文 献

[1] 钻井手册(第二版)[M]. 北京：石油工业出版社，2013.
[2] SY/T 6509—2012 方钻杆[S].
[3] GB/T 29166—2021 石油天然气工业 钢制钻杆[S].
[4] API Spec 5DP 钻杆规范[S].
[5] 张继世主编. 机械工程材料基础[M]. 北京：高等教育出版社，2000.
[6] 范森，邢淑芳，毛玉琢等. 钻具螺纹密封脂的组成及作用[J]. 大庆石油学院学报，2004，6.
[7] 王少兰，费敬银，骆立立等. 石油钻具螺纹防粘扣技术及应用[J]，电镀与精饰，2014，1
[8] 孙咸. 石油钻杆接头耐磨带堆焊材料的发展及应用[J]. 石油工程建设，2007，4.
[9] 刘智超，李鹏，李真等. C105SS 抗硫钻杆[J]. 石油科技论坛，2012，3.
[10] 孙澜江，张抒夏，杨睿等. 铝合金钻杆在国内外的研究及现场应用[J]. 西部探矿工程，2020，10.
[11] 冯春，杨尚谕. 铝合金钻杆的特点及发展应用[J]. 石油管材与仪器，2017，4.
[12] 查永进，胡世杰，卓鲁斌等. 钛合金石油管材应用前景研究[J]. 钻采工艺，2017. 40(4).
[13] 兰凯，侯树刚，闫光庆等. 国外轻质高强度钻杆研究与应用[J]. 石油机械，2010，8(4).
[14] 胡小波. 双台肩钻杆螺纹应用现状及互换使用分析[J]. 焊管，2021，9.
[15] 李飞，胡记生，李玉民等，ϕ73mm(S135)直连型钻杆的研制及应用[J]，石油机械，2011，1.
[16] 马惠民，刘江，张进. 双壁钻杆的焊接技术及应用[J]，地质装备，2014，3.
[17] 杨光，汲生龙，白立业等. 双壁钻杆钻井技术及适用性分析[J]. 西部探矿工程，2013，3.
[18] 李建强，于丽松，牛成杰，等. 石油钻杆的生产现状与发展趋势[J]. 焊管，2011，11.
[19] 赵鹏，黄子阳，朱世忠. 宝钢钻杆技术的最新发展[J]. 钢管，2009，6.
[20] 张文毓. 石油钻井杆的研究现状与应用[J]. 装备机械. 2016，1.
[21] SY/T 5146—2014 加重钻杆[S].
[22] API Spec7-2 旋转台肩式螺纹连接的加工和测量[S].
[23] SY/T 5144—2013 钻铤[S].
[24] SY/T 5369—2012 石油钻具的管理与使用　方钻杆、钻杆、钻铤[S].
[25] 西北油田分公司. 石油工程监督中心钻柱转换接头管理规程(试行).

第二章　钻具检验与修复

钻具在使用后应进行检验和修复。钻具的检验和维修是钻具全生命周期管理的重要内容，也是确保钻具质量、延长钻具使用寿命、减少钻具失效、保证钻井正常进行的重要保障手段。

钻具到货时必须进行进货检验方可入库(入场)。入库新钻具应编号、建档、分类排放整齐，树立明显标识，做好送井准备。

钻具需求下达后，管具公司根据需求及时组织钻具配套供井；钻具在井使用期间，管具公司应做好技术支持和巡井。

在井钻具使用后应及时回收，并对回收钻具进行清洗、检验与分级。回收检验内容主要包括：外观和整体尺寸检验、螺纹检验、无损检测、内涂层检验、耐磨带检验等。检验合格的钻具重新入场，检验不合格钻具应修复合格后再入场，需要降级的应降级，达到报废标准的应判废。钻具的循环使用见图 2-1。

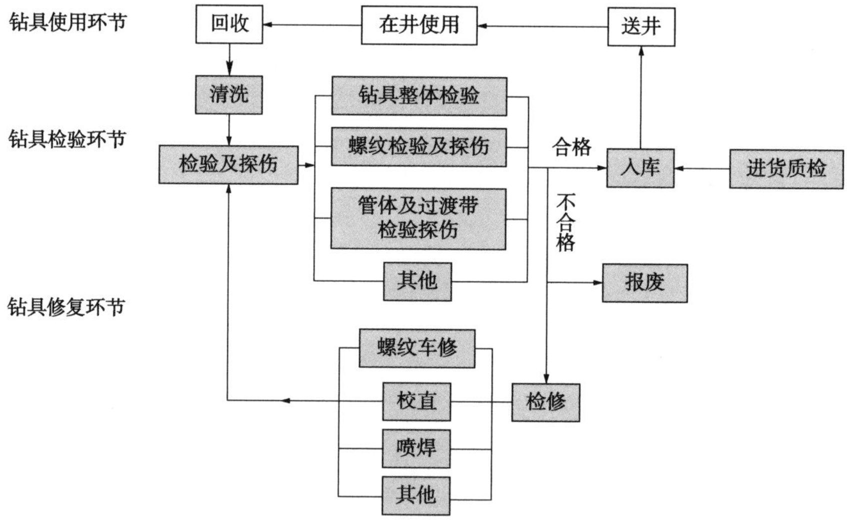

图 2-1　钻具循环流程简图

本章主要介绍钻具进货检验、回收检验、无损检测、螺纹修复加工、耐磨带修复等内容。

第一节　钻具进货检验

一、概述

管具公司应对供应商供货的钻具进行入场检验。入场检验是确保钻具使用质量的第一道关口，入场检验把关不严，将导致不合格的钻具流入使用环节，给钻井造成质量隐患，带来经济和安全损失。

管具公司应配置专兼职质检人员、制定相应的钻具入场检验作业程序或规范，配齐所需的质检工具。

钻具订货时，应列明所需要钻具的技术要求，和生产商签订技术协议，技术协议作为商业合同的附属部分，具有法律效力。质检人员应以技术协议及相应的技术标准，按照相关作业程序或规范，查验到货钻具的质量文件，核对生产日期、批号、数量、规格、尺寸、钢级、壁厚、管体内涂层、接头类型、螺纹表面处理、耐磨带和材料理化性能等，并填写质检记录，出具质检报告。

新钻具应逐根进行外观检验，尤其是特殊螺纹钻具、无磁钻具、抗硫钻具等特殊结构和性能的钻具。按照不低于订货总量10%抽检，进行接头螺纹参数检测和钻具的无损探伤，普通钻具可以使用超声波或磁粉进行探伤，无磁钻具可以使用超声波或液体渗透进行探伤。特殊螺纹接头的螺纹参数检测依据生产商提供的检测方法进行。如果发现不合格钻具，应扩大抽检比例或逐根检验。

钻具材料理化性能相关参数可查阅质量保证书，必要时可取样送专业机构进行全面质量性能检测和评价。

检验人员填写的质检记录、出具的质检报告应作为质量文件，按照质量管理体系要求存档长期保存，并作为采购部门、财务部门的结算依据。供应商提供的原始资料应归档保存，以便随时核查。钻具原始档案应一直保存到钻具报废。不合格品应隔离存放、单独标识，按照按相关制度和程序实施退货、换货或索赔。

出现质量问题的供应商、供货质量和服务质量下降的供应商，质检和使用人员应及时向采购和经营部门反映，对供应商进行索赔、考核，直至取消准入资格。

钻具检验相关标准：

——GB/T 22512.2《石油天然气工业 旋转钻井设备 第2部分：旋转台肩式螺纹的加工与测量》

——GB/T 29166《石油天然气工业 钢制钻杆》

——GB/T 29169《石油天然气工业 在用钻柱构件的检测和分级》

——SY/T 5144《钻铤》

——SY/T 5146《加重钻杆》

——SY/T 5369《石油钻具的管理与使用 方钻杆、钻杆、钻铤》

——SY/T 5956《钻具判废技术规范》

——SY/T 6509《方钻杆》

——API SPEC 5DP《钻杆规范》

——相关钻具管理规定、技术协议

二、钻具进货检验要求

1. 钻杆的进货检验

钻杆进货检验要求见表2-1。

表 2-1　钻杆进货检验要求

序号	检验项目	要　求		检验方法
1	接头	尺寸	按技术协议规定的长度、外径、水眼等尺寸要求	抽检
		螺纹	按技术协议规定的螺纹形式、扣长、螺纹表面处理等要求	
		紧密矩	外螺纹：$S_{2\,-0.127}^{\;+0.254}$mm， 内螺纹：$(S-S_1)_{0}^{+0.25}$mm。 S 是检验合格的螺纹校对量规的配对紧密距； S_1是工作塞规与校对环规间的互换紧密距； S_2是工作环规与校对塞规间的互换紧密距	
2	管体	按技术协议规定的直径、壁厚，其公差参考表 2-2		抽检
3	加厚	按技术协议规定的加厚形式、加厚区长度、加厚区厚度，其公差见表 2-2		抽检
4	长度	按技术协议要求，测长工具精度至少应±30. 48mm		抽检
5	直线度	1. 所有钻杆的管体都应进行直线度测量，偏离测量不得在加厚面上或加厚过渡区进行； 2. 从管子一端测量到另一端，弦高不得大于总长度的 0. 2%； 3. 在每端 1. 52m 范围内，不得超出 3. 18mm		抽检
6	通径要求	1. 钻杆通径在外螺纹端进行，对接头及加厚处的整体长度进行通径； 2. 通经规至少长度为 101. 6mm，直径为：内径 dp−3. 18mm		抽检
7	硬度	接头：螺纹接头表面硬度 285~341HB。		抽检
8	缺陷和缺欠	1. 不得有裂纹、折叠和结疤等缺陷； 2. 壁厚采用测厚仪进行，淬火裂纹采用超声波无损探伤和磁粉探伤检验		抽检

表 2-2　钻杆尺寸公差

序号	内容	公差要求	备注
1	外径 D	1. D≤101. 6mm 时，公差为：±0. 79mm； 2. D>101. 6mm 时，公差为：+1. 0%/−0. 5%	
2	壁厚偏差	小于规定壁厚的 12. 5%。	
3	质量 W_L(单根)	$W_{L\,-3.5\%}^{\;+6.5\%}$	
4	偏心度(外径)	≤2. 36mm	

2. 整体加重钻杆的进货检验

整体加重钻杆进货检验要求见表 2-3，焊接式加重钻杆可参照执行。

表 2-3　整体加重钻杆进货检验要求

序号	检验项目	要　求	检验方法
1	尺寸	按技术协议规定的长度、外径、水眼等尺寸要求	抽检
2	螺纹	按技术协议规定的螺纹形式、扣长、镀层等要求	抽检
3	紧密矩	外螺纹：$S_{2\,-0.127}^{\;+0.254}$mm 内螺纹：$(S-S_1)_{0}^{+0.25}$mm	抽检

续表

序号	检验项目	要　　求	检验方法
4	加厚部分	按技术协议规定的加厚形式、内外径尺寸、长度等	抽检
5	直线度	全长范围内≤0.055%L+(A-D)/2(I型加重) (L为全长；A为接头外径；D为中间加厚部位外径，见SY/T5146)	抽检
6	硬度	285~341HB	抽检
7	通径检验	全长通径。通径规直径为公称内径-6.35mm，长度3048mm	抽检
8	缺陷或缺欠	1. 不得有裂纹、折叠和结疤等缺陷； 2. 壁厚采用测厚仪进行，淬火裂纹采用超声波无损探伤和磁粉探伤检验	抽检

整体加重钻杆主要尺寸公差，见表2-4。

表2-4　整体加重钻杆主要尺寸公差　　mm

外径	内径	长度	倒角	内外接头螺纹外径	加厚部分外径	
					中部	端部
±0.8	+1.60	±150	±0.4	±0.8	±0.75%加厚外径	+0.80

整体加重钻杆各部位壁厚差见表2-5。

表2-5　整体加重钻杆各部位壁厚差　　mm

位置	内外接头螺纹	中部加厚处	管体
壁厚差	≤12%t	≤12%t	≤16%t

注：t为理论壁厚。

3. 钻铤的进货检验

钻铤分为A型圆钻铤、B型螺旋钻铤和C型无磁钻铤，进货检验要求见表2-6。

表2-6　钻铤进货检验要求

序号	检验内容	要　　求	备注
1	尺寸	按技术协议规定的长度、外径、内径等尺寸要求	公差见表2-7
2	螺纹	按技术协议规定的螺纹形式、扣长、镀层等要求	
3	紧密矩	外螺纹：$S_{2\,-0.127}^{\,+0.254}$mm；内螺纹：$(S-S_1)_{0}^{+0.25}$mm	S、S_1、S_2意义与表2-1同
4	直线度	≤全长尺寸乘以0.52mm/m，两端2m内最大为2mm	
5	壁厚	公称壁厚按技术协议要求，壁厚差≤12%公称壁厚	C型钻铤取12%公称壁厚和4.78mm之间的较小值
6	通径检验	全长通径。通径规直径为公称内径-3.2mm，长度3050mm	
7	硬度	285~341HB	C型钻铤270~320HB
8	缺陷和缺欠	1. 外表面不得有裂纹、折叠、凹坑和结疤等缺陷，内表面不得有台肩和螺旋槽； 2. 壁厚采用测厚仪进行测量，淬火裂纹采用超声波无损探伤和磁粉探伤检验； 3. 距螺纹台肩面500mm处不允许修磨，表面不允许补焊	C型钻铤材料不应存在晶间腐蚀开裂

续表

序号	检验内容	要　求	备注
9	磁性能	1. 当磁场强度为 $1\times10^5/4\prod$A/m 时，C 型钻铤的相对磁导率应小于 1.010； 2. C 型钻铤沿内孔任意相距 100mm 的磁感强度梯度不应大于 0.05μT	查看供方质量合格证

表 2-7　钻铤的主要尺寸公差

外径范围		外径 D/	外径差/	内径 d/	长度 L/	台肩倒角
mm	in	mm	mm	mm	mm	直径 D_F/mm
≤88.9	≤3½	$D_0^{+1.19}$	≤0.89	$^{+1.6}_{0}$	±152.4 $(^{+152.4}_{0})$	±0.4
>88.9~114.3	>3½~4½	$D_0^{+1.59}$	≤1.17			
>114.3~139.7	>4½~5½	$D_0^{+1.98}$	≤1.47			
>139.7~165.1	>5½~6½	$D_0^{+3.18}$	≤1.78			
>165.1~209.6	>6½~8¼	$D_0^{+3.97}$	≤2.16			
>209.6~241.3	>8¼~9½	$D_0^{+14.76}$	≤2.54			
>241.3	>9½	$D_0^{+6.35}$	≤3.05			

注：本表引自 SY/T 5144—2013《钻铤》。

4. 方钻杆的进货检验

方钻杆分为四方钻杆和六方钻杆两种，到货后应进行全验，检验要求见表 2-8。

表 2-8　方钻杆进货检验要求

序号	检验内容	要　求	备注
1	尺寸	按技术协议规定的长度、外径、内径等尺寸要求	公差按照 SY/T6509 的要求
2	螺纹	按技术协议规定的螺纹形式、扣长、镀层等要求	
3	紧密矩	外螺纹：$S_{2\,-0.127}^{\,+0.254}$mm； 内螺纹：$(S-S_1)_0^{+0.25}$mm	S、S_1、S_2意义与表 2-1 同
4	直线度	驱动部分直线度偏差不大于驱动部分长度乘以 0.52mm/m	
5	壁厚	公称壁厚按技术协议要求，壁厚差≤12%公称壁厚	
6	通径检验	全长通径。通径规直径为公称内径-3.2mm，最小长度 3050mm	
7	硬度	≥285HB	
8	缺陷和缺欠	1. 外表面不得有裂纹、折叠、凹坑和结疤等缺陷，内表面不得有台肩和螺旋槽； 2. 壁厚采用测厚仪进行测量，淬火裂纹采用超声波无损探伤和磁粉探伤检验	若有缺陷应修磨消除，修磨后剩余壁厚不得小于规定壁厚的 92%

5. 产品质量证明书

所有钻具或其半成品均应有产品质量证明书，证明书内容包括但不限于：

——化学成分；

——机械性能（包括抗拉性能、屈服强度、伸长率和冲击功）；

——晶粒度和夹杂物；
——硬度；
——表面质量及其他；
——探伤报告。

三、钻具入场管理

钻具进货合格后，管具公司按照相关钻具管理规定，对入场钻具进行编号、建档，有条件的应建立电子台账或钻具信息管理系统，并将供应商提供的质量文件及第三方检测报告归档保存。

入场钻具应按照SY/T5369《石油钻具的管理与使用方钻杆、钻杆、钻铤》的要求，按照钢级、等级、尺寸、螺纹类型分类排放整齐，并树立标识牌。存放钻具应采取防滑等安全措施，定期进行防锈防腐处理。具体可参照本书第三章。

第二节　钻具回收检验

一、概述

在井钻具使用后应及时回收，并对回收钻具进行清洗、检验与分级。

回收检验内容主要包括：外观和尺寸检验、壁厚检测、螺纹检验、无损检测、内涂层检验、耐磨带检验等。

检验合格的钻具重新入场，检验不合格钻具应及时进行修复，修复合格后再入场。

检验需要降级的应降级，达到报废标准的应予以判废。

钻具回收检验相关标准：

——GB/T 22512.2《石油天然气工业 旋转钻井设备 第2部分：旋转台肩式螺纹的加工与测量》

——GB/T 29169《石油天然气工业 在用钻柱构件检测和分级》

——SY/T 5369《石油钻具的管理与使用 方钻杆、钻杆、钻铤》

——SY/T 5956《钻具判废技术规范》

二、钻具回收检验要求

1. 钻杆回收检验

钻杆回收检验主要分为钻杆管体检验和接头检验。

(1) 钻杆管体检验；

管体检验步骤如下：

① 将钻杆管体部分、接头部分的泥浆、油污清洗干净。

② 检查钻杆水眼是否畅通。如有异物，需进行疏通作业，如果通不开应画水眼不通标记。

③ 检查管体部分是否有挤扁、刺漏及补焊情况，管体上如有上述情况之一，此钻杆判为报废。

④ 查看管体外表面损伤、腐蚀坑，无法确定时，使用麻坑深度计进行测量；用手电筒或内窥镜检查管体内表面腐蚀坑点，根据检测或测量结果对钻杆进行降级或判废。

⑤ 测管体采用拉线法检查钻杆管体是否弯曲，钻杆允许直线度见表 2-9。

表 2-9　钻杆允许直线度

长度/m	钻杆允许直线度/mm		两端 3m 内允许直线度/mm		每米直线度/mm	
	校直标准	使用标准	校直标准	使用标准	校直标准	使用标准
6~8	≤3	≤4.5	≤1.5	≤2	≤1.5	≤2
>8~12	≤4	≤6	≤2	≤3		
>12	≤5	≤7.5	≤3	≤4		

注：本表引自 SY/T 5369—2012《石油钻具的管理与使用　方钻杆、钻杆、钻铤》表 9。

⑥ 检验的钻杆达到无损检测周期时，按钻具管理规定进行检测。

⑦ 使用测厚仪(见图 2-2)测量管体剩余壁厚，在钻杆两端 1m 处和钻杆中间部每处各测 4 个点位，共计 12 个点，取 3 处的最小值，确定钻杆管体的壁厚。

⑧ 使用超声波探伤仪检查钻杆焊缝。

⑨ 使用综合电磁探伤仪检查钻杆管体。

⑩ 使用超声波探伤仪或综合电磁探伤仪检查加厚过渡带。

(2) 钻杆接头检验

① 使用 500mm 的钢板尺检查钻杆接头体长度，最小值见表 2-10。用外卡钳测量接头的外径、测量位置在离台阶面 25mm 的位置，转动钻杆 120°测量 1 次，测 3 次，取最小值；用内卡钳(图 2-3)测量钻杆的水眼，如上所述也测量 3 次，取最大值。

图 2-2　超声波测厚仪

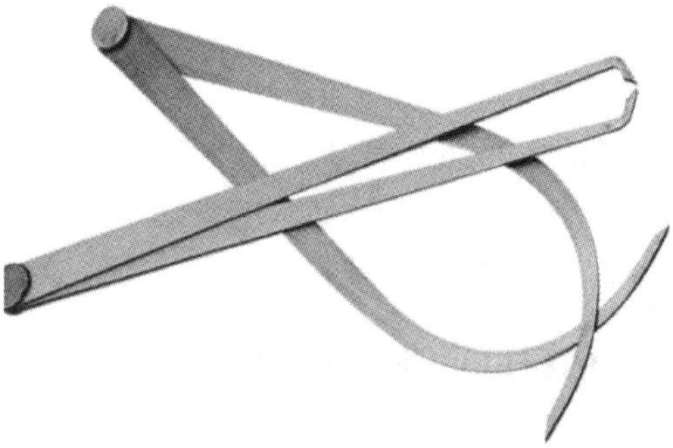

图 2-3　内外卡钳

表 2-10　接头体长度最小值

mm

钻杆公称直径	60.33	73.03	88.90	114.30	127.00	139.70	168.30
内螺纹接头体长度	160.00				200.00		
外螺纹接头体长度	165.00						

注：本表引自 SY/T 5369—2012《石油钻具的管理与使用　方钻杆、钻杆、钻铤》表 11。

② 检验接头耐磨带是否脱落或磨平，如果存在脱落或磨平，应进行修复或喷焊。

③ 检验吊卡台肩面，若有凸出部分，可使用锉刀把凸出部分锉平。

④ 检查接头螺纹台肩面，台肩面应平整、光滑，没有径向压痕或沟槽，没有影响连接的毛刺；台肩面有黏结或碰撞呈凹凸不平时，应用专用修磨工具修磨。

具体修磨要求见表2-11。

表2-11 修磨要求

项目	要求
一次最大允许的修磨量	L_6不大于0.8mm，L_4不大于0.5mm
累积修磨切除量	不应超过1.59mm
修磨面与螺纹轴线的垂直度公差	0.05mm
其他	当L_6大于0.8mm，L_4大于0.5mm时，台阶面允许有不连贯的划痕、磨痕、弧形凹陷，但深度不应超过0.5mm

注：L_6：锥度为1：的螺纹台肩面允许的修磨量；L_4：锥度为1：4的螺纹台肩面允许的修磨量。

⑤ 检查螺纹部分，螺纹部分不应有严重的锈蚀或钻井液冲蚀的痕迹。当螺纹正常磨损时，使用梳齿规检查。

⑥ 把梳齿量规置于螺纹直径大端，测量螺纹单侧面的最大磨损量。

⑦ 处理卡钻事故的钻杆，应检查外螺纹伸长与内螺纹胀大情况。当外螺纹的螺距伸长量在50.8mm内超过0.15mm，或内螺纹镗孔直径超过最大极限尺寸的0.79mm时，应重新修扣，并进行无损检测。

⑧ 螺纹正常磨损后，参数小于表2-12规定应修扣。

表2-12 接头螺纹正常磨损允许量

接头螺纹型式	螺纹牙型	螺距/mm	锥度	牙顶高度/mm		牙型高度/mm		磨尖牙数
				标准值	最小值	标准值	最小值	
NC26、NC31、NC35、NC38、NC40、NC44、NC46、NC50	V-0.038R	6.35	1：6	1.651	0.830	3.009	2.1	<5
NC56、NC61、NC70	V-0.038R	6.35	1：4	1.651	0.830	3.073	2.1	
2⅞FH、3½FH、4½FH、2⅜REG、2⅞REG、3½REG、4½REG	V-0.040	5.08	1：4	1.016	0.510	2.997	2.0	
5½REG、6⅝REG、7⅝REG、8⅝REG、	V-0.050	6.35	1：6	1.27	0.640	3.734	2.5	
5½FH、3½FH、6⅝FH	V-0.050	6.35	1：4	1.27	0.640	3.759	2.5	

注：本表参考SY/T 5369—2012《石油钻具的管理与使用 方钻杆、钻杆、钻铤》表10。

螺纹部分磨损后，使用梳齿规检查，其剩余牙顶宽度不低于原牙顶宽度的1/2，剩余牙顶高度不低于原牙顶高度的2/3，磨损牙数不超过3牙。

⑨ 螺纹粘扣、严重锈蚀或有泥浆刺痕的要修扣。

⑩ 外螺纹轻度外伤，可用三角锉刀修复，其损伤周向长度不得大于20mm，深度不得超过原扣的1/3，连续损伤不得超过3扣。

⑪ 用钢板尺测量钻杆外螺纹的白止，不得大于12.7mm，内螺纹白止不得小于

15.8mm，使用钢板尺测量外螺纹和内螺纹台肩面最小宽度，取最小值，确定接头级别。

⑫ 根据接头与管体的分级结果，取较低者定为该钻杆的级别，并进行标识，归类摆放。

⑬ 清理作业现场，整理检验记录。

（3）钻杆分级

钻杆检验后，应对钻杆进行分级，按照管体和接头磨损程度将钻杆分为一级、二级、三级，以适用不同的钻井需求。钻杆分级遵循 GB/T 29169—2012《石油天然气工业 在用钻柱构件的检验和分级》。三级钻杆使用较少，一级和二级钻杆管体的分级标准见表 2-13、钻杆接头的分级标准见表 2-14。

表 2-13 钻杆管体分级标准

等级状况	一级钻杆	二级钻杆
外表面情况		
外壁磨损	剩余壁厚不低于公称壁厚的 80%	剩余壁厚不低于公称壁厚的 70%
压坑和压陷	外径不低于公称外径的 97%	外径不低于公称外径的 96%
压扎和缩颈	外径不低于公称外径的 97%	外径不低于公称外径的 96%
卡瓦部位：切口和凿槽	深度不超过平均邻近壁厚的 10%，且剩余壁厚不低于公称壁厚的 80%	深度不超过平均邻近壁厚的 20%，且剩余壁厚不低于公称壁厚的 80%
伸长	外径不低于公称外径的 97%	外径不低于公称外径的 96%
胀大	外径不大于公称外径的 103%	外径不大于公称外径的 104%
外表面腐蚀	剩余壁厚不低于公称壁厚的 80%	剩余壁厚不低于公称壁厚的 70%
纵向切口和凿槽	剩余壁厚不低于公称壁厚的 80%	剩余壁厚不低于公称壁厚的 70%
纵向切口和凿槽	剩余壁厚不低于公称壁厚的 80%	剩余壁厚不低于公称壁厚的 80%
裂纹	无	无
内表面状况		
腐蚀凹坑	剩余壁厚不低于公称壁厚的 80%	剩余壁厚不低于公称壁厚的 70%
冲蚀和内壁磨损	剩余壁厚不低于公称壁厚的 80%	剩余壁厚不低于公称壁厚的 70%
裂纹	无	无

注：本表参考 GB/T 29169—2012《石油天然气工业 在用钻柱构件的检验和分级》表 B18。

表 2-14 常用钻杆数据及接头分级

钻杆		新接头		一级接头		二级接头	
公称尺寸/mm	钢级	外径/mm	内径/mm	最小外径/mm	内螺纹台肩最小宽度/mm	最小外径/mm	内螺纹台肩最小宽度/mm
60.33	E	85.7	44.5	80.96	1.98	80.17	1.59
	G	85.7	44.5	83.34	3.18	82.55	2.78
73.03	G	104.8	50.8	100	5.16	98.43	4.37
	S	111.1	41.3	103.19	6.75	101.6	5.95
88.9	G	127	61.9	118.27	6.35	116.68	5.56
	S	127	54	122.24	8.33	119.86	7.14

续表

钻杆		新接头		一级接头		二级接头	
114.3	G	168.3	88.9	153.19	7.94	150.02	6.35
	S	168.3	76.2	157.96	10.32	154.78	8.73
127	G	168.3	82.6	154.78	8.73	152.4	7.54
	S	168.3	69.9	160.34	11.51	157.16	9.92
139.7	G	184.2	88.9	170.66	9.13	167.48	7.54
	S	190.5	76.2	176.21	11.91	173.04	10.32

注：本表参照 SY/T 5369—2012《石油钻具的管理与使用 方钻杆、钻杆、钻铤》表 6、GB/T 29169—2012《石油天然气工业 在用钻柱构件的检验和分级》表 C6；非标螺纹接头参照制造商要求。

(4) 钻杆报废条件

根据 SY/T 5956—2021《钻具报废技术规范》，钻杆有下列情况之一时，应予以判废：

① 本体折断；

② 本体刺穿；

③ 本体胀裂；

④ 本体扭曲或严重弯曲，经过校直仍无法达到表 2-9 允许的直线度；

⑤ 本体承受超过额定载荷而发生变形、变形量超过表 2-13 中规定的二级要求；

⑥ 水眼堵塞，无法通开；

⑦ 经受过油气高温灼烧或硫化物应力腐蚀，材质或机械性能发生变化；

⑧ 经过无损检测发现管体有裂纹；

⑨ 管体缺陷超过表 2-13 中规定的二级要求，且剩余壁厚小于公称壁厚的 62.5%；

⑩ 螺纹粘扣、变形、损坏和密封台肩面存在严重刮伤等情形，达不到 SY/T 5369—2012《石油钻具的管理与使用 方钻杆、钻杆、钻铤》中第 5 章的相关要求；

⑪ 内螺纹和外螺纹接头大钳夹持空间小于 160mm(不含耐磨带敷焊宽度)；

⑫ 钻杆接头磨损，超出表 2-15 要求的规定尺寸。

表 2-15 钻杆接头基础数据表

新管材外径/mm	公称单位长度直径/(kg/m)	钻杆接头螺纹代号	钻杆接头最小外径/mm	钻杆接头最大内径/mm	内螺纹接头台肩最小宽度/mm
60.33	7.22	NC26	78.58	52.39	0.79
	9.90	NC26	80.17	54.77	1.59
73.03	10.19	NC31	92.87	68.26	1.59
	15.48	NC31	95.25	65.88	2.78
		NC26	84.93	46.83	3.97
88.90	14.14	NC38	110.33	57.15	2.38
	19.79	NC38	112.71	79.38	3.57
		NC31	100.01	57.94	5.16
		NC40	124.62	77.79	5.95
	23.07	NC38	113.51	78.58	3.97
		NC40	123.03	80.96	5.16

续表

新管材外径/mm	公称单位长度直径/(kg/m)	钻杆接头螺纹代号	钻杆接头最小外径/mm	钻杆接头最大内径/mm	内螺纹接头台肩最小宽度/mm
101.60	17.63	NC46	130.97	103.98	1.98
	20.83	NC40	120.65	84.93	3.97
		NC46	132.56	102.39	2.78
	23.36	NC40	121.44	83.34	4.37
		NC46	133.35	100.81	3.18
114.30	24.70	4½FH	134.14	94.46	3.97
		NC46	135.73	98.73	4.37
		NC50	144.46	111.92	3.57
	29.76	4½FH	136.53	92.08	5.16
		NC46	137.32	95.25	5.16
		NC50	146.05	109.54	4.76
127.00	29.02	NC50	147.64	107.16	5.16
		5½FH	168.28	111.92	7.94
	38.10	NC50	150.81	102.39	6.75
		5½FH	162.72	120.65	5.16
139.70	32.59	5½FH	162.72	120.65	5.16
	36.76	5½FH	164.31	119.06	5.95
168.28	37.50	6½FH	187.33	141.29	5.56
	41.22	6½FH	188.12	139.70	5.95

注：本表引自 SY/T 5956—2021《钻具报废技术规范》表 1。

2. 加重钻杆回收检验

加重钻杆回收后，使用清洗机或钢丝刷把加重钻杆管体、接头部分的泥浆、油污清洗干净。

检查加重钻杆水眼，如有泥浆、泥土及其他异物，要把泥浆、泥土、异物掏出，否则在加重钻杆管体标识水眼不通。

查看加重钻杆外螺纹根部有无编号或编号是否清晰，无编号重新编号。在管体上用油漆标记编号，并在外螺纹根部打上编号。

(1) 加重钻杆管体检验

仔细查看管体部分是否挤扁、刺漏及补焊情况，管体上如有上述情况之一，该加重钻杆判为报废。

查看管体外表面损伤、腐蚀坑情况，用麻坑深度计测量其深度，数值超过标准要求，如无法修复时判为报废。

采用拉线法检查钻杆管体是否弯曲，按表 2-16 直线度要求执行。

使用磁粉检查加重钻杆两端及中间加厚过渡区，检测周期按钻具管理规定执行。

表 2-16 加重钻杆允许直线度 mm

加重钻杆允许直线度		两端 3m 内允许直线度		每米直线度	
校直标准	使用标准	校直标准	使用标准	校直标准	使用标准
≤4	≤6	≤2	≤3	≤1.5	≤2

(2) 加重钻杆接头检验

① 测量加重钻杆接头有效长度不小于 254mm。

② 检验接头耐磨带是否脱落或磨平，如有需要应进行修复或喷焊。

③ 检验吊卡台肩面，若有凸出部分，使用锉刀把凸出部分锉平。

④ 加重钻杆螺纹和台肩面的检查方法和技术要求与钻杆相同。

⑤ 测量接头外径的方法和钻杆一样，按表 2-17 确定接头级别。

⑥ 加重钻杆螺纹必须使用磁粉、超声波对两端螺纹探伤，焊接式加重钻杆应对焊接部位无损探伤要求，无磁承压钻杆应采用渗透、超声波探伤，检测周期按钻具管理规定执行。

⑦ 测量加重钻杆整体长度。

综合各项检测结果对加重钻杆状态进行判定，并油漆标定级别。

表 2-17 加重钻杆接头外径分级 mm

序号	规格	外径	内径	螺纹	一级(外径/壁厚)	二级(外径/壁厚)
1	139.7	177.8	92.1	5½FH	174/23	170/21.5
2	127	168.3	76.2	NC50	155/24.5	152/23
3	114.3	158.8	71.4	NC46	151/20	147/19
4	88.9	120.7	52.4	NC38	115/17.5	113/16.5
5	88.9	104.8	50.8	NC31	103/17.5	100/16.5

(3) 加重钻杆判废条件

加重钻杆有下列情况之一时，应予判废：

① 本体折断；

② 本体刺穿；

③ 本体胀裂；

④ 弯曲，经过校直仍无法达到表 2-16 允许的直线度；

⑤ 水眼堵塞，无法通开；

⑥ 经受过油气高温灼烧或硫化物应力腐蚀，材质或机械性能发生变化；

⑦ 经过无损检测发现本体有裂纹；

⑧ 管体上有深度超过 6.4mm 的尖底横向切口或凿槽；

⑨ 内螺纹和外螺纹接头大钳夹持空间小于 160mm(不含耐磨带敷焊宽度)：

⑩ 内螺纹和外螺纹接头磨损，小于表 2-15 规定尺寸；

⑪ 螺纹粘扣、变形、损坏和密封台肩面存在严重刮伤等情形，达不到 SY/T 5369—2012《石油钻具的管理与使用 方钻杆、钻杆、钻铤》中第 5 章的相关要求；

⑫ 无磁加重钻杆的相对磁导率(p)大于 1.010，或沿内孔任意相距 100mm 的磁感强度

梯度(ΔB)大于0.05μT;

⑬ 无磁加重钻杆存在晶间腐蚀开裂。

3. 钻铤回收检验

(1) 钻铤回收检验要求

钻铤回收后，使用清洗剂或钢丝刷把管体或螺纹部分的泥浆、油污清洗干净，然后再按如下程序检查：

① 检查钻铤水眼，如有泥浆、泥土及其他异物，要用铁钩把泥浆、泥土、异物掏出，否则在钻铤管体上画水眼不通标记。

② 查看钻铤外螺纹根部有无编号或编号是否清晰，无编号重新编号。在管体上用红色油漆标记编号，并在外螺纹根部打上编号。

③ 观察管体表面是否有裂纹、刺孔，如有裂纹或刺孔该钻铤判为报废。使用麻坑深度计、钢板尺测量管体表面伤痕，测量数值不超过标准数值。

④ 用目测法检查钻铤的直线度，无法确定时，用拉线法测量钻铤直线度，钻铤直线度要求见表2-18。

表2-18 钻铤允许直线度

mm

钻铤长度	全长允许直线度		两端2米内允许直线度		每米直线度	
	校直标准	使用标准	校直标准	使用标准	校直标准	使用标准
8~9	<3	<5	<1.5	<2.5	<1.5	<2
12	<4	<6	<2.5	<3.5		

⑤ 使用卷尺测量钻铤长度，总长度小于8.2m，此根钻铤判为报废，如所在地区甲方有特殊要求，按甲方标准执行。

⑥ 使用游标卡尺或外卡钳测量钻铤外径、内径偏磨值和螺纹台肩面宽度，钻铤均匀磨损后的数值、偏磨限定值、台肩面宽度按标准要求。

⑦ 检查钻铤螺纹台肩面，如因黏结或碰撞呈凹凸不平，在靠内沿处应保持完好，其保持完好部分最小处的宽度，凸出处应磨平。

⑧ 钻铤螺纹磨损后用梳齿规检查，磨损量应不超过标准数值。

螺纹牙齿磨损检查：检查钻铤螺纹部分，如果螺纹部分磨损后，使用梳齿规检查，其剩余牙顶宽度不低于原牙顶宽度的1/2，剩余牙顶高度不低于原牙顶高度的2/3，磨损牙数不超过3.5牙。

⑨ 探伤：用磁粉(或荧光磁粉)探伤检查两端螺纹是否存在疲劳裂纹。无磁钻铤应采用着色法探伤或超声波探伤。

⑩ 钻铤探伤按钻具管理规定执行。

⑪ 螺旋钻铤须使用钢板尺测量公母螺纹密封台肩面距螺旋终止端面距离，小于200mm则报废。

⑫ 综合各项检测结果对钻铤状态进行判定，如有异常用红色油漆标定，完好两端用白色油漆标定，标定位置距密封台肩面25.4mm处。

⑬ 清理作业现场，整理检验记录。

(2) 钻铤判废条件

钻铤有下列情况之一时，应予判废：

① 本体折断；

② 本体刺穿；

③ 弯曲，经过校直仍无法达到表 2-18 允许的直线度；

④ 水眼堵塞，无法通开；

⑤ 经受过油气高温灼烧或硫化物应力腐蚀，材质或机械性能发生变化；

⑥ 本体伤痕超过表 2-19 的规定尺寸；

表 2-19 钻铤尺寸参数 mm

钻铤公称尺寸	公称内径	接头螺纹型式	倒角圆直径	新钻铤螺纹台肩宽度		磨损后钻铤螺纹台肩宽度		横向伤	纵向伤	纵向伤均匀磨损后外径	偏磨限定尺寸
				外螺纹	内螺纹	外螺纹	内螺纹	深×长	深度		
88.9	38.1	NC26(2⅜IF)	82.9	5.0	4.2	4.6	4.0	4×28	4	85.1	3.8
104.8	50.8	NC31(2⅞IF)	100.4	7.1	4.4	6.5	6.0	5×33	5	100.1	4.0
120.6	50.8	NC35	114.7	9.9	8.9	9.0	8.2	5×38		113.5	5.2
127	57.1	NC38(3⅛IF)	121.0	9.5	8.7	9.0	8.5	5×40		121.8	5.2
152.4	57.1	NC44	144.5	13.5	12.7	13.0	12.5	6×48	6	144.3	7.1 6.1
	71.4					10.6	10.0			140.0	6.1
158.7	57.1	NC44	149.2	15.9	15.1	13.3	12.7	6×50		144.3	7.6
	71.4	NC46(4IF)	150.0	13.6	12.7	12.5	11.8			148.4	6.6
165.1	57.1	NC46(4IF)	154.8	16.0	15.1	14.7	14.0	6×52		152.1	8.1
	71.4					12.5	11.8			148.4	7.0
171.4	57.1	NC46(4IF)	159.5	17.5	4.7	14.7	14.0	6×54		152.1	8.6
177.8	57.1	NC50(4½IF)	164.7	15.7	14.9	15.3	14.7	6.5×56	6.5	167.5	9.0
	71.4									164.6	8.0
184.1	71.4	NC50(4½IF)	169.5	18.1	17.3	15.5	14.9	6.5×58		164.6	8.5
196.8	71.4	NC56	185.3	18.0	17.3	15.8	15.2	6.5×62		181.7	9.4
203.2	71.4	NC56	190.1	20.4	19.6	15.8	15.2	7×64	7	181.7	9.9
203.2	71.4	6⅝REG	195.7	21.7	20.8	18.5	17.7	7×66		190.3	9.9
209.5	71.4	6⅝REG	195.7	21.7	20.8	18.5	17.7	7×66		190.3	10.4
228.6	71.4	NC61	212.7	24.6	23.8	18.0	17.3	7×72		205.7	11.8
228.6	71.4	7⅝REG	223.8	23.0	21.8	20.6	19.6	7×76		220.3	11.8
241.3	76.2	7⅝REG	223.8	23.0	21.8	20.6	19.6	7×76		220.3	12.4
247.6	76.2	NC70	232.6	23.4	22.6	22.3	21.7	7×78		231.5	12.9
254.0	76.2	NC70	237.3	25.8	25.0	22.3	21.7	8×80	8	231.5	13.3

注：本表引自 SY/T 5369—2012《石油钻具的管理与使用 方钻杆、钻杆、钻铤》中表 13。

⑦ 本体均匀磨损或偏磨后，磨损量超过表 2-19 规定尺寸；

⑧ 普通钻铤和螺旋钻铤(不包括特殊用途钻铤)，全长小于 8m；

⑨ 螺旋钻铤内螺纹、外螺纹密封端面距螺旋终止端面小于 200mm；

⑩ 经过无损检测发现有裂纹；

⑪ 螺纹粘扣、变形、损坏和密封台肩面存在严重刮伤等情形，达不到 SY/T 5369—2012《石油钻具的管理与使用 方钻杆、钻杆、钻铤》中第 5 章的相关要求；

⑫ 无磁钻铤的相对磁导率(p)大于 1.010，或沿内孔任意相距 100mm 的磁感强度梯度(ΔB)大于 0.05μT；

⑬ 无磁钻铤存在晶间腐蚀开裂。

4. 方钻杆的回收检验

方钻杆回收后，按照如下程序对其进行检验：

① 把方钻杆管体部分和螺纹部分清洗干净；

② 检查并清洗方钻杆水眼，如泥浆、泥土或其它异物。否则应在方杆管体上画水眼不通标记。

③ 查看方钻杆外螺纹根部有无编号或编号是否清晰，无编号重新编号。在管体上用红色油漆标记编号，并在外螺纹根部打上编号。

④ 方钻杆螺纹和台肩面的检查方法和技术要求与钻铤相同。

⑤ 目测方钻杆的直线度，如无法确定用拉线法测量，方钻杆允许直线度见表 2-20。

表 2-20 方钻杆允许直线度

mm

长度	校直标准	使用标准
全长	<3	<8
每米	<1	<1.5

方钻杆扭曲后应用方钻杆套筒量规检查(见表 2-21)，套筒量规能自由通过者可以继续使用。

表 2-21 方钻杆套筒量规

mm

方钻杆尺寸	量规长度	对边距离		内角半径	
		四方	六方	四方	六方
63.5	254	65.89	—	6.35	—
76.2	254	78.59	77.11	7.94	4.76
88.9	254	91.29	89.81	11.11	4.76
107.9	305	111.13	108.86	11.11	6.35
133.3	305	136.53	134.26	14.29	7.94
152.4	305	—	153.31	—	7.94

⑥ 检查方钻杆表面，不应有裂纹、结疤、剥层、凹痕，不允许在表面焊补缺陷或标尺，方部和圆角要平整。

⑦ 使用钢板尺测量方钻杆的对边宽度，大于等于 133mm 的方钻杆的对边宽度减少量不

大于 10mm；小于等于 108mm 的方钻杆的对边宽度减少量不大于 6mm。

⑧ 方钻杆内螺纹和外螺纹接头的有效长度不少于 203mm。

⑨ 方钻杆探伤按钻具管理规定执行。方钻杆的公螺纹和母螺纹要进行磁粉探伤。

⑩ 综合各项检测结果对方钻杆状态进行判定，如有异常用红色油漆标定，完好两端用白色油漆标定，标定位置距密封台肩面 25.4mm 处。

⑪ 方钻杆在下列情况之一时，应予报废：

a. 本体折断；

b. 本体刺穿；

c. 弯曲，经过校直仍无法达到表 2-20 允许的直线度；

d. 水眼堵塞，无法通开；

e. 经受过油气高温灼烧或硫化物应力腐蚀，材质或机械性能发生变化；

f. 表面磨损后，133mm 及以上规格方钻杆的对边宽度减小量大于 10mm，108mm 及以下规格方钻杆的对边宽度减小量大于 6mm；

g. 经过无损检测发现有裂纹；

h. 本体扭曲，用表 2-21 相应尺寸的方钻杆套筒量规无法通过；

i. 内螺纹和外螺纹接头大钳夹持空间长度小于 160mm；

j. 螺纹粘扣、变形、损坏和密封台肩面存在严重刮伤等情形，达不到 SY/T 5369—2012《石油钻具的管理与使用 方钻杆、钻杆、钻铤》中第 5 章的相关要求。

5. *无磁钻具的回收检验*

由于所有磁性测量仪器在测量井眼的方向时，感应的是井眼的大地磁场，因而测量仪器必须是一个无磁环境。然而在钻井过程中，钻具往往具有磁性，具有磁场，影响磁性测量仪器，不能得到正确的井眼轨迹测量信息数据，利用无磁钻具可实施无磁环境。无磁钻具包括无磁钻铤和无磁加重钻杆。无磁钻具是使用低碳高铬锰合金钢制成的，经过严格的化学成分配比后精炼并通过锻造而达到其机械性能，具有良好的低磁导率、高强度的机械性能、极好的晶间耐腐蚀开裂性能和优异的耐磨性。

（1）无磁钻铤

无磁钻铤的结构与一般钻铤相同，定向钻井用磁力测斜仪测定井眼倾斜角和方位角时，为使罗盘不受钻柱磁场的影响，在钻柱中必须配备一定长度的无磁钻铤，使磁力测斜仪位于无磁钻铤内合适的位置进行测斜，否则不能得到正确的测量结果。

无磁钻铤尺寸的检验和普通钻铤相同，无磁钻铤螺纹的探伤，应使用渗透探伤法或超声波探伤法。

（2）无磁承压钻杆

无磁承压钻杆的结构与一般加重钻杆相同，是定向钻井中具有特殊功能的钻具。当井眼倾斜角变化率大于 15°/130m 时，由于无磁钻铤刚度大难于使用，而无磁承压钻杆具有较好的柔性，在大倾斜井眼中使用方便。故此时用无磁承压钻杆代替无磁钻铤，以保证磁力测斜的正常进行。

无磁承压钻杆的尺寸检验和普通钻杆相同，无磁承压钻杆螺纹的探伤应使用渗透探伤法和超声波探伤法。

第三节　钻具无损检验

无损检测定义：无损检测（non－destructive examination，NDE），也叫无损探伤（non dcstructivc tcsting，NDT）（本书一般简称为探伤），是在不损害或不影响被检测对象使用性能的前提下，采用射线、超声、红外、电磁等技术并结合仪器对材料、零件、设备进行缺陷、化学、物理参数检测的技术。

无损检测是工业发展必不可少的有效工具，在一定程度上反映了一个国家的工业发展水平，其重要性已得到公认。

常用的无损检测方法：超声检测（UT）、磁粉检测（MT）、液体渗透检测（PT）、电磁检测（ET）等四种。

其他无损检测方法：涡流检测（ECT）、射线照相检验（RT）、声发射检测（AE）、热像/红外（TIR）、泄漏试验（LT）、交流场测量技术（ACFMT）、漏磁检验（MFL）、远场测试检测方法（RFT）、超声波衍射时差法（TOFD）等。

无损检测的原理：利用物质的声、光、磁和电等特性，在不损害或不影响被检测对象使用性能的前提下，检测被检对象中是否存在缺陷或不均匀性，给出缺陷大小、位置、性质和数量等信息。

无损检测的特点：与破坏性检测相比，无损检测具有非破坏性、全面性、全程性三大特点。

第一是具有非破坏性，因为它在做检测时不会损害被检测对象的使用性能；第二是具有全面性，由于检测是非破坏性，因此必要时可对被检测对象进行100%的全面检测，这是破坏性检测办不到的；第三是具有全程性。破坏性检测一般只适用于对原材料进行检测，如机械工程中普遍采用的拉伸、压缩、弯曲等，破坏性检验都是针对制造用原材料进行的。对于产成品和在用品，除非不准备让其继续服役，否则是不能进行破坏性检测的，而无损检测因不损坏被检测对象的使用性能，所以，它不仅可对制造用原材料，各中间工艺环节、直至最终产成品进行全程检测，也可对服役中的设备进行检测。

石油钻具的无损检测：石油钻具检测中引入无损检测，作为最重要的检测手段之一，主要包括对螺纹的磁粉检测（MT）、超声检测（UT），对管体的漏磁检测（ET），对无磁钻具的渗透检测（PT）四大类。

钻具无损探伤标准主要有：

SY/T 6764《钻柱构件螺纹超声波检测方法》

SY/T 6858《油井管无损检测方法》

NB/T 47013《承压设备无损检测》

无损检测的现状和发展：中国在1978年11月成立了全国性的无损检测学术组织——中国机械工程学会无损检测分会，是中国无损检测学术组织，TC56是其标准化机构。即：全国无损检测标准化技术委员会。

此外，冶金、电力、石油化工、船舶、宇航、核能等行业还成立了各自的无损检测学会或协会；部分省、自治区、特别行政区、直辖市和地级市成立了省（市）级、地市级无损检测学会或协会；东北、华东、西南等区域还各自成立了区域性无损检测学会或协会。

在无损检测的基础理论研究和仪器设备开发方面，中国与世界先进国家之间仍有较大的差距，特别是在红外、声发射等高新技术检测设备方面更是如此。

一、磁粉无损检测

磁粉无损检测(magnetic particle testing，MT)，也称磁粉探伤，是通过磁粉在缺陷附近漏磁场中的堆积以检测铁磁性材料表面或近表面处缺陷的一种无损检测方法。

名词解释：

磁场(magnetic field)：物理概念，指传递实物间磁力作用的场。

磁场是由运动着的微小粒子构成的，在现有条件下看不见、摸不着。磁场具有粒子的辐射特性。磁体周围存在磁场，磁体间的相互作用就是以磁场作为媒介的，所以两磁体不用在物理层面接触就能发生作用。

由于磁体的磁性来源于电流，电流是电荷的运动，因而概括地说，磁场是相对于观测点运动的电荷的运动的电场的强度与速度，带来的观测点处电荷所受力的变化的表现。

漏磁：漏磁是磁源通过特定磁路泄漏在空气(空间)中的磁场能量。磁体的磁场在内部闭合对外不显磁性，当对外形成磁极后即产生磁场，磁场是对外开环辐射的，准确来说，磁场是漏磁的一种形式。

铁磁性：铁磁性物质只要在很小的磁场作用下就能被磁化到饱和，其磁化强度与磁场强度之间的关系是非线性的复杂函数关系。这种类型的磁性称为铁磁性。

（一）概述

1. 原理

磁粉检测是一种无损检测方法，用于检测铁磁性材料表面的缺陷。其基本原理是利用材料的磁性变化来探测缺陷。当铁磁性工件被磁化时，若工件表面及近表面存在不连续性(如裂纹)，就会在不连续性部位的表面形成泄漏磁场(即漏磁场)，见图 2-4。这个漏磁场会吸引并聚集检测过程中施加的磁粉，形成可见的磁痕，从而指示出缺陷的位置、形状和大小。

2. 磁粉探伤适用情况

磁粉检测适用检测铁磁性材料工件表面和近表面尺寸很小、目视难以看出的缺陷，比较适合大型设备的现场无损检测。

优点是：①可以检测铁磁材料表面或近表面的缺陷；②能直观显示缺陷位置、大小和形状及严重程度；③具有很高的检测灵敏度，可以检测微米级宽度的缺陷；④检测速度快；⑤检测费用较低。

缺点是：①只适用于铁磁性材料，不能检测奥氏体不锈钢材料及其他非铁磁性材料(铜、铝、塑料等)；②只能检测工件表面和近表面缺陷，难以检测深部裂纹；③难以确定缺陷的深度。

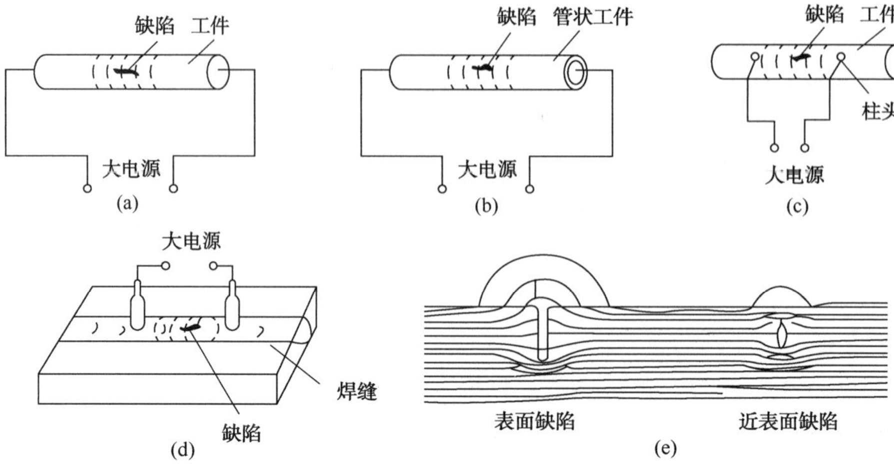

图 2-4 缺陷与磁力线作用产生漏磁的示意图

3. 磁粉检测人员要求

必须取得磁粉检测资格证。检测人员未经过矫正的近视力和远视力不能低于 5.0(小数记录值为 1.0)，且视力应一年检查一次，不能有色盲。

4. 磁粉检测程序

预处理—磁化—施加磁粉或磁悬液—磁痕的观察与记录—缺陷评级—退磁—后处理。

5. 磁粉检测的分类

根据不同的分类条件，磁粉检测方法的分类见表 2-22。

表 2-22 常见磁粉检测方法

分类条件	磁粉检测方法
施加磁粉的载体	干法(荧光、非荧光)、湿法(荧光、非荧光)
施加磁粉的时机	连续法、剩磁法
磁化方法	轴向通电法、触头法、线圈法、磁轭法、中心导体法、偏心导体法、复合磁轭法(交叉磁轭法或交叉线圈法)

注：本表节选自《NB/T 47013.4—2015 承压设备无损检测 第 4 部分：磁粉检测》

(二) 磁粉检测工具

磁粉探伤设备仪器主要有：加磁线圈(直流或交流线圈、磁轭)、紫外线灯、磁粉、试片；辅助工具：高斯计、黑光灯、白光灯、反光镜。

1. 磁化线圈(图 2-5)

采用剩磁法磁化线圈中心磁场强度应不小于 2.4×10^4 A/m。采用连续法磁化线圈中心磁场强度应不小于 8×10^3 A/m。

2. 磁轭

当使用磁轭最大间距时，交流电磁轭至少应有 45N 的提升力。直流电磁轭至少应有 177N 的提升力。交叉磁轭至少应有 118N 的提升力(磁极与试件表面间隙为 0.5mm)，可用于吊卡等不规则零部件的无损检测。

图 2-5　磁化线圈(左)与磁轭(右)

名词解释：

干法：磁化后施加磁粉，施加磁粉前，确保检测面和磁粉已经完全干燥。通常用于交流或者半波整流的磁化电流或者磁轭进行连续法检测；施加磁粉可以通过手动或自动设备进行。

湿法：磁化后施加磁悬液，施加磁悬液后确保整个检测面被磁悬液湿润。磁悬液的施加可以通过喷、浇、浸的方式进行，不宜采用刷涂法。不能使检测面上的磁悬液流速过快。

磁悬液：磁粉和媒介液按一定的比例混合形成的悬浮液体。

连续法：磁粉或磁悬液的施加和磁痕显示的观察应在磁化通电时间内完成，且停施磁粉或磁悬液至少 1s 内方可停止磁化；磁化通电时间一般为 1~3s，且为保证磁化效果应至少反复磁化两次。

励磁：向发电机或者同步电动机定子提供定子电源，为发电机等利用电磁感应原理工作的电气设备提供工作磁场的机器。有时向发电机转子提供转子电源的装置也叫励磁。

黑光灯：是一种特制的气体放电灯，它发出 330~400nm 的紫外光波，这是人类不敏感的光，所以把这种人类不敏感的紫外光制作的灯叫做黑光灯。黑光灯看上去就好像普通的荧光灯或者白炽灯泡，但它们有些地方是完全不同的。

荧光磁粉：这是一种在紫外线(黑光)照射下进行磁痕观察的磁粉。荧光磁粉有水性和油性两种。

荧光磁粉是以磁性氧化铁粉、工业纯铁粉、羰基铁粉等为核心，再在外面粘合一层荧光染料树脂制成。在紫外光的照射下，能发出波长为 510~550nm，为人眼接受的最敏感的鲜明的黄绿色荧光，与工件表面颜色形成很高的对比度。

荧光磁粉具有很高的检测灵敏度，可见度及与工件表面的对比度都远大于非荧光磁粉，容易观察，能提高检测速度，使用范围也很广泛。

3. 紫外线灯(图 2-6)

紫外线灯发射紫外线，以探测待测钻具螺纹表面等缺陷。

① 紫外线强度在照射到工件表面以后不得小于1000μm/cm。

② 紫外线的波长范围为320~400nm，峰值波长约为365nm。

③ 黑光度/荧光度不低于1000μW/cm^2。

4. 磁粉

磁粉应具有较高磁导率和低的矫顽力，形状为条形和球形，用磁粉磁性称量仪称量磁粉的磁性，磁粉的磁性应不小于7g。磁粉粒度要均匀。

5. 标准试片(图2-7)

标准试片要求磁粉检测标准试片用工业纯铁制成，在试片的一面加工一道圆形沟槽，按沟槽的尺寸不同加工成3组。

图2-6　荧光灯(紫外线灯)

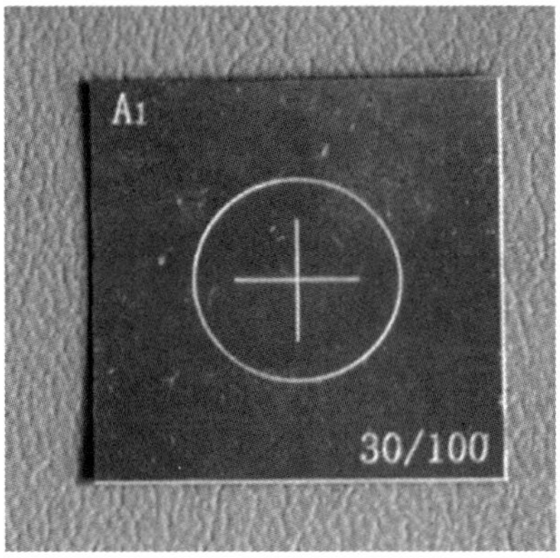

图2-7　A型试片

应根据钻具检测灵敏度要求选用标准试片，推荐采用7/50，15/50，30/50的试片。

标准试片厚度及沟槽深度见表2-23。

表2-23　标准试片厚度及沟槽深度　　μm

片厚 d	试片上的圆形槽深度 h		
50	7	15	30
100	15	30	60
200	25	50	100

(三) 钻具磁粉探伤步骤

钻具磁粉探伤部位主要是钻具螺纹。

1. 检测前准备

(1) 钻具螺纹清洁

需要探伤的螺纹应进行刷洗，对于螺纹脂(丝扣油)较重的可使用柴油等溶剂进行清洗，确保表面不得有油污、锈斑等异物，尤其是螺纹扣根部和底部必须干净可视，见图2-8。

(2) 磁悬液配制：

配制磁悬液：

① 磁悬液配制浓度，荧光磁粉0.5~3.0g/L，非荧光磁粉10~20g/L。

② 磁悬液沉淀浓度荧光磁粉0.1~0.4mL/100mL、非荧光磁粉1.2~2.4mL/100mL。

磁悬液检测：

① 测量前至少晃动喷壶 10 次以上，使磁悬液充分搅拌均匀后，取 100mL 注入沉淀管使其沉淀。

② 磁悬液沉淀须静置 30min 以上，沉淀在管底的容积即表示磁悬液的浓度。

③ 磁粉的沉淀体积值为 0. 1～0. 4mL/100mL。

(3) 试片调试标定

① 选用标准 A 型试片作为对比试块检验检测设备、磁粉和磁悬液的综合性能，试片表面不得有锈蚀、折皱。

② 将试片有人工缺陷的面朝下，与工件表面接触，用透明胶带固定。

③ 采用连续法对固定有试片的工件施加磁场，并喷洒磁悬液。

④ 观察试片磁痕，其显示清晰的磁痕痕迹(图 2-9)。

图 2-8　探伤前清洁
(图示螺纹清洁程度未达探伤要求)

图 2-9　A 型试片磁痕显示

2. 探伤作业

(1) 探伤环境

作业区域环境温度 5～40℃，空气相对湿度不大于 85%，设施管架。

(2) 探伤方法

① 采用剩磁法进行探伤。

② 将待检螺纹置于线圈的中心位置，螺纹端面应凸出 20mm。

③ 螺纹进行磁化：每次通电时间为 0. 5～1s，重复通电 2～3 次后停止磁化。

④ 停止磁化后立即喷洒磁悬液，磁悬液在使用前应充分搅拌，磁悬液应均匀喷洒到整个螺纹表面，喷洒压力为 0. 02～0. 03MPa。

(3) 磁痕观察

使用荧光磁粉探伤，必须在暗区使用紫外线灯照射观察，紫外线的辐照度在距灯下垂直 40cm 处，用辐照计测量不得小于 1000μW/cm^2，观察区的环境白光照度应不大于 20lx。

使用非荧光磁粉探伤必须在日光灯下进行观察，被检工件表面上的照度应不小于 1000lx。

内螺纹配合反射镜观察螺纹底部：

① 疲劳裂纹磁痕显示一般在螺纹后几扣根部，呈线形黄绿色荧光亮线。

② 凡发现缺陷磁痕都要做好标注和记录。

③ 对于判断不清磁痕可用上述方法进行重复探伤。

④ 钻具螺纹部分不允许存在任何裂纹。

(4) 复检

当出现下列情况时，需进行复检：

① 经过返修后的螺纹。

② 发现检测过程操作方法有误。

螺纹进行彻底清洗后按前述步骤复检。荧光磁粉缺陷显示见图 2-10，内窥镜探测缺陷显示见图 2-11。

图 2-10　荧光磁粉缺陷显示

图 2-11　内窥镜探测缺陷显示

3. 编写探伤报告

螺纹磁粉探伤报告应包括以下内容：

① 工件名称、探伤部位、材质；

② 仪器名称、仪器规格型号、上次校准/标定时间及实施单位、磁化方式、磁化电流；

③ 磁粉、磁悬液、磁化方法、标准试块；执行标准；

④ 磁痕显示、结果评价及结论；

⑤ 操作者、审核及日期。

二、超声波无损检测

(一) 概述

超声波探伤是钻具无损检测最常用的无损检测方法之一，主要用于钻具的螺纹和过渡带无损检测。

超声波探伤方法是目前使用较多、较为方便的一种钻具检测手段，它便于携带、操作简单、检测迅速、结果准确，适用于钻具的螺纹以及管体缺陷的检测。

超声波探伤原理是频率高于 20000Hz 的机械波，声源产生超声波，使其进入工件，如果存在裂缝缺陷会发生反射波，形成脉冲波形，通过仪器显示出来。超声探伤所用的频率一般在 0.5~10MHz 之间，对钢等金属材料的检验，常用的频率为 1~5MHz。

超声波探伤是利用超声能透入金属材料的深处，并由一截面进入另一截面时，在界面边缘发生反射的特点来检查零件缺陷的一种方法。当超声波束自零件表面由探头通至金属内部，遇到缺陷与零件底面时就分别发生反射波，在荧光屏上形成脉冲波形，根据这些脉冲波形来判断缺陷位置和大小。

超声波探伤仪的种类繁多，但在实际的探伤过程，脉冲反射式超声波探伤仪应用得最为广泛。一般在均匀的材料中，缺陷的存在将造成材料的不连续，这种不连续往往又造成声阻抗的不一致，超声波在两种不同声阻抗的介质的交界面上将会发生反射，反射回来的能量的大小与交界面两边介质声阻抗的差异和交界面的取向、大小有关。脉冲反射式超声波探伤仪就是根据这个原理设计的。目前便携式的脉冲反射式超声波探伤仪大部分是 A 扫描方式的，所谓 A 扫描显示方式即显示器的横坐标是超声波在被检测材料中的传播时间或者传播距离，纵坐标是超声波反射波的幅值。

超声波探伤其优点为方向性好，能量高，穿透能力强，但缺点是对表面有轻微伤痕的器件，极易漏检。尤其是钻具螺纹，本身螺纹接头就具有一定的锥度，而且螺纹扣底与扣尖之间有一定的高度差，更容易造成误判或漏检。因此钻具螺纹探伤应与磁粉探伤配套使用。

（二）超声波探伤工具

超声波无损探伤工具主要有超声波探伤仪（含探头）和对比试块等。

钻具超声波探伤主要用于钻具螺纹和钻杆过渡带、焊缝探伤。

1. 超声波探伤仪（图 2-12）

超声波探伤仪是超声波探伤的主体设备，它的作用是产生电振荡并加于换能器（探头）上，激励探头发射超声波，同时将探头送回的电信号进行放大，通过一定方式显示出来，从而得到被探工件内部有无缺陷及缺陷位置和大小等信息。探伤仪根据波的连续性分为脉冲波探伤仪、连续波探伤仪和调频波探伤仪，石油钻具无损检测常选用脉冲波探伤仪。

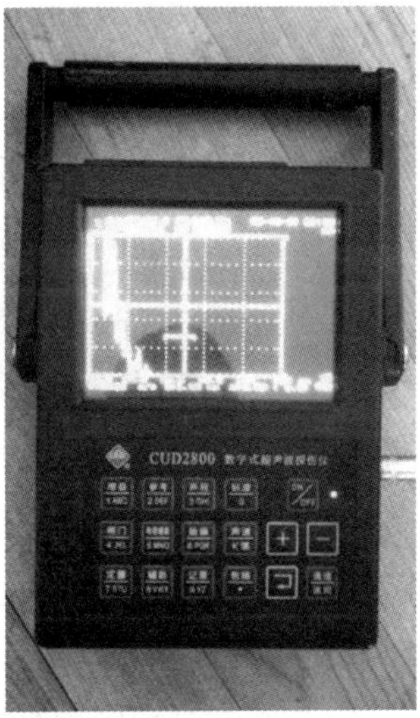

图 2-12　超声波探伤仪

数字式超声波检测仪是在传统的超声波检测仪的基础上，采用计算机技术实现仪器功能的精确和自动控制、牌号获取和处理的数字化和自动化、检测结果的可记录性和可再现性。与以往的模拟式仪器相比，它接收信号的数字化使超声信号的存储、记录、再现十分方便，改变了传统超声波检测缺乏永久记录的缺点；同时，也方便了信号的分析与处理，从而可从接收的超声波中得到更多的量化信息。目前传统的模拟超声波检测仪已被数字式超声波检测仪所替代。

2. 对比试块

包括扫描速度调节对比试块和灵敏度调节对比试块，用于调整扫描速度，测试仪器和探头的性能，确定探伤灵敏度和评判缺陷的大小。

扫描速度调节对比试块用来调整超声波检测仪的扫描速度，应由与被检工件相同的材料制成。

灵敏度调节对比试块用于灵敏度的调节与校准，采用与被检钻柱构件螺纹同规格、同螺纹类型、同材料且不含缺欠的钻柱构件螺纹制成。

目前超声波探伤常用试块为 CSK-IA 和 CSK-ⅢA，如图 2-13 所示。

图 2-13 超声波常用对比试块

3. 探头(图 2-14)

由压电晶片、保护膜、吸收块和外壳构成，根据超声波入射角度，分为**直探头**(纵波探头)和**斜探头**(横波斜探头)。

直探头主要用于螺纹探伤，斜探头主要用于钻具过渡带探伤、焊缝探伤。

探头标识(图 2-15)：频率，晶片材料，晶片尺寸，探头种类，特征。

图 2-14 超声波探伤探头

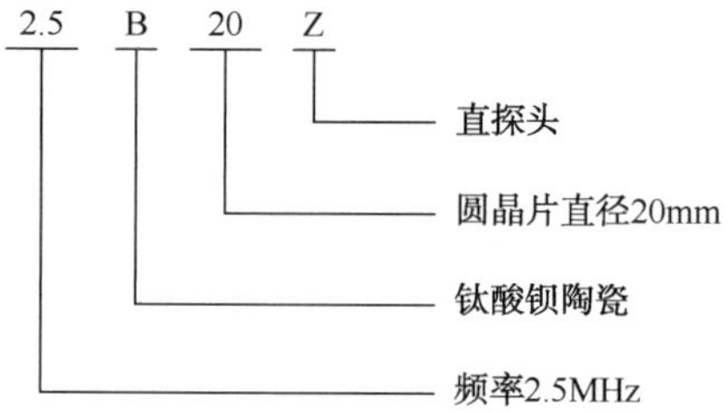

图 2-15 超声波探头标识

4. 耦合剂

用于更好地契合构件。宜选用机油等透声性好，且不损伤检测表面的耦合剂，仪器校验时所用的耦合剂必须与实际检验用耦合剂相同。

(三) 钻具加厚过渡带/焊缝超声波探伤程序

1. 检测器材

(1) 检测仪

① 采用脉冲反射式超声探伤仪，其工作频率为 0.5~10MHz，推荐使用轻便型数字式超声波检测仪。

② 探伤仪的水平线性、垂直线性、动态范围、衰减器的精度和深度范围等性能应符合 SY/T 6858 的规定。

(2) 探头

① 采用单晶片带有硬质保护楔块的斜探头。

② 探头的频率为 2.5~5MHz，频率误差不超过+10%。探头 K 值选择 K1.5 或 K2。

③ 为保证探头与工件稳定耦合，探头接触面加工成与钻杆外表面相适应的弧面。

（3）耦合剂

耦合剂可选择机油或水。

（4）对比试块

采用与检测工件相同或相近型号的管体制作，加工 ϕ1.6 通孔作为标准缺陷。探头置于对比试块上前后移动，使孔顶部的最大回波高度为满幅度 50%（或 80%），灵敏度余量不小于 20dB。

2. 探伤操作程序

工作前准备：探伤部分表面应平整、光滑，不得有油垢、锈垢等污物，钳痕等隆起部分应修磨掉。

仪器调节：每次工作前应按照 SY/T 6858 要求进行仪器调节。

（1）探伤方法

① 管体加厚部位利用二次波扫查。

② 探头与管体轴线平行摆放，移动时探头沿管体周向做锯齿形移动。

③ 探头移动扫查时，覆盖率不小于晶片尺寸 15%。

④ 在探头移动过程中要保证良好的声接触，其移动速度不应超过 150mm/s。

（2）灵敏度重新校对

① 每次工作前必须按上述要求校对仪器灵敏度。

② 遇到下列情况之一时，必须重新校对仪器灵敏度。

a. 仪器上有关灵敏度调节旋钮位置发生变化；

b. 更换探头或探线；

c. 改换了耦合剂；

d. 更换了电源；

e. 仪器或探头进行过修理；

f. 连续工作 2h 以上；

g. 判定缺陷之前；

h. 探伤人员（操作者）认为有必要时；

i. 工作结束时；

j. 操作人员发生变化时。

③ 重新校对灵敏度时，若发现灵敏度降低 2dB 以上（包括 2dB），应对上一次核对灵敏度之后所检查钻杆全部进行复查；若发现提高了 2dB（包括 2dB）则应对上一次校对灵敏度近来检查有缺陷钻杆进行复查。

（3）缺陷评定和标记

① 回波高度大于或等于对比试块人工缺陷反射体相应部位时应确认为缺陷。

② 回波高度低于对比试块相应部位回波高度 6dB，但周向指示长度超过 20mm 时，仍应判为缺陷。

③ 允许采用其他检测方法综合判断缺陷性质，只要检测人员能够判定为危害性缺陷。

④ 对探伤合格、不合格分别做出标记，标出缺陷位置。

（4）编写探伤报告

（四）钻具螺纹超声波探伤程序

1. 检测器材

（1）检测仪

采用A型脉冲反射式超声探伤仪，其工作频率为0.5~10MHz。探伤仪的水平线性、垂直线性、动态范围、衰减器的精度和深度范围等性能应符合SY/T 6858的规定。推荐使用轻便型数字式超声波检测仪。

（2）探头

① 采用单晶片带硬质保护楔块的小角度纵波探头或常规直探头。采用小角度纵波探头时，探头角度与螺纹部分的锥度保持一致。

② 探头的频率为2.5MHz或5MHz。

③ 仪器和探头的组合灵敏度：在相应对比试块上深度为1.0mm刻槽最大声程处的回波高度达到满幅度的50%（或80%）以上时，有效灵敏度余量应大于10dB，且信噪比不得影响正常判断。

④ 探头晶片尺寸宜为8~14mm。

（3）耦合剂

耦合剂可选择机油。

（4）对比试块

对比试块包括扫描速度调节对比试块和灵敏度调节对比试块。

2. 探伤操作程序

（1）工作前准备

螺纹端面确保光洁、平整。

（2）仪器调节

① 灵敏度校准：每次工作前按照SY/T 6764要求进行校准探伤仪灵敏度。

② 扫查范围调节：使用专用探伤试块调节仪器的扫描范围，使荧光屏足够显示整个螺纹长度。

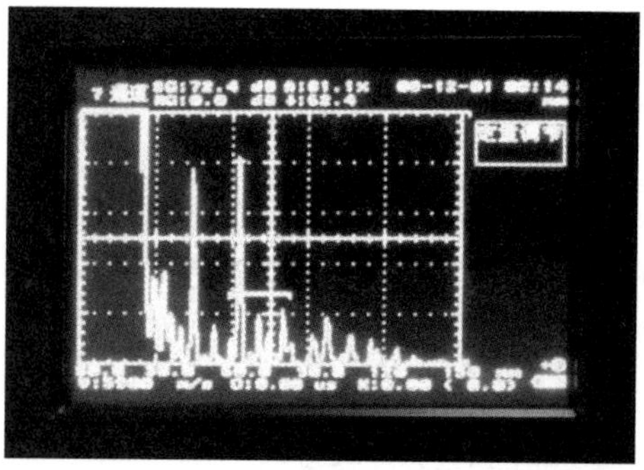

图2-16　超声波探伤异常显示

③ 波幅调节：在人工缺陷和标准试块上校准，根据螺纹锥度不同，选择相应探头。在人工缺陷试块上调节扫描速度和探伤灵敏度，使人工缺陷信号波幅达到满屏的80%。

超声波探伤异常显示见图2-16。

（3）探伤方法

① 采用纵波单发单收接触法。

② 探头应垂直于螺纹端面移动，利用一次波法扫查。

③ 沿周向逆时针和顺时针各扫查一圈后，再沿周向做锯齿形移动扫查一圈。

④ 螺纹端面厚度大于探头晶片直径50%时，对螺纹外表面和内表面各扫查一次。

⑤ 每次扫查时覆盖率不小于探头直径的15%。

⑥ 探头移动时应紧贴接头端面，探头移动速度不超过100mm/s。

⑦ 灵敏度重新校对。

(4) 缺陷评定和标记

① 缺陷回波高度大于或等于对比标准试块上人工缺陷反射体相应部位的80%回波高度时，判定为缺陷。

② 允许采用其他检测方法综合判断缺陷性质，只要检测人员能够判定为危害性缺陷。

(5) 编写探伤报告

超声波探伤报告应包括以下内容：

① 工件名称、规格；

② 螺纹型号；

③ 检测仪器型号、探头频率、K值及晶片尺寸、探伤灵敏度、对比试块、耦合剂、缺陷性质；

④ 执行标准；

⑤ 结论及评价；

⑥ 操作者、审核及日期。

三、漏磁无损检测

漏磁无损检测主要用于检查石油钻杆加厚过渡带及管体部位的横向疲劳裂纹、腐蚀、刺穿、机械损伤等，主要杜绝钻杆过渡带及管体失效发生。

(一) 概述

漏磁探伤是快速检测钻杆管体是否有缺陷的重要方法。漏磁探伤的基本原理是建立在铁磁材料的高磁导率这一特性之上，铁磁性的钻杆被磁化后，其表面和近表面缺陷形成漏磁场。通过检测该泄漏磁场变化信号可检测出缺陷的存在。钻杆中缺陷处磁导率远小于钢管的磁导率。当钻杆以流水线方式快速穿过检测区时，将受到直流线圈产生横向和纵向磁场的磁化。若无缺陷，磁力线绝大部分通过钻杆管体，此时磁力线分布均匀；若无缝钢管有缺陷，磁力线发生弯曲，并且有一部分磁力线泄漏出无缝钢管表面。利用横向和纵向探头线圈(传感器)检测无缝钢管表面逸出的漏磁场，然后依据法拉第电磁感应定律，将漏磁场转化为缺陷信号(探头内检测线圈产生的感应电压)，对缺陷信号进一步处理和分析，即可判断缺陷是否存在及缺陷有关的尺寸参数。

横向检测系统的固定式环形磁力线圈在管体上产生的纵向磁场。任何与管体轴心成90°和某些入射角的内、外表面缺陷，例如麻点、横裂口或者其他缺陷，将引起管体表面显现磁场通量扭曲的变化。重叠横向探头装有气动执行头(探靴)，能形成多达120%的覆盖范围。当管体缺陷在横向探头下通过时，便会有信号电压产生，经放大后多路送至控制柜中的数字信号处理机，通过计算机处理，得到检测结果。

壁厚是利用非接触传感环，应用霍尔传感技术的磁通量理论进行测量。传感环安装在空气驱动头上，由光电控制，不与管壁接触。传感环在固定位置包绕管段测量，壁厚传感环分成四个90°(象限)环状弧，每个环状弧包含多级电磁传感霍尔元件，相连布置形成一个环绕管材的完整回路。虽然四个象限闭合时，相邻环状弧之间有缝隙，无法形成一个完整的回路。但因壁厚测量是应用霍尔元件测量记录四个传感环状弧的管材圆周的磁通量以及总的平均壁厚损失，所以每一象限之间的微小缝隙不会对总的磁通量强度构成影响。

漏磁探虽然有较为突出的优点，但由于技术上的原因，也可能出现漏检，特别是与管轴线成45°的缺陷。此外，无法检测出与表面平行的缺陷。还有就是它对于管体的折叠缺陷和壁厚测量效果不是很好，其壁厚检测结果仅为近似值，也可能出现误检。

除仪器因素外，电气、环境温度、湿度、噪声等都会影响检测结果。

应尽可能排除或减轻外界因素的影响，尤其是每次检测工作必须对检测装置的灵敏度进行校验。

漏磁执行标准：

——SY/T 6858《油井管无损检测方法》

（二）设备仪器

钻具漏磁探伤系统一般由磁化器、探头、退磁器、信号处理装置、标记装置、记录装置和控制系统组成。钻杆漏磁测仪如图2-17所示。

图2-17　钻杆漏磁测仪

1. 主要参数

见表2-24。

表2-24　钻杆漏磁测仪主要参数

项目	参　数	备注
设备检测的范围	ϕ63~152mm钻杆	
检测标准	SY/T 6858	
运行速度	15~40m/min	变频可调
横向裂纹检测灵敏度	深度为壁厚5%的内、外刻伤(壁厚小于10mm的管)，深度为壁厚5%的外刻伤和深度为壁厚10%的内刻伤(壁厚小于16mm的管)，长度25mm，宽度小于0.5mm	
孔洞检测灵敏度	1.6mm通孔	
纵向缺陷检测灵敏度	深度为壁厚5%的内、外刻伤(壁厚小于10mm的管)，深度为壁厚5%的外刻伤和深度为壁厚10%的内刻伤(壁厚小于16mm的管)，长度25mm，宽度小于0.5mm	
误判率	0.5%	
漏报率	0	

续表

项目		参数	备注
端部盲区		150mm	
内外表面覆盖率		100%	
内外表面重叠率		120%	
退磁后管中磁场强度		5GS	
使用环境	检测探头工作温度	-10~50℃	
	检测探头工作湿度	0~95%	
	计算机系统工作温度	0~30℃	
	计算机系统工作湿度	0~45%	

2. 磁化器

① 采用直流线圈磁化器，其内孔直径不小于被检测钻具端头最大外径，钻具可顺利通过。

② 磁化器的磁化强度不小于 100000 安匝，且连续可调。

3. 探头

① 检测磁敏感传感器沿轴向排列，确保敏感探头阵列在轴线方向无漏检。

② 探头在圆周方向固定，交错检测覆盖率大于 120%。

4. 对比样管

① 用于调整探伤灵敏度的对比试样，其长度不小于 6m，结构尺寸厚度、曲率半径及钢级、扣型等应与所检钻具相同。

② 人工缺陷加工参数为直径 1.6mm 的径向通孔和沿圆周走向刻槽，刻槽长度大于 20mm，宽度小于 0.5mm，深度分别为此部位最大管体壁厚的 5% 和 10% 的壁厚减薄区。缺陷可制作在对比样管的内侧或外侧，对比样管及反射体的形状、尺寸应符合要求。

（三）工作程序

1. 探伤灵敏度校对

① 在对比试块上调节设备的增益，同时调节磁化电流大小，检测信号幅度准确。

② 对比试块走向匀速，探头顺利避让和跟踪钻具的变化。

③ 将人工缺陷反射信号波高调为满幅度的 50%，灵敏度余量不小于 20dB，信噪比应不影响正常的报警和判别。

④ 每次工作之前都应校对设备灵敏度。

2. 操作步骤

(1) 启动前

① 按规定穿戴劳保用品。

② 查看运转记录，了解漏磁检测仪运行及保养情况。

③ 按巡回检查规范检查综合检测仪。

(2)启动

① 接通电源，打开气源。

② 启动工控机，运行程序。

(3)运转作业

① 运行样管，标定壁厚，使8个小孔的信号显示在图形上的高度一致。调节相关通道的横向读数来改变显示图形的高低。波形为总高度的40%左右。

② 重新运行一次样管，保留图形数据。工作完成后，再次校准样管，若发现横向缺陷的峰值低于预定值，壁厚最大损失处高于预定值，应重新校正。

③ 将"手动/自动"按钮旋至"自动"位置，正向运行自动线，开始检测。

④ 观察波形图，发现钻杆有缺陷时，根据波形图上的比例找到钻杆上的位置，采用超声探伤或测厚仪进行定量分析。

(4) 停机

① 正常停机：关闭工控机；按下"停机"按钮，关闭电源，关闭气源。

② 非正常停机：出现以下情况时，按下"急停"按钮：气缸、探鞋无动作；运行声音异常。

3. 设备检测记录

检测设备的信号记录系统应能完整记录检测的磁场测量曲线，满足对比试块和自动报警的要求。

4. 缺陷评定和标记

① 信号高度大于或等于对比试块上的人工缺陷的幅度时应判为缺陷。

② 信号高度低于对比试块上的人工缺陷的幅度，但圆周指示长度大于10mm时，应判为缺陷。

③ 允许采用其他方法综合判断缺陷性质。

④ 对检测不合格钻具做出标记。

5. 探伤报告

探伤报告至少应包括下列内容：

① 钻杆规格。

② 探伤设备型号、磁化电流(安匝数)、探伤灵敏度、对比试样。

③ 探伤曲线及对缺陷的定性、定量描述。

④ 探伤人员姓名、证件编号。

⑤ 工作时间及地点。

6. 注意事项

① 操作时穿戴好防护用品、防护镜等。

② 油井管中不允许存在裂纹线性缺陷，确定为裂纹性质的应判为不合格。

③ 有以下情况之一时，应重新校对设备灵敏度。

a. 设备上有关灵敏度的调节旋钮的位置发生了变化。

b. 更换过探头或探头连线。

c. 改动了磁化电流。

d. 更换了电源。

e. 设备或探头进行过修理。

f. 连续工作4h。

7. 无损检测记录

做好检测记录。

四、渗透无损检测

渗透无损检测主要用于检测无磁钻铤、无磁承压及铝合金钻杆等螺纹渗透检测，也适用于铁磁性油井管螺纹渗透检测，以发现螺纹部位疲劳裂纹等开口缺欠或缺陷。

（一）概述

工件表面被施加含有荧光染料或着色染料的渗透液后，在毛细作用下，经过一定时间，渗透剂可以渗进表面开口缺陷中；经去除零件表面多余的渗透剂和干燥后，再在零件表面施加显像剂，同样，在毛细管作用下，显像剂将吸引缺陷中的渗透剂，即渗透剂回渗到显象剂中；在一定的光源下（黑光或白光），缺陷处的渗透剂痕迹被显示（黄绿色荧光或红色），从而探测出缺陷的形貌及分布状态。渗透检测剂如图 2-18 所示。

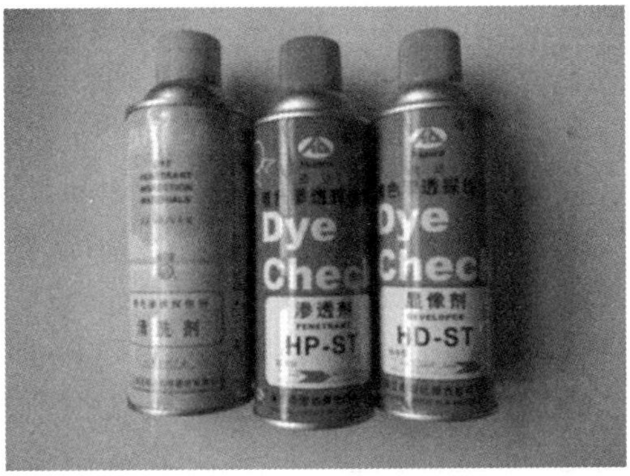

图 2-18 渗透检测剂

（二）设备仪器

渗透检测所需试剂、设备仪器主要有渗透检测剂（渗透剂、乳化剂、清洗剂和显像剂）、反射镜、铝合金对比试块、镀铬三点式试块；辅助工具有光照度计、黑光辐照度计、温度计、放大镜等。

1. 铝合金试块

铝合金试块主要用于以下两种情况：

① 在正常使用情况下，检验渗透检测剂能否满足要求，以及比较两种渗透检测剂性能的优劣。

② 对用于非标准温度下的渗透检测方法做出鉴定。

标准试块如图 2-19 所示。

2. 镀铬三点式试块

镀铬试块主要用于检验渗透检测剂系统灵敏度及操作工艺正确性。

图 2-19 标准试块（NB/T47013. 5-B3）

图 2-20 试块渗透后变化

（三）钻具螺纹渗透探伤程序

无磁钻铤螺纹的表面粗糙度和检测灵敏度要求高，可采用后乳化型着色法、后乳化型荧光法、溶剂去除型着色法、溶剂去除型荧光法。

如果现场无水源、电源，采用溶剂去除型着色法。

1. 预清洗

无磁钻铤螺纹在进行表面清理后要进行一次预处理和预清洗。

清洗后，螺纹表面上遗留的溶剂、水分等需干燥，并保持施加渗透剂之前不被污染。

2. 渗透

① 渗透剂施加方法：将渗透剂喷涂于被检螺纹表面，应保证螺纹完全被渗透剂覆盖，整个渗透时间内保持湿润状态。

② 渗透时间和温度：环境温度 15~40℃为宜，渗透时间通常在 10~15min 之间，当环境温度在 5~15℃范围时，渗透时间应相应延长。

3. 去除多余渗透剂

去除被检螺纹表面多余的渗透剂，应不使渗透于缺陷中的渗透剂流出。

① 水洗型渗透剂用水清洗，清洗时，必须边清洗边观察，防止清洗不足或清洗过度。使用喷嘴或气压水/喷枪将水喷出的清洗水压一般为 0.1~0.3MPa，水温为 15~40℃。使用荧光渗透剂时，清洗过程在黑光灯下进行。尽量缩短水洗时间，以螺纹表面形成合适的本底为宜，避免过洗。水清洗后应先擦干，然后用压缩空气吹干。若发现过洗，应干燥，重新进行渗透和水洗。

② 溶剂去除型渗透剂用清洗剂去除。用干净不起毛的布擦拭，清除多余渗透剂。

4. 干燥

① 水洗方法去除渗透剂可采用清洁、干净的压缩空气吹干或用吹风机吹干。

② 清洗剂去除渗透剂可用自然干燥或布擦干，不得加热干燥。

③ 干燥时间不宜过长，避免缺陷内渗透剂蒸发而降低探伤灵敏度。

5. 显像

① 湿式显像剂在被检螺纹干燥前施加，其他类型的显像剂，在被检螺纹部位干燥后立即施加。

② 可采用喷涂、喷淋等方法施加显像剂，确保完全、均匀地覆盖被检螺纹表面，以微显被检螺纹表面为宜。

6. 观察

① 观察显示迹痕在显像剂施加后 7~30min 内进行。

② 着色渗透检测时，在可见光照度大于 500lx 的条件下观察。

③ 荧光渗透检测时，黑光灯启动 10~15min 方可工作，被检螺纹表面黑光辐照度应大于 $1000\mu W/cm^2$，局部暗室环境白光照度应不大于 20lx，观察前要有 3min 以上时间使眼睛适应暗室环境。

④ 当出现显示迹痕时，可用 5~20 倍放大镜进行观察，确定迹痕是真缺陷还是假缺陷。

⑤ 钻具螺纹部分不允许存在任何裂纹。

7. 复验

当出现下列情况时，需进行复检：

① 检测结束时，用试块验证灵敏度不符合要求。

② 发现检测过程操作方法有误或技术条件改变时。

③ 经过返修后的螺纹。

螺纹进行彻底清洗后按前述步骤复检。

8. 后处理

检测结束后，应清除残余显像剂，螺纹表面不应有影响其性能的残液。渗透探伤见图 2-21。

图 2-21　渗透探伤

9. 编写渗透探伤报告

螺纹渗透探伤报告应包括以下内容：

① 工件名称、规格型号；

② 渗透方法；

③ 渗透时间、渗透温度、显像方法、显像时间、探伤地点、探伤时间；

④ 检测标准；

⑤ 结论及结果评价；

⑥ 探伤者、监督及日期。

(四) 注意事项

① 检测试剂的选择：根据检测需要选择不同型号的渗透剂。

② 检测方法的选择：根据检测需要选择检测方法，常用着色渗透检测、溶剂去除型渗透检测、溶剂悬浮显像剂。

③ 操作时穿戴好防护用品、防护镜、口罩等。

④ 油井管中不允许存在裂纹线性缺陷，发现应判为不合格。

⑤ 当对检测结果有疑问时，可采用其他检测方法复检。

第四节　钻具螺纹修复

一、概述

钻具螺纹是确保钻具连接、密封和扭矩传递的重要部分。钻具螺纹是应力集中区域，也是钻具失效高发环节，80%的失效发生在螺纹处，因此必须确保螺纹质量。

回收后钻具螺纹质检不合格，判定可修复的应及时进行修复。螺纹修复的主要手段是对螺纹进行重新车削加工。部分工区为降低疲劳破坏，要求对钻铤、加重钻杆、方钻杆等定期进行螺纹修复加工。

为确保修复(加工)后的质量，螺纹修复后应进行质量检验，确保螺纹修复加工质量。

螺纹修复(加工)和质量检测执行的标准主要有：

——GB/T 22512.2《石油天然气工业 旋转钻井设备 第 2 部分：旋转台肩式螺纹连接的加工与测量》

——SY/T 5369《石油钻具的管理与使用 方钻杆、钻杆、钻铤》

——API SPEC 7-2《旋转台肩式螺纹连接的加工和测量规范》

二、钻具螺纹修复加工

1. 钻具螺纹参数

钻具螺纹是三角锥度螺纹，是由锥面上一个原始三角形经过削顶和做圆弧过渡而来。

具体的图形和参数参见图 2-22 及表 2-25。

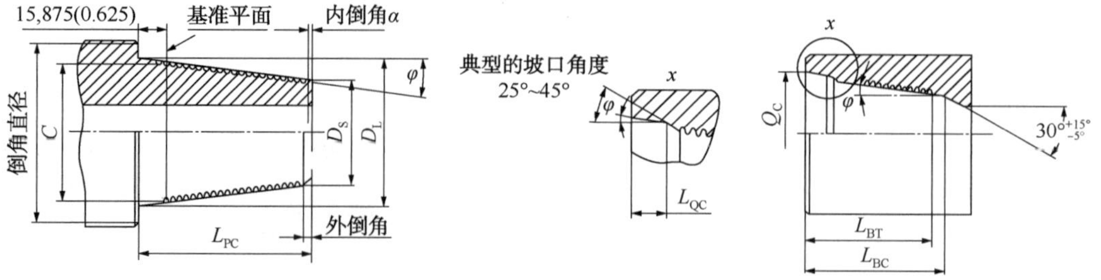

图 2-22　螺纹及尺寸

表 2-25　常用石油钻具螺纹尺寸

接头类型	牙型	牙/in	锥度	外螺纹大端大径 D_L	外螺纹锥部长度 $L_{PC}{}^{0}_{-3}$	镗孔直径 $Q_C{}^{+0.8}_{-0.4}$	内螺纹锥部长度 $L_{BC}{}^{+9}_{0}$	倒角圆直径 D_F±0.4
2⅜"REG(2A31/2A30)	V-040	5	1∶4	66.68	76.20	68.26	92.08	81.4
2⅞"REG(231/230)	V-040	5	1∶4	76.20	88.90	77.79	104.78	90.9
3½"REG(331/330)	V-040	5	1∶4	88.90	95.20	90.49	111.13	108.3
4½"REG(431/430)	V-040	5	1∶4	117.48	107.95	119.06	123.83	139.3
5½"REG(531/530)	V-050	4	1∶4	140.20	120.65	141.68	136.53	169.1
6⅝"REG(631/630)	V-050	4	1∶6	152.20	127.00	153.99	142.88	186.1
7⅝"REG(731/730)	V-050	4	1∶4	177.80	133.35	180.18	149.23	214.3
8⅝"REG(831/830)	V-050	4	1∶4	201.98	136.53	204.39	152.40	241.7
NC26(2A11/2A10)	V-038R	4	1∶6	70.05	76.20	74.61	92.08	82.9
NC31(211/210)	V-038R	4	1∶6	86.13	88.90	87.71	104.78	100.4
NC38(311/310)	V-038R	4	1∶6	102.10	101.60	103.58	117.48	116.3
NC46(4A11/4A10)	V-038R	4	1∶6	122.78	114.30	124.62	130.18	145.3
NC50(411/410)	V-038R	4	1∶6	133.35	114.30	134.94	130.18	154.0
3½"FH(321/320)	V-040	5	1∶4	101.45	95.25	102.79	111.13	118.7
4½"FH(421/420)	V-040	5	1∶4	121.72	101.60	123.83	117.48	140.5
5½"FH(521/520)	V-050	4	1∶6	147.96	127.00	150.02	142.88	170.7
6⅝"FH(621/620)	V-050	4	1∶6	171.53	127.00	173.83	142.88	200.4
NT30	60°	3.5	1∶16	81.75	91.9±0.035	$82^{+0.3}_{0}$	92±0.035	94

注：参数尺寸单位为 mm。

2. 钻具螺纹加工工具及设备

钻具螺纹加工和修复主要使用车床进行，车床分为普通车床和数控车床。

普通车床：以沈阳产 S1-245B 和 S1-262A 管螺纹车床为例，分别加工管子螺纹直径范围为 60~219mm 和 114~340mm，主轴孔径分别是 240mm 和 355mm，主轴转速分别是 8~306r/min 和 5.6~254r/min，转速级数共 12 级。

数控车床：以沂水机床厂 QK1327B 数控管螺纹车床为例，加工管子螺纹直径范围为 50~230mm，主轴转速是 0~500r/min，采用前复合卡盘，后气动卡盘，可快速装夹工件。

数控机床自动化程度和加工精度较高。把加工工艺路线、工艺参数、刀具的运动轨迹、位移量、切削参数等输入到数控车床中后，数控车床就可以按照预先编制的程序自动加工，可以大大提高螺纹加工的工作效率和质量。非标螺纹的加工推荐采用数控车床。

数控车床和普通车床如图 2-23 所示。

图 2-23 数控车床(左)和普通车床(右)

加工螺纹应使用螺纹成型刀具，如图 2-24 所示。

图 2-24 螺纹加工成型刀具

3. 钻具螺纹修复加工工艺

钻具密封台肩面进行修复时，螺纹轴线应与台肩面垂直。

螺纹加工主要分为内螺纹加工、外螺纹加工。

内螺纹加工工艺程序和标准见表 2-26，外螺纹加工工艺程序和标准见表 2-27，螺纹参数及螺纹成型刀具选型对应扣型见表 2-28。

表 2-26 内螺纹加工、修理

序号	工步	工作内容	技术要求	所需工、量具及刀具	注意事项
1	工件装夹	1. 根据标识将工件装入机床卡盘，较长工件从后卡盘进入，较短工件从前卡盘进入	加工端伸出前卡盘长度为 30~60mm	划盘针	(1) 短于 1.8m 的工件不用进行后卡盘找正 (2) 短于 5m 的工件不用调整小车中心架
		2. 后卡盘夹紧校正	径向误差≤1.5mm		
		3. 调整小车中心架(高度)	与主轴中心等高(工件中心)		
		4. 前卡盘夹紧校正	径向误差≤0.5mm		

续表

序号	工步	工作内容	技术要求	所需工、量具及刃具	注意事项
2	镗内孔	1. 镗出锥体长度 2. 镗出白子部分 3. 白子两端倒角 4. 水眼倒角	保持尺寸 LBC0+9.52mm，白了长度 API $15.88_{-0.8}^{+2.4}$mm 非 API $15.88_{-0.8}^{+1.6}$mm，$QC_{-0.4}^{+0.8}$mm，倒角尺寸达到要求 2×45°，60°+3°，30°+15°	1. 45°内圆车刀，45°外圆车刀 2. 光规、钢板尺、钢丝刷、深度卡尺	转速在 115r/min 左右；吃刀深度一般不超过 5mm，进给量一般不大于 0.5mm/转
3	粗车螺纹	粗车螺纹（修理时应按原螺纹对刀）	留出精车余量，保持尺寸 LBT	外螺纹车刀、钢板尺	转速小于 100～160r/min
3	精车螺纹	1. 精车螺纹 2. 检验（自检）	表面粗糙度螺纹侧面，$\overset{3.2}{\bigtriangledown}$ 螺纹紧密距为 (S_1-S)：$(_{0}^{+0.254})$mm	梳刀（螺纹）、锥度量规、螺距量规、螺距样板、齿高量规、齿高标准备块、螺纹工作量规、梳齿规、钢板尺、游标卡尺、深度游标卡尺等	车床转速在 200～300r/min
4	精车台阶面	精车端面、倒角	表面粗糙度 $\overset{3.2}{\bigtriangledown}$，并保持尺寸 $DF\pm0.4$mm	45°外圆车刀	转速一般为 200～300r/min
5	刨光	1. 用锉刀砂布打去飞边毛刺 2. 用砂布背面沾机油进行刨光处理	无飞边毛刺 牙尖表面粗糙度 $\overset{3.2}{\bigtriangledown}$	锉刀、砂布	转速一般为 150～300r/min
6	检验（工件）	根据标准全面检查各部尺寸及要求	合格后方可准备拆卸	必要的量具：锥度量规、螺距量规、螺距样板、齿高量规、齿高标准备块、螺纹工作量规、梳齿规、钢板尺、游标卡尺、深度游标卡尺等	检验时机床一定在停转
7	工件拆卸	1. 松开卡爪并将前（后）卡爪退入卡盘体内 2. 将成品件吊放在规定位置	拆卸、吊装时要戴手套，以免碰划伤手，操作时切实注意安全文明	卡盘扳手、吊具	机床必须处于制动状态（或停车）

表 2-27 外螺纹加工、修理

序号	工步	工作内容	技术要求	所需工、量具及刃具	注意事项
1	工件装夹	1. 根据标识将工件装入机床卡盘，较长工件从后卡盘进入，较短工件从前卡盘进入	加工端伸出前卡盘长度为 30~60mm	划盘针	(1) 短于 1.8m 的工件不用进行后卡盘找正 (2) 短于 5m 的工件不用调整小车中心架
		2. 后卡盘夹紧校正	径向误差≤1.5mm		
		3. 调整小车中心架(高度)	与主轴中心等高(工件中心)		
		4. 前卡盘夹紧校正	径向误差≤0.5mm		
2	车外圆	1. 根据标识及损坏程度车出锥体所需长度	保持尺寸 $LPC_{-3.2}^{\ 0}$ mm，螺纹小头倒角 7×60°+3°，水眼内倒角为 2×45°，锥体母线表面粗糙度为 $\overset{3.2}{\nabla}$	1. 45°外圆车刀 90°偏刀 2. 光规、钢板尺、深度游标卡尺	转速在 115r/min 左右；吃刀深度及给量根据去除量而定
		2. 车锥体			
		3. 车去小头锥体多余量			
		4. 螺纹小头及水眼倒角			
3	粗车螺纹	粗车螺纹(修理时应按原螺纹对刀)	白子≤12.7，并留出精车余量	外螺纹车刀、45°刀、钢板尺，毛刷	机床转速一般在 50~90r/min 之间
	精车螺纹	1. 精车螺纹 2. 检验(自检)	扣螺纹量规检验紧密距为 S_2：($^{+0.254}_{-0.127}$)mm 螺纹侧面表面粗糙度为 $\overset{3.2}{\nabla}$	梳刀(螺纹)、锥度量规、螺距量规、螺距样板、齿高量规、齿高标准备块、螺纹工作量规、梳齿规、钢板尺、游标卡尺、深度游标卡尺等	车床转速在 200~320r/min
4	精车台阶面	精车台阶面、倒角	表面粗糙度，$\overset{3.2}{\nabla}$ 并保持尺寸 DF±0.4mm 及 R1.6	90°偏刀、45°外圆车刀	机床转速一般在为 200~300r/min
5	刨光	1. 用锉刀砂布打去飞边毛刺	无飞边毛刺	锉刀、砂布	转速一般为 150~300r/min
		2. 用砂布背面沾机油进行刨光处理	牙尖表面粗糙度 $\overset{3.2}{\nabla}$		
6	检验(工件)	根据标准全面检查各部尺寸及要求	合格后方可准备拆卸	必要的量具：锥度量规、螺距量规、螺距样板、齿高量规、齿高标准备块、螺纹工作量规、梳齿规、钢板尺、游标卡尺、深度游标卡尺等	检验时机床一定在停转
7	工件拆卸	1. 松开卡爪并将前(后)卡爪退入卡盘体内 2. 将成品件吊放在规定位置	拆卸、吊装时要戴手套，以免碰划伤手，操作时切实注意安全文明	卡盘扳手、吊具	机床必须处于制动状态(或停车)

表 2-28　螺纹参数及螺纹成型刀具选型对应扣型

接头类型	牙型	牙/吋	锥度	外螺纹大端大径D_L	外螺纹锥部长度$L_{PC}{}^{+0.8}_{-0.4}$	镗孔直径$Q_c{}^{+0.8}_{-0.4}$	内螺纹锥部长度$Q_{BC}{}^{+9}_{0}$	倒角圆直径D_F±0.4	刀具型号
2⅜"REG(2A31/2A30)	V-040	5	1∶4	66.68	76.20	68.26	92.08	81.4	5Y3W3(5Y3N3)
2⅞"REG(231/230)	V-040	5	1∶4	76.20	88.90	77.79	104.78	90.9	5Y3W3(5Y3N3)
3½"REG(331/330)	V-040	5	1∶4	88.90	95.20	90.49	111.13	108.3	5Y3W3(5Y3N3)
4½"REG(431/430)	V-040	5	1∶4	117.48	107.95	119.06	123.83	139.3	5Y3W3(5Y3N3)
5½"REG(531/530)	V-050	4	1∶4	140.20	120.65	141.68	136.53	169.1	4Y4W3(4Y4N3)
6⅝"REG(631/630)	V-050	4	1∶6	152.20	127.00	153.99	142.88	186.1	4Y5W3(4Y5N3)
7⅝"REG(731/730)	V-050	4	1∶4	177.80	133.35	180.18	149.23	214.3	4Y4W3(4Y4N3)
8⅝"REG(831/830)	V-050	4	1∶4	201.98	136.53	204.39	152.40	241.7	4Y4W3(4Y4N3)
NC26(2A11/2A10)	V-038R	4	1∶6	70.05	76.20	74.61	92.08	82.9	4Y1W3(4Y1N3)
NC31(211/210)	V-038R	4	1∶6	86.13	88.90	87.71	104.78	100.4	4Y1W3(4Y1N3)
NC38(311/310)	V-038R	4	1∶6	102.10	101.60	103.58	117.48	116.3	4Y1W3(4Y1N3)
NC46(4A11/4A10)	V-038R	4	1∶6	122.78	114.30	124.62	130.18	145.3	4Y1W3(4Y1N3)
NC50(411/410)	V-038R	4	1∶6	133.35	114.30	134.94	130.18	154.0	4Y1W3(4Y1N3)
3½"FH(321/320)	V-040	5	1∶4	101.45	95.25	102.79	111.13	118.7	5Y3W3(5Y3N3)
4½"FH(421/420)	V-040	5	1∶4	121.72	101.60	123.83	117.48	140.5	5Y3W3(5Y3N3)
5½"FH(521/520)	V-050	4	1∶6	147.96	127.00	150.02	142.88	170.7	4Y5W3(4Y5N3)
6⅝"FH(621/620)	V-050	4	1∶6	171.53	127.00	173.83	142.88	200.4	4Y5W3(4Y5N3)
管具公司 ZY 系列、NT 系列(NT30)等双台肩螺纹									NT39W3-1(NT39N3-1)

注：1. 参数尺寸单位为 mm；

2. 其他要求符合 GB/T 22512.2—2008《石油天然气工业　旋转钻井设备》第 2 部分：旋转台肩式螺纹连接的加工与测量。

三、钻具螺纹检测

加工后的螺纹应进行螺纹参数的检测和无损检测。检测人员应取得相应的资质，检测完毕后进行记录。

1. 检测要求

螺纹检测项目及要求见表 2-29。

表 2-29　钻具螺纹检测项目

序号	检验项目	检测标准	检测方法或工具	备注
1	外观	螺纹表面粗糙度均为$\overset{3.2}{\bigtriangledown}$，且没有裂纹、夹渣、断扣、刀痕、毛刺、严重波纹等现象	目测、表面粗糙度仪	

续表

序号	检验项目	检测标准	检测方法或工具	备注
2	紧密距	外螺纹$S_{2}{}_{-0.127}^{+0.254}$mm 内螺纹$(S-S_1)_{0}^{+0.25}$mm	螺纹工作量规、游标卡尺、深度尺测量	
3	锥度	1∶6 外螺纹：$166.7_{0}^{+2.5}$mm/m，即 166.7～169.2mm/m 1∶6 内螺纹：$166.7_{-2.5}^{0}$mm/m，即 164.7～166.7mm/m 1∶4 外螺纹：$250.0_{0}^{+2.5}$mm/m，即 250.0～252.5mm/m 1∶4 内螺纹：$250.0_{-2.5}^{0}$mm/m，即 247.5～250.0mm/m	锥度单项仪测量	
4	螺距	每 25.4mm 间距±0.038mm；全长累积±0.114mm 或以螺纹总长度的 1/1000 计算，两者取较大值	螺距量规、样板测量	
5	牙高	+0.025mm -0.076mm	牙型高度量规测量	
6	锥部长	见表 2-25：石油钻具螺纹尺寸	钢板尺或深度尺测量	
7	倒角圆	见表 2-25：石油钻具螺纹尺寸	游标卡尺测量	
8	卡板	径向≤0.10mm，轴向≤0.05mm	单齿卡板测量	
9	白止	外螺纹≤12.7mm 内螺纹$15.88_{-0.8}^{+2.4}$mm（API 标准），非标螺纹根据厂家要求	钢板尺测量	
10	镗孔直径	见表 2-25：石油钻具螺纹尺寸	卡尺、钢板尺测量	
11	外螺纹大端大径	见表 2-25：石油钻具螺纹尺寸	卡尺测量	

2. 钻具螺纹检测工具

钻具螺纹检测的主要工具有：**外观尺寸测量工具、螺纹工作量规、单项参数仪**（单项仪）等三大类。

其中：

外观尺寸测量工具有：直尺、游标卡尺、钢板尺、内外卡钳等。

螺纹工作量规主要用于检测螺纹紧密距。

单项仪主要包括：内外螺纹螺距规及样板、内外螺纹齿高规及样板、内外螺纹锥度规。

特殊螺纹除了单项仪、密封直径规、校对标准块等，还需要配置一些专用量具。

目前还发明了测量螺纹尺寸的光学仪器和电子仪器，但尚未进行大规模推广。

以下是几种常见螺纹测量工具的操作介绍：

（1）外螺纹锥度量规

外螺纹锥度量规是测量外螺纹锥度的仪器，原理是沿同一条圆锥母线在规定的间距内连续测量外螺纹外径以计算锥度，如图 2-25 所示。

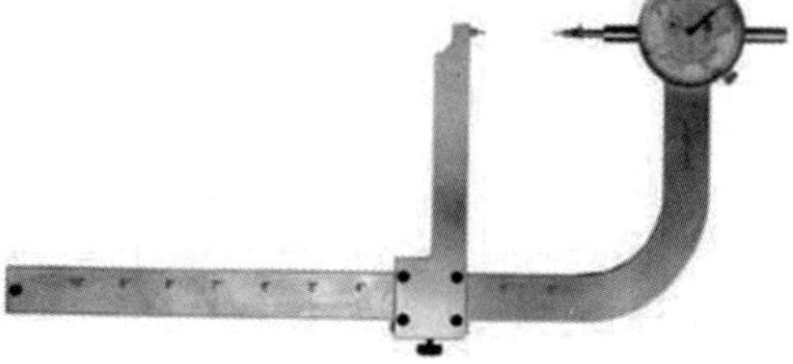

图 2-25 外螺纹锥度量规

使用方法如下：

① 将外螺纹锥度量规调整臂调整至与螺纹外径对应的位置固定。

② 量规调整臂上的固定球形测头应置于首牙完整螺纹的牙槽内，另一调整臂上活动测杆的球形测头置于直径对侧同一螺纹的牙槽内。

③ 固定测头保持不动，活动测头做小圆弧摆动，调节指示表，使零位与最大读数重合。

④ 以同样的方法，沿同一条圆锥母线在规定的间距内进行连续测量。

a. 偏梯形螺纹，测量应在螺纹全长范围内进行。

b. 油管、管线管和圆螺纹套管，测量应在完整螺纹全长范围内进行。

c. 连续测量值之差值即为该段螺纹的锥度。

d. 完整螺纹最后间距内的锥度也应测量。

（2）内螺纹锥度量规

内螺纹锥度量规有两种，枪式内螺纹锥度量规适用于规格小于 4½″的内螺纹锥度测量，接杆内螺纹锥度量规适用于规格不小于 4½″的内螺纹锥度测量。其测量原理都是沿同一条圆锥母线在完整螺纹全长范围内按规定间距连续测量内螺纹内径计算锥度。

① 枪式内螺纹锥度量规（图 2-26）使用方法：

a. 将枪式内螺纹锥度量规调整臂调整至与内螺纹内径对应的位置固定。

b. 量规调整臂上的固定球形测头应置于末牙完整螺纹的牙槽内，另一调整臂上活动测杆的球形测头置于直径对侧同一螺纹的牙槽内。

c. 固定测头保持不动，活动测头作小圆弧摆动，调节指示表，使零位与最大读数处重合。

d. 以同样的方法，沿同一条圆锥母线在完整螺纹全长范围内按规定的间距进行连续测量。

e. 完整螺纹的第一个间距内的锥度也应测量。

f. 连续测量值之差值即为该段螺纹的锥度。

② 接杆内螺纹锥度量规（图 2-27）使用方法：

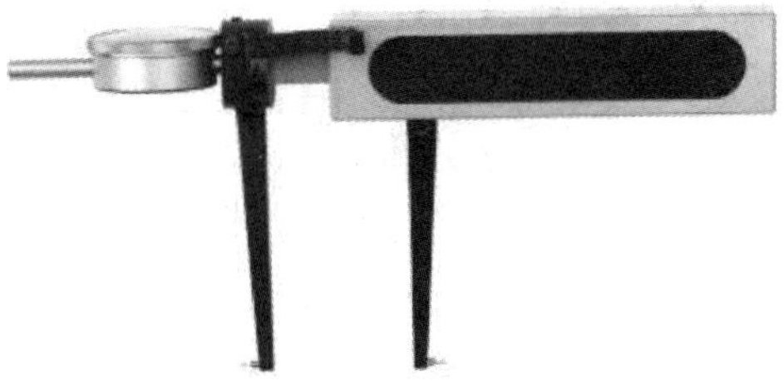

图 2-26　枪式内螺纹锥度量规

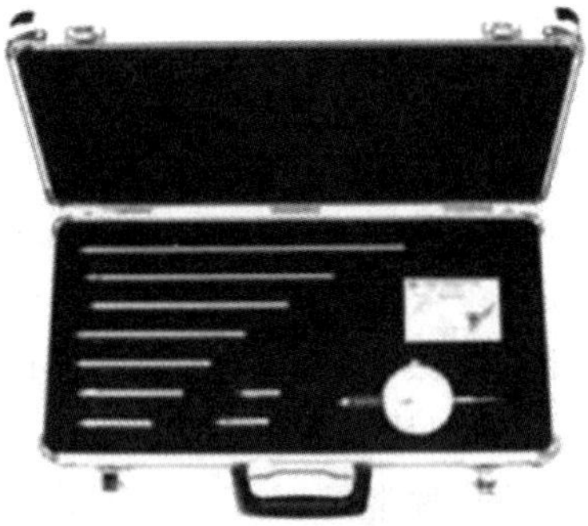

图 2-27　接杆内螺纹锥度量规

a. 根据内螺纹内径选择不同的伸长臂。

b. 接杆内螺纹锥度量规伸长臂上的固定球形测头应置于末牙完整螺纹的牙槽内，另一调整臂上活动测杆的球形测头置于直径对侧同一螺纹的牙槽内。

c. 固定测头保持不动，活动测头做小圆弧摆动，调节指示表，使零位与最大读数重合。

d. 以同样的方法，沿同一条圆锥母线在完整螺纹全长范围内按规定的间距进行连续测量。完整螺纹的第一个间距内的锥度也应测量。连续测量值之差值即为该段螺纹的锥度。

③ **锥度测量注意事项：**

a. 按照螺纹牙型选择合适的测头。

b. 锥度量规在测量完后，须再将量规放置在测量初始完整螺纹上，如果表的指数仍为零，所测值才准确。反之，须重新测量。

c. 锥度量规在测量时，如遇每英寸螺纹牙数较多，可采用划线仪标定测量位置。尤其是小规格油管。

d. 锥度量规在测量偏梯形螺纹时，测头与初始、末牙完整螺纹接触的牙侧面应保持一致。

钻具螺纹锥度量规和螺距量规的测头直径见表 2-30。

表 2-30　钻具螺纹锥度量规和螺距量规的测头直径

油套管	每英寸螺纹牙数	球形测头直径*	
		in	mm
圆螺纹	8	0. 072	1. 83
圆螺纹	10	0. 057	1. 45
偏梯形螺纹	5	0. 090	2. 29

注：公差为±0. 002in(±0. 05mm)

螺纹牙型	锥度	每英寸螺纹牙数	球形测头直径*/mm
V-038R	1∶6	4	3. 67
V-038R	1∶4	4	3. 67
V-040	1∶4	5	2. 92
V-050	1∶4	4	3. 66
V-050	1∶6	4	3. 67
V-055	1∶8	6	2. 44

* 公差为±0. 05mm

(3) 螺距量规

螺距量规是测量螺纹螺距的计量工具，分为内螺纹量规和外螺纹量规两种。

螺纹量规采用相对测量法，即使用螺距量规和标准螺距(样板)对比，然后测量待测螺纹螺距是否满足要求(图 2-28)。

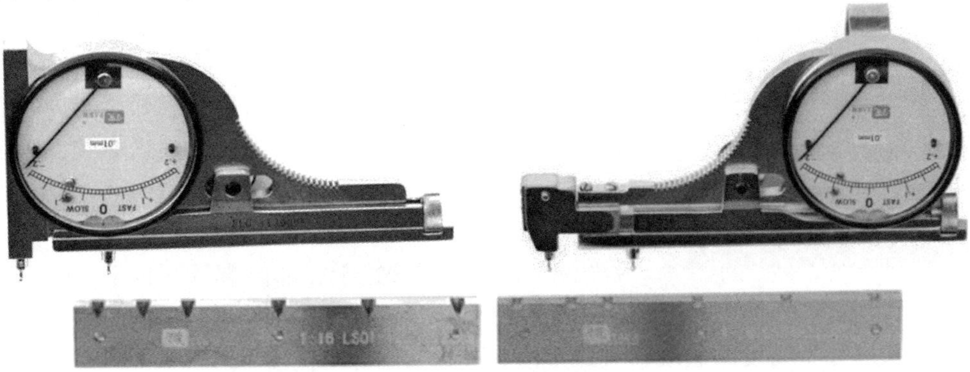

图 2-28　外螺纹螺距量规(上左)、内螺纹螺距量规(上右)、标准螺距样板(下)

具体操作如下：

① 螺距量规测头放入标准样板上与待测螺纹测量距离相等的位置固定，量规上的测量装置处于受力状态。

② 调整表盘，使指针的最小值指向零处，拧紧螺丝，固定表盘位置。当使用螺距量规测偏梯型螺纹样板时，必须细心操作，保证测头接触在牙底和3°牙侧面上。

③ 量规的球形测头应置于相应的螺纹槽内，并以固定测头为轴心在测量线的两侧旋转一小圆弧。最小的正读数(+)或最大的负读数(-)就是螺距误差。在偏梯形套管螺纹上，应对量规施加一轻微的力，使固定测头在测量时同时接触螺纹的3°牙侧面和牙底。施力的方向应朝着外螺纹的小端方向或内螺纹的大端方向。

④ 螺距量规测量是采用相对测量法，即螺距量规先与标准螺距长度比对，然后再测量螺纹螺距。

螺距测量注意事项：

① 首先按照螺纹牙型选择合适的测头(见表2-30)。

② 螺距量规两测头应在同一母线上，一端测头固定，另一端测头画小圆弧找拐点。

③ 在完成测量后，须再将螺距量规放置在螺距样板上，如果表的指数仍为零，所测数值才准确。反之，须重新测量。

④ 由于测量是平行于圆锥母线而不是平行于螺纹轴线，所以螺距样板上各V形槽之间的距离并不是标注的理论距离。

⑤ 螺距样板上任意两个相邻凹槽间的距离应精确到±0.0001in的公差范围内；任意两个不相邻凹槽之间的距离则限于±0.0002in公差范围内。

⑥ 螺距样板在使用时，要先确定螺距样板上标注的锥度，每英寸螺纹牙数是否与所测螺纹的相关参数相符。如螺距样板上标注¾TPF、8PITCH(TPF的单位是英尺)，¾TPF除以12即锥度为1/16in，8PITCH代表每英寸螺纹牙数为8牙，依此类推。

(4) 牙型高度量规(图2-29)

牙型高度量规是测量牙型高度的计量器具，其原理和螺距量规类似，也是用相对测量法，先将牙型高度规和标准牙型高度(样板)对比，然后测量待测螺纹牙型高度是否符合要求。牙型高度样板如图2-30所示。

图2-29 牙型高度量规

具体操作步骤如下：

① 牙型高度量规测头放入标准样板上与待测螺纹螺距相等的位置固定，量规上的测量装置处于受力状态，调整表盘，使指针的最小值指向零处，拧紧螺丝，固定表盘位置。

② 量规的测头应置于相应的螺纹槽内，同时，砧块应平行于螺纹轴线并置于相邻的螺纹牙顶上。然后，将量规在垂直于圆锥母线的位置两侧做小圆弧左右摆动。对于标定为测量实际牙型高度的量规，其最小读数应为实际牙型高度。

牙型高度测量注意事项：

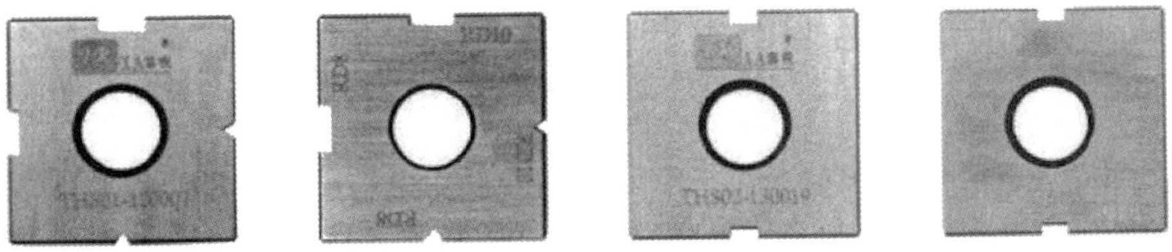

THS01　THS01　THS02　THS02

图 2-30　牙型高度样板

① 按照螺纹牙型选择合适的测头(见表 2-31)。

表 2-31　钻具螺纹牙型高度量规测头直径

钻具接头螺纹牙型	锥度	每英寸螺纹牙数	球形测头直径*/mm
V-038R	1 : 6	4	1.83
V-038R	1 : 4	4	1.83
V-040	1 : 4	5	0.86
V-050	1 : 4	4	1.12
V-050	1 : 6	4	1.12
V-055	1 : 8	6	1.83

*公差为±0.05mm

② 量规应根据所测螺纹的型式采用相应 U 形槽校正。量规测头置入相应槽内时，将确定牙型高度偏差的指示表调整到零位，将确定牙型实际高度的量规指示表示值调整到螺纹牙高对应的数值。对于 V 形螺纹和圆螺纹，量规还应根据所测螺纹类型置入相应的 V 形槽内比对，量规在校对块的 V 形槽与 U 形槽校的读数变动不得超过 0.0005in，如果不是这样，测头可能已磨损，应予以更换。

③ 测头与被测螺纹表面接触时，测量杆应预先有一定压缩量，以便保持测头与被测螺纹表面之间有一定的初始测力，可提高示值的稳定性，所以要先使指针转过一圈左右。

④ 检查石油用螺纹单项参数测量仪的传动系统是否灵活，预压后，观察指针是否回到原位。这样反复提拉 2~3 次，检查指针的指示数值是否稳定，只有在稳定性好的情况下，才能进行检验。

⑤ 石油用螺纹单项参数测量仪均为精密仪器，因此，操作时应十分谨慎，以保持进行检验所要求的高准确度和精度。任何仪器若不慎被摔或受剧烈震动，就应进行重新校准或与已知精度的计量基准对比，重新确定其精度，否则不能用于检验。

(5) 螺纹量规

螺纹量规分为工作量规(图 2-31)和校对量规。

工作量规用于检验加工的螺纹是否符合标准，可以检测锥度、螺距和紧密距等。

工作量规长时间使用会存在磨损，因此应定期使用校对量规对工作量规进行校检。

图 2-31　螺纹工作量规

第五节 钻具耐磨带敷焊

一、概述

钻井过程中，钻具接头磨损是降低寿命的一个主要原因。钻具磨损是由钻井过程中，钻具与井壁、套管、地层发生摩擦造成的。磨损将导致钻具接头外径和管体直径减小、强度降低，可能会导致钻具失效，因此钻具需要根据磨损程度进行降级或报废处理。

根据统计，钻具磨损导致的降级或报废钻具占总降级或报废钻具的80%。采取技术手段降低钻具磨损，可延长钻具寿命、降低钻具失效，是钻具技术和质量管理的重要任务，也有利于钻具经营管理中降本增效。

生产使用中，由于钻具的自身结构特点，一般钻具接头直径大，与井壁机械磨损严重，而管体磨损较轻，因此降低钻具磨损的主要手段是在钻具突出部位(钻杆接头、加重钻杆加厚带等)敷焊耐磨带。

耐磨带是一种敷焊在钻具上的硬质合金，硬度较大，一般凸出于钻具本体1.5~3mm，可保护钻具减少磨损，延长钻具寿命。

耐磨带主要敷焊于钻杆接头上，根据需要也可以对加重钻杆、钻铤、无磁钻具等敷焊耐磨带。

钻具耐磨带分为两种，即平齐型耐磨带和凸起型耐磨带。平齐型耐磨带是在钻具外表面堆焊一层与外圆基本平齐的耐磨带；凸起型耐磨带是在钻具外表面堆焊一层高出外圆表面一定高度的耐磨带。

平齐型耐磨带需要在钻杆接头表面加工一个凹槽，然后堆焊耐磨带将凹槽填平。这种耐磨带既可以敷焊在钻杆接头外圆部位，也可以敷焊在钻杆吊卡台肩部位，见图2-32。若敷焊在吊卡台肩部位，需要使用打磨或机加工的方法将耐磨带加工平整。平齐型耐磨带工艺相对复杂，成本较高，因此生产实际中使用较少。

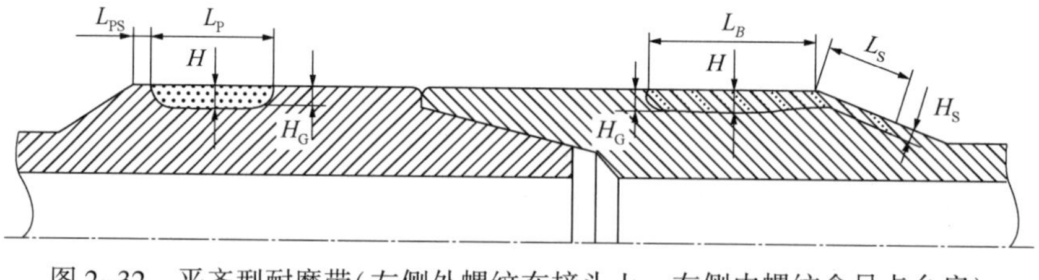

图2-32 平齐型耐磨带(左侧外螺纹在接头上，右侧内螺纹含吊卡台肩)

普通凸起型耐磨带不需要加工凹槽，可以直接在钻具接头外圆上敷焊，因为工艺简单得到了广泛应用。

耐磨带可以由多个焊道组成(图2-33)，每个焊道宽度约为25mm，根据实际需要用户可选用不同的焊道宽度。

耐磨带执行标准为SY/T 6948《钻具耐磨带》，该标准对耐磨带的硬度、裂纹、耐磨性、综合强度做了量化，同时对耐磨带产生的缺陷也做了量化，如焊道几何形状、咬边、剥落、

图 2-33 多个焊道组成的耐磨带

气孔、热影响区等。

钻具敷焊耐磨带的常用方法主要有等离子喷焊、焊丝敷焊两种模式。

二、等离子喷焊耐磨带

等离子喷焊主要用于喷焊铁基粉，成本较低，硬度较高，但可能对套管造成磨损。

等离子喷焊是利用焊炬的钨极作为电流的负极和基体作为电流的正极之间产生的等离子弧作为热量，并将热量转移至被焊接的工件表面，使其表面形成熔池，同时将合金粉末送入等离子弧中，粉末在弧柱中呈熔化或半熔化状态，被焰流喷射至熔池后，充分熔化并排除气体和熔渣，喷枪移开后合金熔池凝固，形成喷焊层的工艺过程。

1. 等离子喷焊设备

等离子喷焊目前多采用自动等离子喷焊设备。该设备主要由焊接电源、自动喷焊设备控制柜、焊枪及控制装置、供气系统、冷却系统、钻具旋转装置等部分组成。

(1) 焊机电源

由一台非弧焊机、一台转弧焊机和一台高频发生器组成。工作原理是由高频发生器产生高频电弧，引燃非转移弧后高频发生器停止工作；然后转弧焊机开始工作，非转移弧引燃转移弧，非转移弧和转移弧同时工作，几秒后当转移弧稳定工作后，非弧焊机退出工作（也可以同转弧一起工作），转弧焊机一直工作到喷焊结束。

(2) 自动喷焊设备电气控制柜

由控制电路、显示面板、气体调节控制器、工作状态控制面板、操作面板等组成。

控制电路由液晶显示器、PLC 可编程控器模块、调流板、控制继电器、指示灯等组成，主要控制喷焊设备中每个设备的工作状态及工作时间。

显示面板显示喷焊时各个参数，有转弧电压、非弧电压、送粉电压、转动电压、摆动电压、横动电压、PLC 可编程控器模块及计数器，见图 2-34。

气体调节控制器是 2 个玻璃转子流量计，分别控制离子气和送粉气的气量。

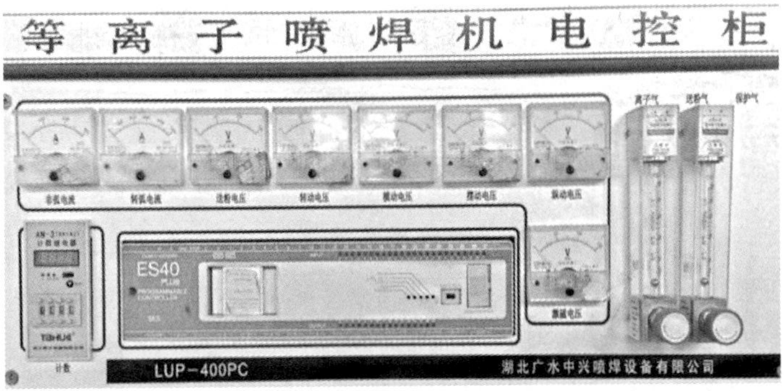

图 2-34 等离子焊机显示面板和气体调节控制器

工作状态控制面板主要由控制柜电源开关、控制方式旋钮、工作类型旋钮、非弧工作方式旋钮、高频检测按钮、焊机开关、启动按钮、急停按钮和衰减信号按钮组成，见图 2-35(a)。

操作面板主要调节喷焊时各个参数，如转弧电流、非弧电流、送粉电压、转动电压、摆动电压、横动电压、非弧电流衰减、转弧电流衰减、励磁电压等。喷焊时可根据实际情况进行调节，以控制喷焊的焊道熔池深度、宽度、高度，见图 2-35(b)。

(a) (b)

图 2-35 等离子焊机工作状态控制面板(a)和操作面板(b)

(3) 焊枪及控制装置

焊枪是喷焊中主要的执行元件，主要由黄铜加工而成，内部结构比较复杂，有 2 条水电缆、1 条送粉气、1 条离子气、2 条冷却水回水，共 6 个连接口，如图 2-36 所示。

焊枪控制装置由摆动电机、垂直起降电机、送粉电机、焊粉料桶等组成，分别用于控制焊枪的摆动宽度、起降高度、焊粉送入量。

图 2-36 焊枪实物图

(4) 供气系统

由气源、气路、流量计组成，用于调节离子气和保护气的流量。流量计将气源气分成两路，一路用于送粉，一路到焊枪起弧焊接。

(5) 冷却系统

由水泵、冷却管、冷却水箱组成，用于冷却焊枪。

(6) 钻具旋转装置

由电动机、旋转直流电机、旋转计数感应器、变速箱、旋转夹具等组成。电动机连接变速箱带动旋转夹具夹紧或松开钻具，在喷焊工作时旋转直流电机带动钻具旋转并计数，计数到设定值后停止旋转。

2. 等离子喷焊作业程序

主要作业程序依次为焊前准备、参数调整、喷焊部位预热和保温、试焊、喷焊、焊后检查等几个环节。

(1) 喷焊前准备

主要包括：

① 劳保用具穿戴整齐。

② 查看设备运转记录。

③ 巡查喷焊设备，检查主要内容有：

a. 检查等离子喷焊焊机电缆线及连接端子。

b. 检查保护气各连接部位，连接是否牢固有无漏气现象。

c. 控制柜面板上旋钮开关位置。

d. 检查喷焊焊枪、钨极和喷嘴使用情况。

e. 检查旋转卡盘、卡爪及齿轮箱油位。

f. 检查送粉器的料筒中焊粉量。

g. 检查喷焊焊枪摆动机构是否活动灵活。

h. 检查循环水路是否正常，检查喷焊焊枪循环水接口有无漏水现象。

④ 巡查钻杆自动线，主要检查：输送钻杆电机及滚动轮是否良好，检查气缸及气缸气压是否正常。

⑤ 钻杆喷焊部位检查。检查钻杆接头表面，保证表面干净，没有块状铁锈及杂质。

（2）喷焊设备的参数调整

为保证钻杆接头喷焊质量要求，首先要对喷焊各参数值进行预调节，再根据实际喷焊情况进行微调。

① 喷焊焊枪位置。喷焊时选择合适的焊枪位置，能保证焊接时电弧稳定性和敷焊质量。焊枪的位置调节：焊枪的位置一般位于面向钻杆接头 11 点钟位置，这样焊接时能形成爬坡焊，焊道成型好，同时观察焊接时熔池、焊道的宽度，焊道高度、焊道的位置。

② 喷焊焊枪垂直高度调节。喷焊时焊枪距钻具高度，直接影响焊区的熔池与基材的熔合情况。焊枪垂直高度调节：焊枪距钻具垂直高度在 20mm 左右，如果焊枪距离钻具太近，焊接时飞溅金属物质就会堵塞喷嘴，造成焊枪堵焊粉现象。如果焊枪距离钻具太远，焊接时离子弧能量低，焊道熔池浅和基材熔合不好，易造成脱落掉块现象。

③ 钻具旋转速度参数。钻具旋转速度对焊接耐磨带的厚度及成型有一定的影响，钻具旋转速度要与喷焊速度相匹配，钻具旋转速度过慢可导致堆积较厚，过快则导致焊接出现焊接不连贯，耐磨带厚度较薄的现象。将转速电压调节为 15~20V，不同直径的钻杆，旋转速度差别很大，现场根据实际情况做调节。

④ 焊枪摆动速度及宽度参数。等离子喷焊机偏心轮式摆动机构通过调节偏心轮上的偏心距来调整焊接宽度。一般喷焊宽度调节为 25mm±0. 8mm，调整摆频电压为 25~30V。

⑤ 送粉参数。等离子喷焊机采用刮板式送粉器，它是通过调节电机的转速来实现送粉量大小的调节。保护气将合金粉末送入喷嘴，并将合金粉末从喷嘴口四周均匀喷出。送粉电压为 15~20V。

⑥ 计数器参数。计数器用于控制钻杆旋转一周的位移量。5″钻杆喷焊一周计数器计数为 1496，不同钻杆型号计数器的计数略不同，根据实际情况做调节。

⑦ 喷焊电流参数。喷焊时电流由非弧电流和转弧电流组成，非弧工作电流主要是引燃转弧，同转弧一起工作运行。电弧工作电压范围在 26~28V 之间，焊接工作电流范围在 160~320A之间。根据喷焊时实际情况做调节。

（3）喷焊区域的预热及保温

钻杆接头喷焊前要对喷焊部位进行预热，预热使用数字化、电子高温计测量预热温度。

设备操作人员必须保证温度控制在允许的预热温度范围。预热温度过高有时会使焊道外观变形，而预热不足则会导致熔合不足和其他焊接的负面影响。预热温度建议范围见表 2-32。

表 2-32　预热温度建议范围

序号	钻杆接头尺寸	预热温度范围/℃	序号	钻杆接头尺寸	预热温度范围/℃
1	3⅛″~4″	107~135	3	5½″~6″	218~246
2	4½″~5″	163~191			

焊接完成后，应对钻杆接头立刻保温。每个接头都要用保温毯或者保温桶保温，直到接头温度降至 66℃，才可将保温材料除去。在寒冷冬季应特别注意接头的过快冷却，保温毯或者保温桶需在接头温度降至 38℃才可除去。

（4）试焊调整

① 合上配电柜闸刀，接通焊机电源和控制柜电源。

② 打开氩气瓶开关，减压阀表显压力调至 0. 3MPa±0. 02MPa。

③ 打开冷却循环水泵，启动除尘装置。

④ 输送试验用钻杆到旋转卡盘，升起旋转支撑轮，拨动旋转卡盘控制器将钻杆夹紧。

⑤ 先把控制方式开关选择到程序检测挡，检视高频火花及喷枪电极对中情况，再将控制方式开关置于自动，将工作类型开关置于圆柱型，将选择非弧工作方式置于双弧保留。

图 2-37　喷焊效果

⑥ 调节好参数，按启动按钮，通过观察窗，观察喷焊状态(图 2-37)，根据喷焊状态调整对应的电位器旋钮，将喷焊出的耐磨带控制在标准中。

⑦ 一个工作周期结束后，拨动旋转卡盘控制器将钻杆松开，落下旋转轮退出钻杆。

⑧ 根据行业标准分别对耐磨带的外观、高度和宽度进行检查，同时用硬度仪对耐磨带硬度进行测量。符合质量技术要求后再进行下一步正式喷焊作业。

（5）焊粉喷焊耐磨带

调整好一个规格的钻杆参数后，就可以使用自动程序喷焊耐磨带，中间检查喷焊耐磨带的外观、高度和宽度，经常观察冷却循环水、焊粉桶内焊粉余量、气瓶的压力。在喷焊过程中，发现异常情况，均可按急停钮，停止工作查找问题，问题解决后再投入运行。

焊后对耐磨带进行质量自检，可根据耐磨带质量要求对耐磨带进行测量，如重叠区域过高、有飞溅、有焊瘤，可以使用钢丝刷、锉刀、砂轮机对耐磨带进行焊后清理，使耐磨带表面平滑。

工作结束后，关闭控制柜电源，拉下电源闸刀，关闭氩气瓶开关。清理喷焊设备，填写设备运转记录，记录喷焊钻杆数量及其他资料。

（6）焊后检查

焊接完成后，根据标准对耐磨带的外观、高度和宽度进行检查并记录。每班首件必检，工作过程中应进行抽查，每班抽查数量 3~6 根。

喷焊耐磨带质量要求见表 2-33。

表 2-33 耐磨带质量要求

项 目		质量要求
耐磨带位置		离吊卡台肩 6~10mm
耐磨带宽度		1 道的宽度 25~30mm；根据需要可焊接 1~3 道
耐磨带高度		1.5~3mm
硬度		HRC50~59
缺陷	气孔	无
	焊瘤	小于 ϕ 30×2mm
	凹坑	小于 ϕ 5×2mm
		焊层无脱落掉块

(7) 注意事项

① 防触电及电击：等离子弧焊接用电源的空载电压较高，操作时有触电的危险。电气设备必须可靠接地。

② 防电弧光辐射：等离子电弧的光辐射强度大，尤其是紫外线强度，对操作人员眼睛和皮肤有损伤，操作者在操作和观察喷焊设备时必须带上防护面罩和手套。

③ 防粉尘：等离子弧焊接过程中伴随有大量汽化的金属蒸气、臭氧、氮化物等。对操作工人的呼吸道、肺等产生严重影响。

④ 防烫伤：等离子弧焊接完成后钻杆接头温度很高，如有误接触会造成烫伤事故。

三、焊丝敷焊耐磨带

焊丝敷焊是一种气体保护焊，气体保护焊是电弧焊的一种。一般使用二氧化碳（CO_2）或者氩气（Ar）作为保护气体，其主要特点是使用较稳定的气体取代固态的焊条焊剂作为保护层。

气体保护焊的原理：以焊丝和焊件作为两个电极，产生电弧，熔化电极（焊丝），并通过送丝滚轮不断地送进，与工件之间产生电弧，在电弧热的作用下，熔化焊丝和工件形成熔池。同时从喷嘴中喷出的 CO_2 或 Ar 气体可以在电弧区形成有效的保护层，防止空气进入熔池。随着焊枪的移动，熔池凝固形成焊缝。

1. 焊丝自动敷焊设备

焊丝自动敷焊设备主要由焊接电源、自动敷焊设备控制柜、焊枪及控制装置、气路及冷却水路、钻具旋转装置等部分组成。

焊丝自动敷焊设备控制柜、焊枪及控制装置、气路及冷却水路、钻具旋转装置等，和上面介绍的等离子弧焊是共用的，此处仅做简单介绍。

(1) 焊接电源

焊接电源由气保焊电源（焊机）和送丝机组成，主要作用是以焊丝和焊件作为两个电极，产生电弧，用电弧的热量来熔化金属焊丝。送丝机主要作用是在焊接时平稳送丝。

(2) 机械部分

由敷焊机床、摆动机构、水冷焊枪、送丝机、水冷循环系统及烟尘处理装置等组成。

(3) **电气控制柜**

由 PLC 可编程控器、可调速电路、气路系统、指示仪表、操作按钮板等组成。

2. 作业程序

(1) **焊枪调节**

焊前检查是保证正常焊接的基础，主要检查以下方面：

① 检查焊机送丝装置及焊枪各连接处是否紧固。如果有松动地方在焊接过程中会出现电弧不稳定、突然停焊现象直接造成焊接质量不合格。

② 检查焊枪密封性。检查枪体的密封性能(水、气)，在规定的压力下，堵住喷枪出气、出水端，观察有无渗漏现象。

③ 检查焊枪导电嘴。导电嘴一定要拧紧并将导电嘴处于外喷嘴中心位置，导电嘴低于喷嘴 3mm 左右最好，焊丝伸出导电嘴 15mm 左右。

④ 点动送丝按钮检查焊丝是否出丝均匀，测试送丝机构工作是否正常。

(2) **焊接电流、电压参数的调节**

焊丝敷焊时焊接电流与电弧电压是焊接参数中的关键因素，直接影响焊接质量和焊缝的成型。

焊机上电流(*A*)主要作用是调节出焊丝速度(与常用带手把电弧焊不同)，焊机电压(V)主要作用是提供焊接能量，电弧电压越高焊接能量越高，焊丝的熔化速度就越快。

调整焊接参数方法，暂稳定电压只调节电流，观察焊区，如有顶丝顶的感觉、熔池小熔化状态不好、焊道两侧熔合不良不能圆滑过渡、伴随啪啪的焊接声音等现象，说明焊接电压小。此时应缓慢调大电压，直到观察焊区熔滴颗粒细小、均匀滴落熔池、焊接飞溅较小、熔池深度合适并伴随均匀呲呲焊接声，则说明此时电压电流匹配合适。

观察焊区若有焊丝没有到熔池就已经熔化、焊接时飞溅增大并伴随噗噗的焊接声音，说明焊接电压过大。此时应缓慢减小电压，直到观察焊区熔滴颗粒细小、均匀滴落熔池、焊接飞溅较小、熔池深度合适并伴随均匀呲呲焊接声，则说明此时电压电流匹配合适。

(3) **焊枪位置、角度及垂直高度调节**

焊丝敷焊焊接时，选择合适的焊枪位置角度及距钻具高度能保证焊接时电弧稳定性和焊接质量。

① 焊枪的位置调节：焊枪的位置一般位于钻具横截面 11 点钟位置左右，这样焊接时能形成爬坡焊，焊接成型好同时不易产生焊缝中间隆起现象。

② 焊枪角度调节：焊枪垂直焊接面焊接时飞溅率最小，焊枪倾角越大，飞溅越多，一般焊枪倾角应不超过 20°。

③ 焊枪垂直高度调节：焊枪距钻具垂直高度在 20mm 左右，如果焊枪距离钻具太近，焊接时飞溅金属物质就会堵塞喷嘴，影响保护气体的流动而产生气孔。如果焊枪距离钻具太远，焊丝伸出长度太长，焊丝电阻急剧增大，焊丝熔化速度加快，焊丝过热形成焊丝熔断现象，使焊接过程不稳定、飞溅增大、焊缝成型不良。

(4) **钻具旋转速度调节**

焊丝敷焊焊接时，钻具旋转速度对焊接耐磨带的厚度及成型有一定的影响，钻具旋转速度要与焊丝融化速度相匹配，钻具旋转速度过慢可导致焊丝堆积较厚，过快则导致焊接出现焊接不连贯，耐磨带厚度较薄的现象。

将转速电压调节为 15~20V，不同直径的钻杆，旋转速度差别很大，可参考表 2-34 调节。

表 2-34 不同接头直径所需的钻杆旋转速度

接头直径/mm	钻杆转速/(mm/min)	接头直径/mm	钻杆转速/(mm/min)
79~111	74~103	175~184	162~171
114~133	106~124	191~216	177~200
162~171	150~159	229	212

(5) 焊枪摆动速度及宽度参数

焊枪摆动速度和钻具旋转速度相配合，决定了耐磨带厚度、宽度。

焊枪摆动速度可以通过调整摆频电压来调节，摆频电压一般为 25~30V。

耐磨带宽度由自动喷焊机偏心轮式摆动机构来调节，通过调节偏心轮上的偏心距可以调整焊接宽度，一般耐磨带宽度调节为 25mm±0. 8mm。

(6) 计数器参数

计数器用于控制钻杆旋转一周的位移量。5″钻杆喷焊一周计数器的计数为 1496，不同钻杆型号位移数值略不同。根据焊接时实际情况做调节。

(7) 试焊调整

上述参数调整到位后，可以进行试焊作业，程序如下：

① 接通焊机电源和控制柜电源。

② 打开氩气瓶开关，减压阀表显压力调至 0. 3MPa±0. 02MPa。

③ 打开冷却循环水泵，启动除尘装置。

④ 输送试验用钻杆到旋转卡盘，升起旋转支撑轮，拨动旋转卡盘控制器将钻杆夹紧。

⑤ 将工作方式开关置于自动，将工作类型开关置于圆柱工作类型；

⑥ 按启动按钮，通过观察窗，观察喷焊状态，根据前述调整方法调整好电压和电流，再根据喷焊状态调整对应的电位器旋钮，将喷焊出的耐磨带控制在标准中。

⑦ 一个工作周期结束后，拨动旋转卡盘控制器将钻杆松开，落下旋转轮退出钻杆。

⑧ 对耐磨带的外观、高度和宽度进行检查，同时用硬度仪对耐磨带硬度进行测量，符合质量技术要求后再进行下一步正式敷焊作业。

敷焊效果如图 2-38 所示。

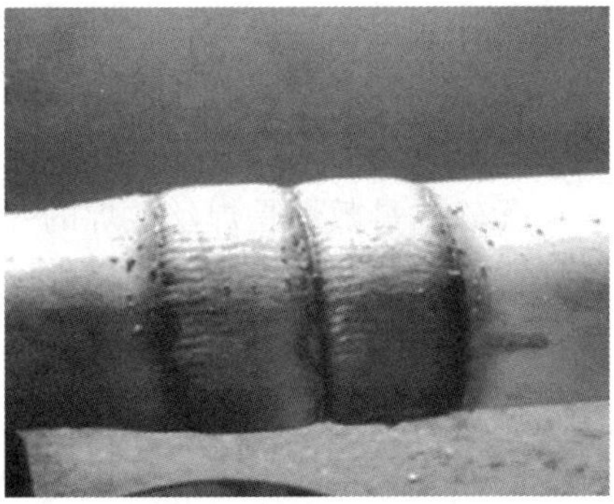

图 2-38 敷焊效果

(8) 焊丝敷焊耐磨带

调整好一个规格的钻杆参数后，就可以使用自动程序敷焊耐磨带，中间检查敷焊耐磨带的外观、高度和宽度，经常观察冷却循环水、焊丝余量、保护气的压力。

在敷焊过程中，发现异常情况，可按急停钮，停止工作查找问题，问题解决后方可再投入运行。

焊机常见问题及解决措施可以参照表 2-35。

表 2-35　焊丝喷焊设备常见问题分析及解决措施

序号	现象	原因分析	解决措施
一	熔深浅，焊道成型高	1. 电流小，电压低，电感小 2. 极性接反	1. 调高电流，电压 2. 调整极性
二	炸丝	1. 电流、电压不匹配 2. 工件不干净 3. 气体不纯净	1. 调节电流、电压 2. 清洁工件 3. 更换气源
三	爬弧	气流过小	适当增大气流量
四	飘弧	1. 喷嘴磨损严重 2. 气流不稳定	1. 更换喷嘴 2. 检查气源
五	成型不好、有气孔或凹坑	1. 工件表面不干净 2. 焊丝上粘有油污或生锈 3. 检查焊丝是否潮湿 4. 保护气流量过小或气体质量差 5. 喷嘴粘上飞溅物，气流不畅 6. 喷嘴与焊接处距离过大 7. 气体不纯 8. 设备送气出现泄漏或送气量过小 9. 枪体漏气或送丝口漏气 10. 焊丝有问题	1. 清理工件表面 2. 清理焊丝上的油污、锈迹 3. 更换干燥的焊丝 4. 检查气瓶气压，使用高质量保护气 5. 清理导电嘴上的飞溅物 6. 保持合适的焊接高度 7. 更换气体 8. 检查漏气部位 9. 检查漏气部位 10. 更换焊丝

焊后对磨耐磨带进行质量自检，根据耐磨带质量要求对耐磨带高度、宽度和重叠区域进行测量，检查耐磨带外观，对飞溅和较小的焊瘤，可以使用锉刀或砂轮机进行清理，使耐磨带表面平滑。

质量检验，每班首件必检，工作过程中应进行抽查，每班抽查数量为 3~6 根。敷焊耐磨带质量和喷焊耐磨带质量要求相同，参照表 2-33。

工作结束后，关闭电源、关闭氩气瓶开关、清理喷焊设备、填写设备运转记录、记录喷焊钻杆数量及其他资料。

四、无磁焊丝敷焊耐磨带

无磁钻具敷焊是焊丝敷焊的一种，只是焊丝和保护气选用不同，这里只对保护气做介绍，焊接工艺及参数参照普通焊丝敷焊。

1. 无磁焊丝敷焊保护气选择

焊丝调整摆频电压焊接时，保护气体的选用对焊缝成型以及性能有着至关重要的作用。

普通送丝敷焊采用二氧化碳作为保护气体，二氧化碳是一种比空气重的气体，它有很高的导热性质，产生电弧较宽，二氧化碳有较强的氧化性，焊接时产生的飞溅较大。

普通送丝敷焊采用氩气作为保护气体，焊接时有效地保护熔滴和焊接熔池，提高焊接表面的光滑度同时飞溅较小，但氩气所产生的电离弧较窄，而且电弧不稳定。

无磁焊丝敷焊耐磨带选用在氩气中加入一定比例的二氧化碳的混合气作为保护气体，

使两种气体在焊接时优势得到了充分发挥，避免了各自单独使用的劣势，氩气成分改善了焊接表面的质量，减少了二氧化碳带来的飞溅，同时二氧化碳成分又使电弧稳定性得到提高，热传导得到了提高，从而增强了焊接材料的机械性能。

氩气和二氧化碳混合气可以产生喷射过渡，它使焊丝熔滴变的细小，细小的熔滴下落便会过渡到熔池中，飞溅明显减少。

焊接时混合保护气流量调节为 8L/min，保护气体流量过大，保护气体的紊流随之增加；保护气体流量过小，对熔滴的保护作用减小，飞溅也会增加。

2. 耐磨带测试

无磁钻具敷焊耐磨带，等待其自然冷却到室温。然后使用手磨机去清理干净无磁耐磨带表面的氧化皮。在一个附近没有显著的磁场干扰作用的区域，利用 RCY-2 型弱磁材料磁导率测量仪对无磁钻具耐磨带的磁导率进行测量，验证耐磨带磁导率是否达标，耐磨带磁导率和无磁钻具要求相同，相对磁导率小于 1. 010，不改变所焊接无磁钻具磁性能，具体参照表 2-6。

其他要求和普通耐磨带相同，参照表 2-33。

第六节 钻具其他修复

钻具其他修复主要包括钻具校直、钻具螺纹磷化(钝化)、钻具外表面研磨修复、二次内涂等。

一、钻具的校直

1. 概述

钻具在井使用过程中，因井下情况复杂，或操作失误，可能造成钻具弯曲，针对一些柔性弯曲，应进行校直作业，使之恢复钻具直线度，再次投入生产。

校直时，将钻具水平置于校直机上，需校直部分两端支承，弧形向上，此时钻具可简化为简支梁，在中点施加集中力，这种方法称为压点式反弯校直。

钻具在校直过程中的变形属于弹塑性变形。弹性变形是可逆的，塑性变形是不可逆的，所以弹塑性弯曲后必然有一部分变形得到恢复，另一部分变形被残留下来。若此时零件的残留变形量与初始变形量相等，该零件就会被校直。

校直原理如图 2-39 所示。

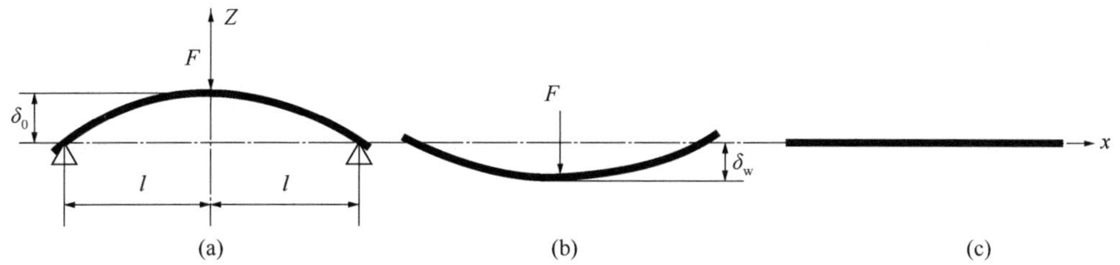

图 2-39 钻具校直原理图

图 2-39(a)为原始弯曲的钻具，其初始变形量为 δ_0(可测出)，两端简支后，在中点用压头施加压力 F。

图 2-39(b)中，在压力 F 作用下，钻具发生弹塑性变形，由原来的上凸，变成下凹，δ_w是下凹反弯变形量。

图 2-39(c)中，卸除压力 F，钻具回复，变为平直，钻具校直完成。

钻具直线度标准参照 SY/T 5369《石油钻具的管理与使用　方钻杆、钻杆、钻铤》的相关要求，也可参照本章第一节相关表格。

2. 校直设备

校直机分为两种，一种是滚子校直机，一种是液压校直机。

滚子校直机采用三点式校直原理，用大吨位液压油缸点压钻杆的弯曲部位进行校直，点压机构可移动并连续地校直钻杆的各个弯曲部位，校直速度快、生产效率高、操作简单、工作可靠，是修复弯曲钻杆的可靠设备，主要用于钻杆校直，目前使用较少。

图 2-40　钻具液压校直机

液压校直机(图 2-40)由床身、龙门架、液压系统、旋转系统、V 形铁组成。床身的作用是支撑钻杆和整个校直机；龙门架可以沿着床身移动，龙门架上装有液压马达，驱动齿轮与安装在校直机床身上的齿条配合，可以移动到需要加压处；龙门架上装有液压缸压头，可以对弯曲的钻杆施加反弯力，最大压力为 1MN；液压系统主要由主油泵和副油泵驱动，主油泵在龙门架的上部，通过液压缸给钻杆施加压力，并且驱动龙门架上的液压马达；副油缸负责给使滚轮升降的液压缸供油；旋转滚轮可以带动钻杆旋转，并且可以升降，当检测钻杆挠度时，滚轮上升对钻杆施加压力；V 形铁的作用是当压头下压时支撑钻杆，作为反弯的支点，V 形铁下部和钢丝绳连接，钢丝绳由电机带动，V 形铁可以在校直机床身上沿着校直机床身移动。

3. 校直作业程序

(1) 工作前

穿戴好劳保防护用品；检查校直机各部位性能是否良好，各种零部件是否完好，机油是否到位；检查电压、电流是否正常，发现不正常不准开机。

(2) 工作时

① 合上电源闸刀，把操作台开关转动“开”位置。

② 按“管正旋转”或“管反旋转”按钮，缓慢转动，使钻具弯曲凸面向上。

③ 根据弯曲度大小将两支点(滑块)安放在恰当位置，相距一般大于 1m。

④ 按“压机向前”或“压机向后”按钮移动压机，使其压头对准钻具弯曲凸面最高点，不得超过压机最高行程。

⑤ 按“油泵启动”按钮，启动电机空运转 3~5min。

⑥ 按“压头向下”按钮，不允许有偏侧受力现象。

⑦ 弯曲度过大的钻具，在校直加压后，按“压机向上”按钮，卸压动作要缓慢，以防两

端翘起部分猛击滑块，造成钻具操作或人身事故。

在校直过程中，一般要进行一次正压，两次反压，即正压后，再将钻具翻转 180°，在两支力点处各稍压一次，保证钻具直线度。

⑧ 校直后，按“油泵停止”按钮，转动钻具用拉线法检验钻具直线度，合格后，钻具吊至平衡点后退出校直机。

⑨ 对钻具校直部位进行无损探伤，评价是否存在管体缺陷。

(3) 工作结束

① 压机回到初始状态。

② 拉下闸刀切断电源。

③ 擦拭设备，清理责任区卫生。

④ 填写设备运转记录。

⑤ 填写钻具校直作业记录。

⑥ 填写校直钻具的无损探伤记录。

(4) 注意事项

校直机的主要参数为最大校直力，有 1000kN、1500kN 等。钻杆的校直力主要由钻杆的尺寸和规格决定。另外，校直力的大小还与两支点距离有关，若两支点距离较大，那么所需校直力就会变小。合理选取钻杆的支点距离，使得钻杆的反弯曲线梯度和初始弯曲曲线梯度一致，能够取得较好的校直效果，现场两支点间距离通常取 1~2m。

二、钻具螺纹磷化

为延长钻具使用寿命，提高钻具螺纹质量，需要对新加工的钻具螺纹进行钝化。钻具螺纹磷化是钻具多种钝化手段之一(详见本书第一章第三节)。

因为磷化液对人体和环境有一定危害，对 HSE 防护措施要求苛刻，在一些工区已不再使用或被其他钝化工艺替换。

1. 磷化的要求

(1) 工作条件要求

① 螺纹磷化前必须对螺纹表面毛刺和尖棱进行修磨。

② 螺纹磷化前必须对螺纹表面清除油污、泥垢及锈蚀并干燥。

③ 螺纹磷化环境温度在 10~40℃范围内。

(2) 试剂要求

① 氧化锌(ZnO)：分析纯，含量不少于 99.5%。

② 碳酸钙($CaCO_3$)：分析纯，含量不少于 98.0%。

③ 硝酸($HN_{\ 3}$)：分析纯，含量 65%~68%。

④ 磷酸(H_3PO_4)：分析纯，含量不少于 85%。

⑤ 硝酸锌[$Zn(NO_3)_2$]：分析纯，含量不少于 99.0%。

⑥ 氯化钠($NaCl$)：分析纯，含量不少于 99.8%。

⑦ 六次甲基四胺[$(CH_2)_6N_4$]：分析纯，含量不少于 98.0%

2. 操作步骤

① 磷化液(1)：称量氧化锌 27.5g，碳酸钙 3g，置于 1000mL 的烧杯中，用适量温水调成

糊状，缓慢加入硝酸 161mL，并不断搅拌均匀，然后加入磷酸 241mL，搅拌使之完全溶解。

② 磷化液(2)：称量硝酸锌 40g，氧化钠 6g，六次甲基四胺 4g，置于 1000mL 的烧杯中，加蒸馏水 500mL 搅拌溶解均匀，再加入滑石粉 250g，搅拌成糊状。

③ 磷化：

a. 将配制好的磷化液(1)加入磷化液(2)中搅拌均匀。

b. 用温水清洗干净磷化表面的沉淀物及溶液。

④ 质量检验：磷化后螺纹表面清洁干净，呈灰色或暗灰色结晶，均匀、牢固、完整，无锈迹和基体金属裸露。

⑤ 填写质量报告。

三、钻具外表面研磨修复

钻具外表面研磨修复主要是对螺纹和密封台肩面、外圆的研磨修复。

螺纹和密封台肩面在使用过程中可能发生冲蚀、磨损、划痕、磕碰等缺陷，影响钻具使用。严重的损伤修复使用车床进行螺纹和台肩面车修复(参照本章第三节)，若损伤不严重，可以选择研磨修复。

钻具外圆在使用过程中可能被卡瓦牙咬伤，必要时需要进行研磨修复。

研磨修复步骤和要求如下：

1. 准备工作

① 修磨机具：

a. 技术参数：额定功率≥1.5kW；工作转速 3000～5000r/min；外螺纹修磨盘内径为 $DLF_{-0.4}^{+0.6}$mm。

b. 技术要求：导向杆与扶正器接头螺纹轴线同轴度公差为 0.06mm；修磨盘平面度公差为 0.02mm。

② 研磨筒：研磨筒型号应选择中号。

③ 砂布：粘贴圆形专用砂布，磨料粒度 24#～36#。

2. 钻具检查

① 螺纹磨损量应不大于 0.8mm，累积修磨切除量不应超过 1.59mm。

② 台肩面检查：

a. 宽度检查：台肩面宽度符合表 2-14 和表 2-19 规定的台肩面允许宽度范围内的钻具可以修磨。

b. 凹坑检查：目测台肩面凹坑深度，若坑点深度超过允许修磨量，用 ϕ5mm 的平头冲敲击，其后如凹坑深度仍在允许修磨量的允许范围内，可以修磨。

c. 敲击后的凹坑深度超过允许修磨量时，不能修磨。

③ 外圆检查：出现咬痕。

3. 修磨

(1) 准备

① 清洁钻具螺纹表面、台肩面或外圆。

② 研磨螺纹时，旋上扶正接头于钻具螺纹上，扶正接头必须上紧。

③ 粘贴砂布于研磨盘上，拍平粘紧，中空部割去。

④ 检查动力源，开关处于关闭状态。

(2) 修磨

① 将研磨筒插入导向杆上，直至后轴承也套上导向杆，但砂布不得与台肩面接触。

② 举起钻具并逆时针转动，转速不得大于 20r/min。

③ 启动修磨机。待转速稳定后缓慢推进修磨，磨削中两手用力均匀，人要站稳，推力不得过大。控制修磨机转速为 300~5000r/min，控制磨削速度为 15~20μm/s。

④ 研磨盘离开研磨面后关机，禁止研磨时刹车。

(3) 技术要求

① 粗糙度：修磨后的台肩面粗糙度目测检验，不能确定时可用粗糙度仪检验应不大于 12.5μm。

② 环形面积：修磨后的台肩面环形面密封面积与修磨台肩面积的百分比为：大于 60%。

③ 平面度：检查修磨面平面度，平面度公差为 0.2mm。

(4) 修磨量

一次最大允许修磨量≤0.8mm。

修磨量检测方法：在同一位置测其修磨前后的两端面距离。

4. 填写相关质量记录

四、钻具内涂层的二次内涂

钻杆内涂层是减少钻井液对钻杆的冲刷和腐蚀，延长钻杆使用寿命的重要手段。钻杆在出厂前，就应该按照订货要求进行内涂(图 2-41)。如果钻杆使用后内涂层失效，需要时可以进行二次内涂。

图 2-41 钻具内涂层喷涂

二次内涂也是钻杆修复的重要内容之一。钻杆内涂和二次内涂具体要求见表 2-36。

常见的钻杆内涂材料为改性环氧酚醛粉末材料，市场上根据具体组分和功能将其分为各种系列。WT 系列是一种常见的系列，包括 WT300P、WT300、WT200 等几种材料，涂层厚度约为 150~300μm，具有一定的耐腐蚀性和降水力摩阻性，能有效提高钻具的使用性能和使用寿命。

喷涂工艺是在涂料配制基础上，对具体喷涂操作制定的施工指南，是确保喷涂质量的重要保障，也是确保涂料能够正确使用、确保钻具涂层性能的重要保障。

表 2-36 钻具内涂要求

序号	项目		指 标	备注
1	外观		平整均匀，光滑，无气泡、橘皮和流淌等缺陷	目测
2	附着力		A 级	
3	干膜厚度	液体	管体 125~225μm	
4		粉末	管体 150~400μm	
5	漏点	液体	无漏点	
6		粉末		

续表

<table>
<tr><th>序号</th><th colspan="2">项目</th><th colspan="2">指　标</th><th>备注</th></tr>
<tr><td>7</td><td rowspan="2">粗糙度</td><td>液体</td><td colspan="2">≤2.5μm</td><td></td></tr>
<tr><td>8</td><td>粉末</td><td colspan="2">≤0.5μm</td><td></td></tr>
<tr><td>9</td><td colspan="2" rowspan="2">耐高温
高压性能</td><td colspan="2">液相：NaOH溶液，pH=12.5，温度148℃；压力70MPa；时间24h；试件完全进入液体中，用 N_2 加压。试验后涂层无气泡，附着力不降级。</td><td></td></tr>
<tr><td>10</td><td colspan="2">液相：水、甲苯和煤油(等体积比混合)；温度107℃；压力70MPa；时间16h；试件2/3进入液体中，用气体 CO_2 加压。试验后涂层无气泡，附着力不降级。</td><td></td></tr>
<tr><td>11</td><td colspan="2" rowspan="3">耐酸性能</td><td>15%HCl，3%HF，66℃，18h</td><td rowspan="3">涂层无变化</td><td></td></tr>
<tr><td>12</td><td>12%HCl，3%HF，93℃，8h</td><td></td></tr>
<tr><td>13</td><td>28%HCl，66℃，8h</td><td></td></tr>
<tr><td>14</td><td colspan="2">抗弯曲性能</td><td colspan="2">2.5°弯曲，目视无裂纹</td><td></td></tr>
<tr><td>15</td><td colspan="2">耐磨性</td><td colspan="2">≥2.0L/μm</td><td></td></tr>
</table>

注：本表节选自SY/T 0544—2016《钻杆内涂层技术条件》

喷涂工艺主要包括前期准备、管材上线、清洗装框、热清洁工艺、底漆喷涂、底漆烘烤、面漆喷涂、面漆烘烤、面漆固化、最终检验、喷漆打包、涂层理化试验、不合格品处理等。

① **前期准备**：对喷涂的钻杆进行打磨并检验，对准备的涂料进行检查。

② **管线上线**：将待喷涂钻杆吊装到工位上，摆放整齐。

③ **清洗装框**：使用丝扣刷清洗丝扣油、清洗后的管材整齐地摆放在台架上。

④ **热清洗**：将料框内的钻杆在热清洗炉中进行热清洗，热清洗在约400℃下进行，加热保温2h，之后冷却出炉，主要是清洗管壁内部的油脂和有机物。

⑤ **底漆喷涂**：使用压力喷涂设备，配制合适底漆，搅拌均匀，保证涂料温度、黏度在规定值，确认钻杆内表面喷砂处理合格，然后将喷涂枪深入管内，旋转喷涂轮，后退喷涂。喷涂完毕后进行检验。

⑥ **底漆烘烤**：将喷涂底漆完毕的钻杆送入加热炉中烘烤，烘烤温度根据底漆料不同而有所不同，烘烤10~15min出炉。出炉后检验，底漆颜色应符合颜色对比照片的要求。

⑦ **面漆喷涂**：底漆烘烤检验合格的钻具尽快喷涂面漆。安装螺纹保护器；配制好面漆；将喷涂枪深入管子一端，旋转管体，后退喷涂枪时喷涂；卸下保护器，外观应无流淌、垂滴、气泡、针孔等缺陷。钻杆管体内表面和外螺纹接头内表面全部涂敷，母螺纹小端宜涂覆两扣。

⑧ **喷涂参数**：主要有旋转滚电机频率、喷枪后退速度等。

⑨ **面漆固化**：将喷涂面漆合格的钻杆送入加热炉，加热到固定温度，保温30~50min出炉，面漆颜色符合颜色对比照片的要求。

⑩ **最终检验**：含涂层外观检验、磁力测厚仪测量干膜厚度、漏点检测仪检测漏点、附着力检验等。检验均应有相应的检验工序和标准。

⑪ **喷漆打包**：螺纹涂抹护丝油，上紧护丝；喷涂油漆；喷标、打卡、堆放。

⑫ **涂层理化试验**：含附着力检测、高温高压试验、型式试验等。

⑬ **不合格品处理**：发现不合格品时进行标识、记录。

⑭ **填写质量报告。**

第三章　钻具管理

钻具管理是确保钻具质量、延长钻具使用寿命、减少钻具失效、保证钻井正常进行的基础。

钻具管理包含钻具采购、进货(入厂)检验、编号建档、钻具配套与供井使用、回收检验与维修、钻具运输与存放、钻具报废等全过程管理。

本章主要讲述钻具配套、钻具现场使用、钻具检测周期以及钻具运输与存放等四个过程的管理。

第一节　钻具配套

钻具配套是管具管理单位(管具公司、管子站或其他管具管理机构，以下均称管具公司)根据钻(修)井单位提出的钻具需求，参照《钻井工程设计》，结合钻具存量及技术状况，为其提供相应规格尺寸、钢级、壁厚、技术等级的钻具以及配备相应数量的过程。

钻具配套原则上应该按《钻井工程设计》或钻(修)井单位书面报送的钻具供井通知要求进行配送，管具公司也可以提出自己的意见和建议。工程技术部门、技术质量监管部门应对钻(修)井单位提出的钻具配套的合理性以及存量钻具是否满足钻(修)井需求进行审核。

确定钻具规格尺寸、钢级、壁厚、技术等级以及配备数量后，管具公司应按照需求对上井钻具进行检查、清点、办理出库手续，并将配套钻具的质量文件随钻具一起送井。

本节主要讲述钻具配套通用要求，从常规配套原则以及超深井、含硫气井、气体钻井等不同钻井类型的配套要求进行解析。

一、配套原则

油气井分类有多种，按井眼轨迹形态可以分为直井、定向井、大位移井和水平井，按完钻井深可以分为浅井、中深井、深井和超深井等类型。

钻井工程设计过程中，应根据井型，综合考虑井眼深度、井身结构、地层压力、地层温度、作业载荷、泥浆性能以及海(陆)相井等因素的影响，选用相应规格尺寸、钢级、壁厚、技术等级以及特殊材质的钻具，以保证配套钻具在钻(修)井作业过程中的安全性、可靠性，在满足钻井作业需求的同时兼顾钻具的使用寿命。

1. 基于井深的选择要求

通常情况下，钻杆应满足表 3-1 的要求。

表 3-1 API 钻杆选用表

完钻井深/m	宜选用钻杆	备注
≤2500	E 级、X 级、G 级	二级及以上
2500~4500	G 级、G 级+S 级	
≥4500	S 级、G 级+S 级	一级及以上

完井深度越深，宜选用钢级与机械性能更高的钻具，海相(含硫)井作业推荐使用抗硫钻具。除考虑钻(修)井作业类型、施工井型、井眼深度、井身结构、地层压力、地层温度、作业载荷、泥浆性能以及海(陆)相井等因素外，最大限度地减少钻柱循环水力压耗也是选择钻杆配套的必要条件之一。

2. 基于安全的要求

钻铤柱中最大钻铤外径应保证在打捞作业中能够套铣，在 ϕ190. 5mm 以上井眼中，应采用复合(塔式)钻铤结构，但不同外径相邻两段钻铤的外径差异不应大于 25. 4mm，其最上一段钻铤的外径等于或接近于相连接的钻杆或者加重钻杆接头外径，否则应以转换接头进行过渡。

为了降低钻井作业时压差卡钻和粘附卡钻风险，提高钻井液上返携带岩屑的效果，宜配套使用螺旋钻铤。

3. 基于温度的要求

在高温高压或者低温环境中配套的钻具，应考虑材料力学性能及服役性能的温度效应，特别是韧性的降低。

目前的内涂材料一般只能满足最高 148℃的井下温度要求，如果地层温度较高，应考虑不进行钻具内涂。

4. 定向井要求

在定向井作业中，由于钻柱存在不同角度的弯曲，在满足作业强度要求的情况下，推荐选用柔性较好的钢钻杆或者轻合金钻杆，所用钻具及其螺纹连接结构应具有充分的抗疲劳失效能力；对于钻杆承受扭矩较大的井，如大斜度井或水平井，推荐选用双台肩接头钻杆，以增加接头螺纹的抗扭性能，减少钻具螺纹失效。需要注意的是定向井所用钻具接头的耐磨带应避免采用碳化钨等高硬度的材料，以避免套管过度磨损。

二、深井、超深井和探井等重点井的配套

深井指垂深超过 4500m 的井，**超深井**指垂深超过 6000m 的井。

深井、超深井和探井等重点井，钻具所受负荷大大高于普通井，同时井下环境更加复杂，因此钻具配套必须考虑这种特殊井的特殊要求，以满足重点井施工需求。

超深井钻具配套时，应结合井型、井深、井眼轨迹、地层压力、温度、泥浆性能以及作业载荷等对钻具组合以及强度进行校核。对于 7000m 以上超深井：裸眼段长超过 300m 时，应保证钻杆抗拉余量不少于 600kN；裸眼段长少于 300m 时，应保证钻杆抗拉余量不少于 400kN。若使用单一规格钻具宜使用全新钻具，而使用复合钻具时推荐使用同一厂家的全新或一类钻具。

方钻杆、钻杆、加重钻杆、钻铤的选择应符合 SY/T 6268—2017《油井管选用推荐作法》的相关规定。其中直径 158.7mm 及以下规格钻铤宜采用双台肩螺纹，直径 158.7mm 以上规格钻铤应采用 API 应力减轻结构或其他形式应力减轻结构螺纹。

在钻机提升能力及井眼条件满足的情况下，超深井配套选择大尺寸钻具。大斜度井、水平井等特殊工艺井，选用高强度钢级及高抗扭钻具，整个钻柱宜选用满足钻井设计的最轻组合，以减少弯曲应力。深井、超深井配套有以下情况时需要注意：

① 含砾岩等容易跳钻地层钻具组合中要设计使用减震工具(若使用减震器其应靠近钻头)，转盘/顶驱转速不应超过 55r/min，预防钻具疲劳损坏。

② 外围区块探井、评价井中，加重钻杆、钻铤、稳定器和转换接头等钻具(工具)应配置双套。

③ 发生过处理卡钻故障、泡酸或硫化氢侵蚀的钻具、经过校直修复后的钻杆、空气钻井使用过的钻具，都不得用于超深井和重点井。正在施工的超深井和重点井，泡酸井段钻具也应及时更换。

三、含硫气井等腐蚀性环境中的配套

钻具在含有 H_2S、CO_2等环境中被腐蚀的概率更高、腐蚀速率也更大，更容易出现钻具失效，因此，含硫气井等腐蚀性环境中配套应特别考虑环境的影响。

腐蚀环境介质应考虑 H_2S、CO_2 等环境介质特点，对钻具性能提出相应要求。

在 H_2S 介质环境中，宜配备全新或一级抗硫钻杆(即尺寸分级要求符合一级标准的抗硫钻杆)，抗硫钻杆的性能应符合 SY/T 6857.2—2012《石油天然气工业特殊环境用油井管 第2部分：酸性油气田用钻杆》或者 API 5DP《钻杆规范》的要求。各类钻机的钻具配套数量依据设计井深，按非抗硫钻杆附加 5%配备，抗硫钻杆附加 8%配备。如果需要复合钻柱，因为钢的强度(硬度)越高，对 SSC(硫化氢应力开裂)敏感性越强，因此选用的非抗硫钻杆宜选用 G 钢级，不推荐选用 S 钢级，如果钻柱强度达不到设计要求，可用增大钻杆尺寸的方式来提高钻柱的强度。选用的钻杆应有内涂层，且内涂层具有抗 H_2S 腐蚀的能力。

在 H_2S 含量较高的油气井，或者 H_2S 和 CO_2共存的油气井，可根据井深、压力或者温度环境选择钛合金、铝合金等特殊钻杆柱。但要注意：当井下管柱出现两种以上不同材质钻具匹配使用时，若两种材质电位差超过 200mV 需要注意电化学腐蚀，可采用低电位与高电位材质的面积比至少要大于 1∶1 的方法来降低电化学腐蚀。

四、气体钻井配套

气体钻井(含充气钻井和干空气钻井)是近年来发展较快的钻井技术，因为相较液体钻井有更高的钻井速度，可以用于解决地层漏失等问题，在比较稳定不易坍塌的地层钻进中得到了广泛应用。

但气体钻井过程中钻具失效也常有发生，具体的原因有：

① 失去钻井液的缓冲和润滑作用，钻具需要承受更高的轴向震动，剪应力也相应增加；

② 携带岩屑的高速气体流极容易对钻具外壁形成冲蚀；

③ 气体钻井条件下可能有较大的井径扩大，从而导致钻具承受更大的弯曲应力。

为此，气体钻井钻具配套有自己特殊的一些要求，主要有：

首先，气体钻井配套的钻杆应采用 18°斜台肩全新或者一级钻杆，钻杆的规格应使用 5″或者 5½″以及更大尺寸，钻杆接头应敷焊耐磨带，并且避免钻具组合中相邻钻具之间的截面急剧变化，以降低钻具震动。

其次，转盘钻井时，宜选用六方方钻杆，方钻杆上、下应装接旋塞，方钻杆长度要满足旋转防喷器驱动补芯能进入旋转防喷器的旋转总成。

第三，钻具组合中推荐使用震击器、减震器，且减震器应紧挨钻头安装。

第四，为了减少钻具损坏以及防斜，推荐采用空气锤和空气锤钻头。

第五，气体钻井应根据钻井设计配套相同规格、相同级别的钻铤 2 套。

第二节　钻具现场使用要求

为保障钻具在钻井过程中使用得当，减少失效，提出了钻具在钻井现场的使用要求，包括螺纹的清洁与保护、上扣前的检查以及上扣操作、钻具出入井眼等的要求。

一、交接及整体要求

管具公司负责在钻具供井时将交接清单、钻具档案和质量检测报告随钻具一起送井，并向平台经理、平台副经理、工程师、技术员、司钻等关键岗位做好钻具情况、上扣扭矩、抗拉强度、扭转圈数等技术交底。

钻井队应按照要求对供井钻具进行验收。验收合格后在交接清单上签字，验收不合格的钻具严禁入井且应单独存放。

钻井队应建立在井使用钻具台账，登记所有入井钻具长度、内外径等数据，特殊工具绘制草图。

钻井队接受钻具后，应将接受的钻具摆放整齐。钻具应摆放在距地面高度 0.3m 以上的管架台上，管架基础要牢固、平整，至少要有两个支撑点。钻具内螺纹端朝向钻台方向，其中钻铤和方钻杆应单独摆放，方钻杆摆放不少于三个支撑点，每端伸出长度不超过 2m，钻具叠放层数不超过 5 层，每层之间要放置合适的垫杠且上下对齐，并采取防滑措施。现场新旧钻具要分类摆放和使用。

在井钻具应做好防腐，钻具上不得放置重物及酸、碱性化学药品；不得在钻具上进行任何电气焊作业；不得把钻具作为电焊搭铁线；严禁使用尖硬撬杠等工具插入管体移动钻杆；钻具吊装、运输、摆放、上下钻台过程中避免碰撞等损坏钻具。

钻井队应记录钻具在井使用情况，注意对特殊工况的记录，并将表 3-2 中内容及时反馈给管具公司，以便管具公司对钻具进行全生命周期管理。

在井钻具检查或使用中出现的异常情况，钻井队应及时通报给管具公司。

在井使用期间，钻井队不应对钻具随意切割、加工、挪作他用。未经管具公司同意不应将钻具私自转井。

表 3-2 钻具回收时钻井队应反馈的信息表

检查项目	检查标准	备注
钻井数据	井型、井深、钻井液体系	
钻具使用情况	入井时长	
钻具在井使用异常情况	是否发生过卡钻、溜钻、顿钻；划眼时间；提拉最大吨位；最大扭矩；是否泡酸；井内是否含硫化氢、二氧化碳等	
钻具失效情况	刺、漏、断裂情况	

在井使用期间，管具公司应定期对在井钻具进行巡井回访，了解钻具在井使用情况，解决钻井队使用中存在的问题。巡井应做好相关记录。

为确保钻具正常周转，提高利用效率，保证钻具的本质安全，单井或平台完井后，钻井队应及时与管具公司沟通，做好钻具回收工作。回收时，管具公司应清点数量和进行外观检查，并在交接清单签字认可。非正常损坏的钻具在交接清单中注明，双方签字认可，或拍照留证。

钻具使用中出现以下情况，钻井队应按相关规定进行赔偿：钻具严重弯曲，钻具水眼被水泥、沙子堵塞无法清除，钻具被酸化腐蚀、火烤、焊接气割等，钻具螺纹损坏率超过15%，钻具丢失、埋井。

二、钻具使用中的保护

钻具使用中应采取多种措施予以保护，以降低钻具失效、延长钻具寿命，提高钻井效率。

1. 入井前

钻具入井前应使用通径规（用胶皮包裹的铁质通径规/铁质圆头通径规/胶木棒）通径，包括有内涂层的钻具。

入井钻具应严格检查并确保组合符合施工设计要求，原则上不应减少加重钻杆、钻铤设计使用数量。

提升短节应使用一体式，扣型与使用钻具一致，上端扣型为 NC50 或 5½ FH 母扣，探伤及检查要求与钻铤相同；配套转换接头入井前应仔细检查，发现不符合要求的严禁入井。

钻杆、加重钻杆、钻铤、转换接头应记录入井时间。

应检查每根钻具公扣、母扣台阶是否平整无伤痕，螺纹是否完好，若存在缺陷不能入井；同时应对耐磨带、本体、水眼、内涂层的状况进行检查，如有缺陷，进行修理或报废处理。无探伤合格报告及超过探伤周期的钻具一律不能入井。

必须彻底清除丝扣和台肩表面夹杂的泥沙、石屑、砂砾等影响螺纹连接质量的异物，否则可能导致钻具使用中失效。

新钻具或新修扣钻具（不含钻杆）使用前至少要上卸扣 4 次进行磨合，磨合时旋转要慢，每上一次扣必须清洗螺纹。

2. 钻具接立柱及上卸扣

每根钻具都进行场地编号，并抄写与场地号对应的钻具钢号。

钻杆上钻台前应严格通径，上下钻台戴好护丝，用小绞车或其他工具送钻具平稳上下钻台，严禁让钻具自由下落，不能硬拖或碰撞钻具、不应损伤钻具内涂层。

对扣前应将钻具螺纹及螺纹台肩清洗干净，不得使用带腐蚀性的溶剂进行清洗。冬季施工时高寒地区要注意将丝扣上的结冰以及细砂、尘土等清理干净，防止影响上扣扭矩和钻具台阶面密封等。

对扣前应将内外螺纹及密封面均匀涂敷螺纹脂，涂敷量以螺纹旋紧后有少量螺纹脂均匀溢出为宜，保证清洁，禁止向润滑密封脂内添加稀释剂。

对扣时应平稳操作，要缓提拉稳、轻放对中，将外螺纹与内螺纹对正，不允许将外螺纹端部冲击到内螺纹台肩面上。如有遇卡现象，提出钻具重新对扣。

钻铤及钻头上扣时应使用链钳引扣，确认引上扣后方可用大钳继续上扣。

应用液压大钳或双钳紧扣和卸扣，不得使用转盘绷扣和卸扣。钻铤的提升短节必须用大钳紧扣。

用液压大钳给钻杆紧扣时，大钳不得咬在管体上，不得使用液压大钳高速紧扣，宜先用高速档旋转约 4~5 圈上扣，观察钻杆内、外吻合面是否均匀，如均匀则用低速档上紧旋合。

应按照推荐上扣扭矩紧扣。钻井平台应在液压大钳上张贴钻具推荐上扣扭矩表，特殊螺纹上扣扭矩由管具公司提供。

使用 B 型钳紧扣作业达到推荐紧扣扭矩对应压力时，应保证钳臂与钢丝绳的夹角近 90°，且 B 型钳强度应满足最大上扣扭矩要求，推荐使用 200kN · m 加强型 B 型钳。

钻具螺纹紧扣过程中若发生钳牙打滑现象及时清洁或更换牙板。

螺纹紧扣后应检查内外螺纹主密封面啮合情况，不应有任何缝隙，否则应卸扣检查。

钻具卸扣时应避免损伤台肩面。卸扣检查发现螺纹粘扣损伤，应对粘扣钻具进行更换，卸扣扭矩大于紧扣扭矩的 1.2 倍时，应逐根进行卸扣释放应力。

起钻卸扣若发现密封面粘连应检查螺纹脂及涂敷是否符合标准要求，若螺纹脂及涂敷符合标准，说明井下存在二次上扣现象，应逐根卸扣并提高 10%扭矩重新紧扣，粘扣严重的钻具应及时更换。

液压大钳应满足 SY/T 5074《石油钻井和修井用动力钳》的相关要求；液压大钳所配扭矩计量仪表应在检定有效期内，且初始值为零；液压大钳扭矩仪显示值的单位应为 kN · m。

如果使用气动卡瓦起下钻作业，卡瓦宜采用微牙痕或无牙痕牙板，卡瓦牙痕超过 0.3mm 时禁止使用气动卡瓦。深井卡瓦使用井深应按照卡瓦额定载荷的 70%确定。卡瓦卡紧位置宜在钻杆内螺纹接头下 0.3~0.5m 范围。

3. 正常钻进

钻井队应明确各种尺寸、各种级别钻具的安全抗拉、抗扭强度极限，并将所使用钻具的扭矩表、最大提升吨位按 80%计算后制成表格(同时考虑提升系统 80%)向班组人员宣贯并张贴于司钻房内。

钻井液中宜加入适量的缓蚀剂和除氧剂，减缓钻具氧化腐蚀；控制钻井液固相含量，优化钻井液性能，降低对钻具的冲蚀作用。含硫区域井，进入目的层前钻井液中应添加足量除硫剂，控制钻井液 pH 值在 10.5 以上，减少钻具氢脆反应的发生。

司钻在钻进过程中应记录钻压、泵压、扭矩、磨阻等参数，发现泵压异常下降，及时检查地面设备，排除地面原因后，泵压下降不应超过1.0MPa，否则要及时起钻检查钻具。

钻具中使用转换接头时应采用与相连钻具同样应力减轻结构和标准要求。

注意加强钻具倒换。按照钻具上下倒换原则进行倒换，中和点的钻具必须每趟钻倒换一次，并做好倒换记录。

每次起下钻时，应“错扣”起钻，在不同位置轮流卸开钻具，以便检查螺纹的连接情况及释放应力，使钻具受力、磨损均匀。同时，检查钻具是否弯曲、耐磨带剩余高度、接头是否偏磨、管体有无损伤、接头和管体有无刺漏等，发现异常的钻具立即停用并做好标识单独存放。

每次起钻过程中，应用刮泥器或其他工具清除钻杆外表面的钻井液、原油等粘附物，对立柱进行编号。

每次起钻对转换接头卸扣进行应力释放。

钻杆盒内应平铺厚木板或硬胶皮，不能有硬物，且存放钻具时应轻放，以免损坏钻具密封台肩；钻杆盒应利于钻井液流动，避免立柱螺纹浸泡在钻井液中。

钻具下钻台前应卸成单根，并戴好螺纹护丝，平稳下放，防止碰撞，并将打捞工具、配合接头、钻头、提升短节和其他工具卸掉。

钻具组合中避免出现“大小头”现象，与钻铤相连的配合接头的水眼直径不能小于钻铤的水眼直径，A型转换接头应遵循从大不从小的原则，B型转换接头应与上下钻具外径分别一致。

经历复杂工况应卸扣释放应力。单趟划眼作业时间超过24h、频繁蹩停、卡钻、跳钻、强扭等复杂工况后，起钻时应对加重钻杆及以下钻铤、稳定器、转换接头和与加重钻杆相邻10柱钻杆逐根卸扣检查。

ϕ444.5mm(17½″)及以上井眼需使用扶正器，现场不少于2只，宜在钻具组合中加入减震工具。

做中途测试时要考虑到钻杆的抗挤强度，不能超过其允许值。

钻柱中使用滤网时，应使用专用过滤接头。

使用过的钻具，需要暂时存放在井场的，钻井队应及时清洗，并按规格分类摆放。

井口偏心超过10mm应及时校正。

4. 特殊作业

开窗井“窗口”附近和“狗腿”度严重井段的钻具不应长时间定点旋转。

钻进作业过程中钻柱震动明显增加时，应及时调整作业参数。

经历过顿钻、严重蹩钻或处理复杂过程中超过额定抗拉、抗扭强度70%的钻具应进行探伤检测。

处理卡钻期间，提拉钻柱受拉不应超过钻柱中相应级别钻具抗拉强度的80%，扭转不应超过钻柱中最小抗扭强度的80%，扭转圈数不超过最大允许扭转圈数的80%，同一吨位活动钻具不超过50次。

经历过泡酸作业的钻具，起钻前应充分循环。

钻遇过硫化氢或二氧化碳的井，应将所用钻具送管具公司进行分级检测。

钻具在使用中经特殊作业(钻具故障处理、井下复杂，如卡钻、顿钻、大力提拉、硫化氢、酸性介质腐蚀等)，钻井队应如实记录作业过程和数据，对钻具加密检查，必要时对钻具进行无损检测，并及时将使用和检查情况反馈给管具公司。

三、钻具现场探伤及更换要求

现场探伤均应采取“场地摆放”探伤模式。钻具为锻件，发生的裂纹主要在钻具表面，现场更适宜采用磁粉探伤。磁粉探伤需要螺纹被充分清洁，并在合适的光线环境下进行检测，井口一般不能满足环境要求，故现场探伤应采用“场地摆放”探伤模式。

进行“场地摆放”探伤作业时，应将待检钻具整齐摆放至管排架上，螺旋钻铤在管排架上的摆放间距应不小于300mm。

无法进行“场地摆放”探伤的，应通知管具更换钻具。

钻具出现如下情况应及时更换。

——钻杆正常使用时，发生断裂或连续刺漏三起以上，应更换同期入井的钻杆；加重钻杆、钻铤纯钻时间达到700h，且预计后续纯钻时间超过200h应双修或更换。

——当井口硫化氢浓度超过30ppm时，应将近井口2000m钻杆进行更换。

——处理井下复杂大吨位提拉作业后，发现单根长度增加80mm，应将超标钻杆上部所有钻具及以下至少600m钻杆进行更换。

——下部钻具异常应及时更换。加重钻杆及以下钻铤、稳定器和转换接头等下部钻具断裂失效或现场探伤发现有伤，应及时组织更换钻柱中加重钻杆及以下钻铤、稳定器、转换接头、内防喷工具等全套钻柱，与加重钻杆相邻的5~10柱钻杆宜更换，降低疲劳累积引发的钻柱失效风险。

——钻井队在现场使用中发现有伤、怀疑有伤钻具或须更换的钻具，应单独存放并做出明显标识，禁止再次入井。不应带接头和各种工具，尤其钻铤上的提升短节必须卸掉，因粘扣无法卸开的钻具，割开时不宜损坏本体。

第三节　无损检测周期

钻具供井使用后，在各种应力作用下极容易发生损伤。为提前发现隐患，避免在井内钻具失效，减少经济损失，应定期对钻具进行无损检测。包括超声波检测、磁粉检测、渗透检测、漏磁(电磁)检测等。

一、无损检测周期

钻具在井周期较长时，若钻具达到推荐无损检测周期时，应及时回收钻具进行无损检测或在井进行现场检测，否则钻具可能出现失效。

钻具推荐无损检测周期是根据钻具井下工作时间、钻具级别、地质情况、钻井工艺、钻井参数及该区块钻具失效情况综合分析而定的。

行业标准SY/T 5369《石油钻具的管理和使用方钻杆、钻杆、钻铤》推荐的钻具无损检测周期见表3-3。

表 3-3　钻具现场检测的推荐周期　h

钻具名称		常规井	超深井、大位移定向井、深探井等复杂井	复杂地质条件下的复杂井
方钻杆		1000±100	800±100	800±100
钻杆	新钻杆	2500±100	1500±100	1000±100
	一级钻杆	1500±100	900±100	600±100
	二级钻杆	900±100	600±100	500±100
	三级钻杆	600±100	400±100	—
钻铤、加重钻杆、无磁钻具等	ϕ215.9mm(8½″)及以上井眼	600±50	500±25	200±25
	ϕ152.4mm(6″)及以下井眼	400±50	300±25	200±25

各石油企业或钻井工程企业根据自身情况和市场需要，在该标准基础上制定了更加严格的规定。

如中国石化西北油田分公司发布了 Q/SHXB0020—2020《钻具管理规范》、中国石油塔里木油田发布了《塔里木油田钻工具管理与使用办法》，中国石化中原、胜利、西南、华北等石油工程公司也先后制定了《钻具管理细则》。

其中新疆工区、四川盆地等工区因为深井、超深井较多，井下较为复杂，对钻具要求较高，因此推荐的无损检测周期较为严格。中国石化西北油田分公司推荐的无损检测周期见表 3-4。

表 3-4　西北油区钻具无损检测周期表

检测项目		检测方法	检测周期(纯钻时间)/h		备注
			探井、外围井	其他井	
钻杆	新钻杆	过渡带超声波探伤+管体电磁探伤+螺纹超声波/磁粉探伤	1000	2000	
	一级钻杆		800	1000	
加重钻杆		壁厚变化部位超声波探伤+螺纹超声波+磁粉或电磁探伤	400±25	500±25	
钻铤	4¾″规格	螺纹超声波+磁粉或电磁探伤	375±25	325±25	使用 2 年以内
			275±25	225±25	使用 2-4 年以内
			175±25	禁止使用	使用 4-5 年以内
	4¾″以上规格		475±25	375±25	使用 2 年以内
			375±25	275±25	使用 2-4 年以内
			275±25	禁止使用	使用 4-5 年以内
	7″及以上规格		200±25	禁止使用	使用 5 年以上
无磁钻铤		螺纹超声波或渗透探伤	按同尺寸钻铤周期执行		
方钻杆		整体超声波+磁粉探伤	675±25	755±25	

注：5 年以上的 4¾″~7″(含 4¾″)塔河工区禁止使用，4¾″以下钻铤检测周期为纯钻 275h±25h。

注：本表资料来源：Q/SHXB0020—2020《钻具管理规范》和《塔里木油田钻工具管理与使用办法》(2021 年版)中的较严格数据。

二、无损检测周期具体要求

各工区根据自身需求，还制定了较为详细的钻具无损检测周期要求。

1. 钻杆检测周期

钻杆无损检测包括三部分：

——过渡带部分的超声探伤；

——钻杆本体的电磁探伤；

——螺纹部分的磁粉探伤。

华北、西南、冀东、东北等油区要求大致相同，具体如下：

① 钻杆过渡带超声波探伤按：井深 5000m 以内的井，钻杆每两口井探伤一次；井深 5000m 以上的井，每一口井探伤一次。如果上述要求无法达到，每年也要至少进行一次全部检测。

② 钻杆本体采用漏磁(电磁)探伤：西南每口井进行一次本体检测，其他区域每年至少进行一次本体全部检测。

③ 钻杆螺纹探伤：双台肩钻杆及 4″以下钻杆螺纹采用磁粉探伤，探伤周期按过渡带探伤执行，其他尺寸钻杆螺纹采用磁粉探伤，每年至少进行一次全部检测。当钻杆经历卡钻、严重蹩钻、强扭等作业回收后，对全部螺纹要进行磁粉检测。

西北油区要求如下：

① 探井、外围井使用的钻杆外螺纹进行荧光磁粉、内螺纹进行超声波 100% 检测，若加厚过渡带、管体外壁存在腐蚀坑，采取外表面磁粉探伤检测。

② 常规井钻杆螺纹部位磁粉探伤采用抽检方法，且抽检率不小于 10%。

③ 钻井用钻杆使用回收后要进行漏磁(电磁)检测，修井用钻杆使用达到三个月回收后要进行漏磁(电磁)检测。

2. 大钻具无损检测周期

大钻具主要包括钻铤、加重钻杆和方钻杆。

无损检测主要为螺纹部分的探伤，有要求时还需要检测加重钻杆的加厚部分及过渡带、方钻杆驱动部分与管体的过渡区域。

各区域无损探伤周期要求如下：

中原、西南油区等区域：普通钻铤、加重钻杆、方钻杆的螺纹应采用磁粉和超声波两种方式检测，无磁钻铤、无磁承压钻杆螺纹应采用渗透和超声波两种方式检测。在正常使用情况下每口井检测一次。对于加重钻杆，除了螺纹部分的无损检测，若有需要还要对中间耐磨辊与本体过渡区进行检测。

西北区域：对大钻具螺纹应进行荧光磁粉和超声波“双探伤”检测，无磁钻铤螺纹进行超声波和渗透探伤检测。对加重钻杆螺纹、中间耐磨辊与本体过渡区、接头耐磨带敷焊热影响区进行无损检测。

三、钻井现场、维修后及特殊情况下无损检测周期

1. 钻井现场探伤

在钻井周期比较长或钻具不能及时回收的情况下，应对钻具进行现场检测。检测过程

中重点注意钻具螺纹连接部位、钻杆内加厚过渡带消失部位和钻铤操作槽等部位的裂纹缺陷。

钻井现场的钻具，一般情况下应逐一卸扣下钻台采用“场地摆放”方式检测。

探伤周期内的钻具，如需加密探伤，探伤方式及探伤内容根据实际情况由现场自主决定。加密探伤不计入检测周期。

2. 维修后的探伤要求

钻具的维修主要包括：螺纹损伤后的加工、本体弯曲后的校直以及管体表面轻微损伤后的修磨。维修后的钻具除了进行尺寸方面的检测，还应进行无损检测，以排除维修过程产生的缺陷或失效。

修复后的铁磁性螺纹进行荧光磁粉检测，无磁螺纹进行渗透检测。经过校直的钻具应对管体全覆盖超声检测，并对校直影响区进行磁粉检测。钻杆表面咬痕达到 0.3mm 以上时，应打磨处理后进行荧光磁粉检测。

3. 特殊情形下的探伤要求

在井口硫化氢浓度超过 30ppm 环境下使用过的钻具，应采取冬季室外存放不低于 6 个月、夏季室外存放不低于 3 个月或其他消氢处理措施后对管体和接头进行全覆盖超声波探伤检测。

气体钻井中使用的钻具无损检测周期为正常检测的 20%～40%。

长期用于处理复杂或经过故障工况（如顿钻，严重蹩钻、跳钻，卡钻，泡酸等）的钻具应现场探伤，不计入检测周期，探伤方式如下：

① 顿钻处理后，应对加重钻杆及以下钻柱采取“场地摆放”方式探伤，钻杆采用“起下钻探伤”方式探伤。

② 处理卡钻故障后，对卡点以上钻杆进行“起下钻探伤”，卡点以上非钻杆类钻具采取“场地摆放”方式探伤。

③ 钻进过程中遇蹩、跳钻严重的井段，根据现场使用情况进行加密探伤。

④ 长时间泡酸的钻具，故障处理完后应送管具公司进行分级检测。

⑤ 加重钻杆及以下钻具发生断裂故障，应对井内所有钻铤、转换接头及加重钻杆采用“场地摆放”的方式探伤；钻杆发生断裂故障后，采用“起下钻探伤”方式对钻杆探伤。

注：以上现场探伤中，条件允许下，建议均采取“场地摆放”方式进行探伤。

第四节 钻具存放

钻具存放是指钻具不在工作状态下的放置管理，包括管具公司厂区的储存、钻井现场下钻前和起钻后的存放以及运输过程中的暂时放置等。钻具的存放场地主要为管具公司厂区和钻井现场。

钻具存放的管理目的是维持钻具的合格质量，管理措施包括分区标识存放、定期防腐等。

本节讲解了不同存放地点的存放要求以及维护措施等。

一、管具公司场地存放

1. 存放分区及标识

钻具在场地上按照检验状态分区存放，检验状态分为四种：合格、不合格(报废)、待检验、待判定。检验状态的标识方式通常有三种方式：挂牌标识、分区后地域标识、在产品上直接标识。详见图 3-1。

图 3-1　现场标识

从井场回收的钻具或者新进货的钻具放入待检验区，质检员检验后，合格品放入合格品区(或成品区)，需要修理的放入待修区，不合格的放入不合格品区(报废区)，修理完成后经检验合格也放入合格品区。

合格品区的钻具按照名称、规格、钢级、级别、批次以及制造厂家分类存放保管，并挂牌标识好每一管架台上的钻具信息。

2. 合格品存放要求

钻具存放在距地面 0.3m 以上的管架上，管架间跨距为 3~4m，每层间的垫杠要平直，尽量规格一致。钻具叠放时应采取防滑措施，叠放层数最多不超过 6 层(十字堆放不受此限)。管架基础要牢固、平整，垫杠上下要对齐，垫杠材质的硬度宜低于所摆放钻具的硬度。

叠放层数不超过 3 层的钻具至少有 2 个支撑点，叠放层数超过 3 层的钻具要有 3 个支撑点，且所有支撑点应均匀分布。

钻具分类存放时，以内螺纹接头为基准排列整齐，钻杆的橡胶护箍要卸掉，以防橡胶变质损害螺纹。

钻具存放时为维持螺纹的使用性能，要定期进行防锈防腐处理，若有锈蚀，应设法除去后再进行防腐，一般防腐周期不超过 6 个月，在雨季前或者雨水多的地区宜多进行一次防腐。防腐使用专用防腐油或防锈油，用毛刷均匀涂刷全部螺纹面和台肩面，直至没有裸露的金属部分。

存放的钻具上面不得放置重物及酸、碱性化学药品，不得在上面进行电、气焊作业。

二、钻井现场存放

钻具到井队现场后，应核对其规格、数量和钢级并分类摆放，摆放在距离地面 0.3m 以上的管架上，均匀摆放，每根钻具至少有 2 个支撑点。钻具内螺纹端朝向钻台方向，其中钻铤和方钻杆建议单独存放，方钻杆至少有 3 个支撑点。钻具上不得放置重物及酸、碱性化学药品，不得在上面进行电、气焊作业，不允许将钻具作为焊接搭铁线，以避免损伤钻具。

三、运输过程中的存放要求

钻具在运输过程中以安全为主，同时要防止碰撞等损坏钻具质量。装车时按照内、外螺纹接头分别排顺，长短有别，内螺纹应朝向车头方向。钻具在运输过程中应戴好护丝，尤其特殊螺纹接头的钻具，应注意螺纹连接部位的保护。

长途运输时钻具要进行包装，包装数量按钻具种类和规格适宜处理。钻具应整齐平放在垫木上，底层垫木要求三道，垫木间距 3m 左右。当钻具多层排放时，层间至少应垫上三道垫木，垫木要与钻具轴向垂直平放，层间垫木两头要用楔形木卡紧。包装带推荐用宽 30~40mm 的扁铁，在距垫木 100mm 左右进行包装，一般用三道，捆绑牢固后端部用钢卡卡牢，不准焊接，以防损坏管体。

考虑到方钻杆的长度，短途转运方钻杆时，要使用专用架，长途运输时应装在套管内，两端拴牢。

参　考　文　献

[1] SY/T 6268—2017 油井管选用推荐作法[S].

[2] Q/SH 0018—2011 川东北天然气井钻具配套、使用与维护技术规范[S].

[3] Q/SH 0010—2019 气体钻井技术规范[S].

[4] SY/T 6543—2019 欠平衡钻井技术规范[S].

[5] Q/SHXB0020—2020 钻具管理规范[S].

[6] SY/T 5369—2012 石油钻具的管理与使用 方钻杆、钻杆、钻铤[S].

[7] 中工制〔2022〕85 号《钻具管理细则》.

第四章　钻杆生产

20世纪60年代以前，钻杆由管体与接头通过细牙螺纹烘装而成，这种结构的钻杆在使用中两细牙螺纹啮合处经常疲劳断裂，造成井下断钻杆的恶性事故，其使用寿命短，成本高，断裂后又无法修复再生，因而已被淘汰。70年代初，加压气焊及闪光对焊技术用于旧钻杆的修复和新钻杆的生产，但这两种焊接方法的焊接工艺参数不易控制，若焊接工艺不当，往往在焊接部位因粒状或块状氧化物和硅酸盐类非金属夹杂物残留在焊缝中，形成致命的浅平微坑状焊接灰斑缺陷。存在灰斑缺陷的对焊钻杆在使用中极易导致早期脆性断裂，远远不能满足钻井要求，因此这两种焊接方法也逐渐被淘汰。

为满足钻井技术对钻杆的要求，出现了一种新型钻杆生产技术——**旋转摩擦焊接工艺**。

旋转摩擦焊接方法由于加热时间短，热影响区狭小(焊缝两端均不超过20mm)，焊接加压顶锻能挤掉焊缝中产生的有害夹杂物微粒等，使钻杆焊接质量大大提高，避免了闪光焊等焊接方法易产生的各种有害焊接缺陷。随着摩擦焊工艺的不断改进和完善，以及焊接参数控制程序化和自动化，焊接质量进一步稳定提高，且生产效率高、成本低。当今摩擦焊工艺在钻杆生产工艺中占主导地位。

本章主要介绍钻杆生产中的旋转摩擦焊接工艺。

第一节　钻杆生产工艺概述

一、概述

世界上著名的钻杆生产厂商有美国格兰特钻具公司(现已被美国国民油井公司收购)和法德合资的瓦姆公司，两家的生产能力约占全世界的一半。

国内具有代表性的钻杆生产企业有江苏曙光华阳钻杆有限公司、渤海能克钻杆有限公司、上海华实海隆石油装备有限公司、山西风雷钻具有限公司、无锡西姆莱斯石油专用管制造有限公司、江阴德玛斯特集团等，普通钻杆已经完全替代了进口，并形成了一定的出口能力。

目前国内外钻杆生产商已经写成了成熟的钻杆生产工艺，基本工序包括：

1. 管体准备

管料入厂验收→管端加厚→管体热处理→压力校直→力学性能试验→管体探伤→端部加工。

2. 内螺纹接头加工

原材料验收→锯切→接头毛坯热处理→力学性能检验→硬度检验→超声波探伤→仿形加

工→螺纹加工→磁粉探伤→成品检验→标志→冷滚压(必要时)→磷化→上卸扣试验(必要时)。

3. 外螺纹接头加工

原材料验收→锯切→接头加热、锻压→粗加工→接头毛坯热处理→力学性能检验→硬度检验→超声波探伤→仿形加工→螺纹加工→磁粉探伤→成品检验→标志→冷滚压(必要时)→磷化→上卸扣试验(必要时)。

4. 内螺纹接头与管体的焊接

车管体接头焊区端面→摩擦焊接→焊区退火→飞边车削→焊区热处理→力学性能试验→焊区、焊颈、内螺纹接头外圆精加工→车吊卡台肩锥面→磁粉探伤→超声波探伤→焊耐磨带(必要时)→检验。

5. 外螺纹接头与管体的焊接

车管体接头焊区端面→摩擦焊接→焊区退火→飞边车削→焊区热处理→力学性能试验→焊区精加工→磁粉探伤→超声波探伤→焊耐磨带(必要时)→检验。

6. 喷涂内涂层

涂料检验→钻杆内壁检验→钻杆热清洁→底漆喷涂→底漆烘烤→面漆喷涂→面漆烘烤→面漆固化→内涂层检验。

7. 成品检验

测长称重→上护丝、喷标→最终检验→打包、发货。

其中关键工艺为内螺纹接头、外螺纹接头与管体的摩擦焊接。

二、摩擦焊接工艺简介

旋转摩擦焊接(Rotary Friction Welding):在压力接触下，一个工件相对于另一个工件沿着同一轴线旋转使温度升高，并使结合面材料塑性置换的固态焊接。

旋转摩擦焊接可分为直接驱动和惯性驱动。

钻杆摩擦焊接是通过管体和接头间相对运动产生摩擦热能使接合面加热到锻造温度，在顶锻力作用下通过材料的塑性变形和扩散过程，形成固态连接的焊接方法。

钻杆摩擦焊接生产线可分为4个工段11个工序，4个工段分别是焊前准备、摩擦焊接、焊缝热处理、无损检测及辅助。如图4-1所示。

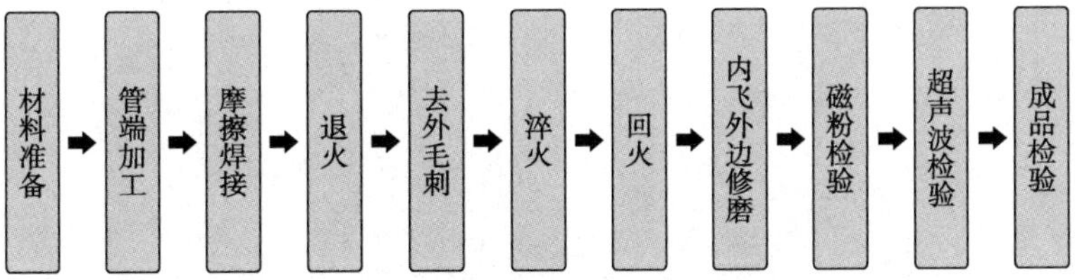

图4-1 钻杆制造工艺流程图

在图4-1中：

第一工段是焊前转备工段，包括材料准备和管端加工两个工序。

材料准备是指通过自动输送线将管体从室外管架输送到室内生产线上，对管体的规格、外观尺寸、内外径、加厚过渡区域等进行检验，并对接头的规格、焊颈、内外径等进行检验，对检验合格的管体、接头进行生产编号。

管端加工是利用管螺纹车床对管体两端进行金属加工，将端面、内外表面加工到规定尺寸，目的是去除氧化组织和油污，为摩擦焊接做准备。

第二工段是摩擦焊接工段。

摩擦焊接是生产的关键工序，它是利用摩擦焊机将钻杆接头与已加工好的管体焊接在一起，并利用焊机主轴的内冲杆将内毛刺(内飞边)去除。

第三工段是焊缝热处理工段，包括焊缝的退火、去外毛刺、淬火、回火 4 个工序，是生产中最为重要也是最为复杂的工段。

焊缝退火是利用中频感应加热至一定温度，消除摩擦焊热影响区的内应力，降低焊接毛刺硬度，为后续车床加工做准备。

去除外毛刺(外飞边车削)是利用管螺纹车床对退火后的外表面毛刺(外飞边)进行金属切削，毛刺的去除既是钻杆使用功能的要求，又是为后续的焊缝调质处理及无损检测做准备。

摩擦焊后虽然强度没有降低，但综合机械性能不能达到使用要求，因此，还需要进行调质处理(焊缝淬火+回火)。焊缝淬火是用中频将焊缝热影响区加热至一定温度，采用大流量水基淬火液快速冷却到室温，以获得 90%以上的马氏体组织，再经过高温回火后得到性能稳定的回火索氏体，达到提高焊缝组织综合机械性能的目的。

第四工段是无损检测及辅助工序，包括内外圆修磨、磁粉探伤、超声波探伤、成品检验等 4 个工序。

内外圆修磨是对钻具焊缝进行磨削，以满足工艺要求。**磁粉探伤**是利用荧光磁粉对焊缝表层的缺陷进行检查，**超声波探伤**对内部缺陷进行检查。**成品检验**是将探伤合格后的钻杆逐根进行焊区硬度检验、水眼通畅度检查，全部合格后进行称重、测长、出库。

三、主要生产设备

1. 惯性摩擦焊机

惯性摩擦焊机主机具有操作简单、性能稳定、参数控制精准、过程记录完整等优点，平均单根钻杆纯焊接时间为 100s/根，焊接质量稳定可靠，如图 4-2 所示。

图 4-2 惯性摩擦焊机

主要性能参数如下：
年生产能力：1 万 t
可焊接钻杆规格：2⅜″~5½″
钢级：E75　X95　G105　S135
接头长度：270~450mm
管体长度：2~9m

2. 感应加热用半导体变频装置

感应加热用半导体变频装置性能稳定，且维护简单，无同步变压器、快熔损坏指示器和中频电流信号互感器，且无任何中间继电器，连线极少。采用三相交流输入线不分相序，中频输出线不必区别相位，现场调试极为方便。使用功率范围 25~1500kW，频率 200~8000Hz。

3. 管螺纹车床

管螺纹车床可进行管螺纹加工，车削公制和英制的圆柱、圆锥管螺纹。在钻杆生产过程中主要承担车削外圆、端面加工、镗孔等工作。夹持直径：60~219mm，可加工钻杆尺寸：2⅜″~6⅝″。

第二节　摩擦焊钻杆材料规范

为保证钻杆制造使用的原材料合格优质，应制定摩擦焊钻杆材料规范。规范包括主要材料的进货检验，包括接头、管体的检验。

一、进货检验规范

钻杆摩擦对焊时使用的主要材料的进货检验，包括接头、管体的检验。

1. 接头进货检验

接头检验要求见表 4-1。

表 4-1　接头检验要求

序号	检验项目	要求	检验频次	检验方法
1	接头形式、尺寸、公差	尺寸检验包含接头外径，接头长度，焊区长度，焊区内径，焊区外径，螺纹内径的检验(相关参数要求见技术协议与接头图纸)	按批进行	抽检，抽检率不低于 10%，且不低于 13 件
2	硬度	内外螺纹接头表面硬度 285~341HB	按批进行	
3	螺纹紧密距	外螺纹：$S_{2-0.13}^{+0.25}$ mm 内螺纹：$(S-S_1)_{-0}^{+0.25}$ mm	按批进行	
4	表面缺陷和缺欠	不应有以下任何缺陷： 1. 螺纹对应面及端部出现任何缺欠； 2. 其余部位任何线性缺欠及长度超过圆周 25%或深度超过 3.2mm 的非线性缺欠； 3. 裂纹	按批进行	

螺纹保护器检验要求见表 4-2。

表 4-2 螺纹保护器检验要求

序号	检验项目	要求	检验方法	检验频次
1	外观	无裂纹、碰伤等缺陷	目测	每批次 1 件
2	尺寸	外径检查；壁厚尺寸	游标卡尺	
3	合格证	材料性能满足标准要求	核对质保书	

2. 管体检验

管体检验要求见表 4-3。

表 4-3 管体检验要求

序号	检验项目	要求	检验频次	检验方法
1	加厚形式、外观尺寸	尺寸检验包含管体外径、管端内径、管端外径、内加厚长度、外加厚长度、壁厚的检验	按批进行	抽检，抽检率不低于 10%，且不低于 13 件
2	平直度	进行平直度目视测量，可疑的弯管或弯曲末端的平直度进行拉线检测，从管体一端到另一端测量的弦高不应大于总长度的 0.2%，偏离测量不得在加厚面上或加厚过渡区进行	按批进行	抽检，抽检率不低于 10%，且不低于 13 件
3	通径要求	用对应通径规进行端部通径，通径规长度 102mm，$d-1.5 \leq$ 外径 $\leq$ 待测内径	按批进行	
4	内加厚过渡区域	用在内加厚锥部区域不应存在挂住 90°钩型工具的任何锐角或截面突变	按批进行	
5	缺陷和缺欠	1. 不应存在表 4-4 规定的缺陷和缺欠 2. 淬火裂纹采用超声波无损探伤	按批进行	

管体表面的缺陷和缺欠见表 4-4。

表 4-4 管体表面的缺陷和缺欠

序号	项目	要求
1	管体表面开裂缺陷	1. 对于 E、X、G 钢级钻杆，径向深度大于规定壁厚 12.5%的线性缺欠，对于 S 钢级钻杆，径向深度大于规定壁厚 5%的线性缺欠，均为缺陷； 2. 缺欠上方或下方的壁厚小于规定壁厚 87.5%的线性或非线性缺欠为缺陷
2	加厚表面开裂缺陷	1. 对所有钢级管体，深度超过或等于规定壁厚的 12.5%的非线性缺欠视为缺陷； 2. 对 E 级钻杆管体，深度等于或超过规定壁厚的 12.5%的线性缺欠，视为缺陷； 3. 对 X、G、S 级钻杆管体，深度等于或超过规定壁厚 5%的线性缺欠，视为缺陷
3	折皱	1. 对外加厚和内外加厚，在加厚、锥部和靠近管体处折皱深度达到规定管体壁厚的 5%以上为缺陷； 2. 对于内加厚在加厚和锥部的上方以及靠近管体处折皱深度达到规定管体壁厚的 5%以上为缺陷
4	淬火裂纹	所有检测出的淬火裂纹均为缺陷

3. 管体、接头资料验收

所有管体和接头均应有产品质量证明书，证明书的内容应符合 API 5DP 规范要求，且满足进货技术协议的所有要求，特别是性能检测报告需注明检测条件等内容。证明书包括：

① 产品规格、型号、数量以及依据标准等内容；

② 产品合格证，包括外观、尺寸等内容；

③ 材质报告及化学分析；

④ 机械性能检测报告；

⑤ 无损检测报告；

⑥ 产品可追溯性信息。

第三节　钻杆摩擦焊接及热处理工艺

摩擦焊之所以在钻杆制造行业被广泛应用，最主要的原因是所制造的钻杆质量稳定可靠，影响焊接质量的因素少，而且这些因素稳定、易测量、易于再现和实现自动控制。

影响焊接的参数主要有：焊接速度、焊接压力、镦粗位移量、冷却时间等。

各项参数的作用机理是：在摩擦焊接钻杆时，依靠摩擦焊机主轴转速和摩擦力产生的摩擦热能来加热焊接面，加热温度和梯度要适当，既要使焊缝部位的金属接近熔融状态产生塑性变形和扩散，又不可使金属过热，因此要合理选择焊接压力和焊接速度，来保证合适的镦粗位移量，从而获得理想的金属组织和力学性能。

由于在焊接过程中，焊缝和周围热影响区、管体和接头的心部和表面存在温度差，热胀冷缩不一致会产生热应力，组织在转变过程中因不同相的比容不同，引起晶体体积膨胀的不均匀产生组织应力。在热应力和组织应力的共同作用下，容易使焊区产生变形和开裂，所以必须对焊缝进行热处理，提高综合机械性能。

一、焊前准备

1. 材料准备

通过自动输送线将管体从室外管架输送到室内生产线上，用单臂吊将接头摆放到摩擦焊工位的上料架上，进行检验、编号。

管体需检验的主要项目包括：管体规格、外观尺寸、内外径、加厚过渡区域、表面缺陷等。

接头需检验的主要项目包括：规格、焊颈、内外径、长度、端面等，检验要求参照本章第二节。

检验合格的管体、接头逐一进行生产编号，且需保证管体、接头生产编号能够对应，接头、管体的生产编号均按照本章第五节的要求执行。

2. 管端加工

要保证焊接质量，焊前还必须对管体和接头进行端面的机械加工，一方面要保证将材料的外径和内径加工到规定尺寸，保证两边焊接面积相等，焊接时能够完全接触；另一方面管体的端面至少要切除 10mm，保证管体的端面氧化组织彻底清除，必须将端面的黑皮、铁锈、油污和灰尘等彻底清除。

二、工艺规范

1. 摩擦焊接参数的选择

由于不同规格钻杆尺寸不同，焊接参数也有所变化，通过理论计算和工艺评定，拟定以下规格钻杆的焊接参数，见表4-5。

表4-5　各种规格钻杆的焊接参数

规格＼参数	飞轮	焊接速度/RPM	焊接压力/MPa	镦粗位移评定值/mm	冷却时间/s
5½″×10. 54×5½FH	1+3	770~955	15. 8~19. 3	13. 81~16. 87	15
5½″×10. 54×ZY54 5½″×10. 54×DS55	1+3	690~850	14. 4~17. 6	13. 51~16. 51	15
5″×9. 19×NC50 5″×9. 19×ZY52	1+3	690~850	11. 7~14. 3	13. 41~16. 39	15
4½″×13. 5×ZY43	1+3	690~850	9. 9~12. 1	14. 13~17. 27	15
4″×10. 92×ZY39 4″×9. 65×HLST39	1+2	640~800	9. 5~11. 7	13. 91~17	15
3½″×9. 35×NC38	3	600~740	7. 2~8. 8	13. 41~16. 39	15
3½″×9. 35×ZY31	3	600~740	6. 8~8. 3	13. 68~16. 72	15
3⅛″×12. 7×ZY31	3	660~820	9. 9~12. 1	13. 82~16. 89	15
2⅞″×9. 19×NC31 2⅞″×9. 65×ZY29	1	675~825	5~6. 1	12. 87~15. 73	15
2⅜″×7. 11×2⅜IF(NC26)	0	700~860	3. 2~3. 9	9. 99~12. 21	15

注：转动能量根据公式 $E=1/2(Iw^2)$ 可计算得出，由于焊机显示无此项目，故不特意列出。

当钻杆的规格发生变化时需做工艺评定。

2. 热处理规范

摩擦对焊钻杆热处理采用焊后退火+淬火+回火的热处理方式(2⅜″钻杆除外)，均采用2000Hz中频感应加热。

(1) 退火工艺

退火热处理主要是为了使焊缝区域组织更加均匀，降低内应力及焊接部位硬度，且有利于车削工序的进行。

退火工艺参数主要包括退火温度和保温时间。

不同规格的钻杆要采用不同的退火参数，拟定参数见表4-6。

表4-6　常用钻杆退火参数

规格＼参数	退火温度/℃	保温时间/s
5½″×10. 54×5½FH	680~740	120
5½″×10. 54×ZY54 5½″×10. 54×DS55	680~740	120

续表

规格 \ 参数	退火温度/℃	保温时间/s
5″×9. 19×NC50 5″×9. 19×ZY52	680~740	100
4½″×13. 5×ZY43	680~740	100
4″×10. 92×ZY39 4″×9. 65×HLST39	680~740	100
3½″×9. 35×NC38	680~740	80
3½″×9. 35×ZY31	680~740	90
3⅛″×12. 7×ZY31	680~740	100
2⅞″×9. 19×NC31 2⅞″×9. 65×ZY29	670~730	80
2⅜″×7. 11×2⅜IF(NC26)	630~700	10

当钻杆的规格发生变化时需做工艺评定。

(2) 淬火工艺

淬火热处理主要是为了在焊接区域得到足够的马氏体组织，提高焊缝区域的硬度和强度。

淬火工艺参数主要包括淬火温度、保温时间、淬火时间等，见表 4-7。淬火液型号为 KR6480。

表 4-7 常用钻杆淬火工艺参数

规格 \ 参数	淬火温度/℃	保温时间/s	淬火时间/s	淬火液浓度/%
5½″×10. 54×5½FH	840~900	60	112	3~5
5½″×10. 54×ZY54 5½″×10. 54×DS55	840~900	60	112	3~5
5″×9. 19×NC50 5″×9. 19×ZY52	840~900	35	95	3~5
4½″×13. 5×ZY43	840~900	35	95	3~5
4″×10. 92×ZY39 4″×9. 65×HLST39	840~900	35	85	3~5
3½″×9. 35×NC38	840~900	35	70	3~5
3½″×9. 35×ZY31	840~900	35	70	3~5
3⅛″×12. 7×ZY31	840~900	35	95	3~5
2⅞″×9. 19×NC31 2⅞″×9. 65×ZY29	840~900	28	75	6~7

当钻杆的规格发生变化时需做工艺评定。

(3) 回火工艺

回火热处理主要是为了消除焊缝区域淬火时产生的内应力，降低其脆性，提高韧性，以达到要求的机械性能。

回火工艺参数主要包括回火温度和保温时间。

不同规格的钻杆要采用不同的回火参数，拟定参数见表4-8。

表4-8 常用钻杆回火工艺参数

规格＼参数	回火温度/℃	保温时间/s
5½″×10.54×½FH	650~710	216
5½″×10.54×ZY54 5½″×10.54×DS55	650~710	216
5″×9.19×NC50 5″×9.19×ZY52	650~710	180
4½″×13.5×ZY43	650~710	180
4″×10.92×ZY39 4″×9.65×HLST39	650~710	180
3½″×9.35×NC38	650~710	150
3½″×9.35×ZY31	650~710	150
3⅛″×12.7×ZY31	650~710	180
2⅞″×9.19×NC31 2⅞″×9.65×ZY29	650~710	150
2⅜″×7.11×2⅜IF(NC26)	630~670	90

当钻杆的规格发生变化时需做工艺评定。

注：夹角，预热，环境，加热过程的使用等变量与此焊接过程不相关；除其他的热处理设备要求外，附加说明焊缝加热圈宽度设定为15mm；所使用的接头长度尺寸公差应在标准公差(+5~0)mm以内。

3. 焊前及焊后工艺

① 焊前接头和管体均要进行端面的处理，端面的黑皮、铁锈、油污和灰尘等彻底清除。

② 外飞边的清除：采用车削方式进行，车削表面不得留有加工台肩。

③ 内外焊区的修磨：采用砂轮机进行修磨，使焊缝内外表面平整光滑，不得留有加工台肩，且不得挂住90°钩型工具。

④ 检验按《钻杆制造检验规范》进行。

4. 工艺要求

① 新产品批量生产前须进行工艺评定。

② 批量生产时要根据《钻杆制造检验规范》定期进行性能检测，以确定工艺的稳定性。

5. 质量记录

① 钻杆摩擦对焊工序质量记录卡(一)；

② 超声波探伤报告；

③ 磁粉探伤报告。

三、惯性摩擦焊机作业程序

1. 准备工作

① 查看设备运转记录，了解设备运转情况。

② 检查设备的水、油、电通畅，无泄漏情况。

③ 检查液压油箱、润滑脂罐是否缺油。

④ 检查滑台轨道面有无杂物，润滑情况。

⑤ 检查安全门有无变形，门锁是否正常，护栏有无变形。

⑥ 检查管体、接头端面有无油、锈，保证端面清洁。

⑦ 检查冲头安装是否正确到位。

⑧ 每周对焊机的旋转速度、焊接位置、顶力进行一次模拟测试。

2. 启动焊机

① 闭合总电源柜断路器，启动冷却塔水泵电机和风扇，关闭安全门。

② 旋开 PLC 控制柜和操作台的急停按钮。

③ 点击操作屏，进入中文模式。

3. 热机

① 点击“进入主程序系统目录”。

② 按动“设备启动”按钮，启动主电机。

③ 按“状态复位”按钮。

④ 点击“手动模式”，“手动模式”显示黄色。

⑤ 点击“进入登录系统目录”“进入运行系统目录”按钮。

⑥ 按下“安全模式”按钮，同时依次点击“接头夹具夹紧”“对中夹具夹紧”“管体夹具夹紧”“滑台归初始位”。

⑦ 点击“进入登录系统目录”。

⑧ 按下“安全模式”按钮，同时点击“热机模式”。

⑨ 待热机完成后，按下“周期停止”按钮，再按“重启”，同时打开安全门。

4. 焊接自动模式启动

① 点击“手动模式”，“手动模式”显示黄色。

② 按下“安全模式”按钮，同时点击“回归初始位”，直到“回归初始位”变为绿色。

③ 按下“周期停止”按钮，再按“重启”按钮。

④ 点击“自动模式”，自动模式启动。

5. 运行焊接程序

① 将接头装入主轴夹具内，按上料站的“主轴夹紧”按钮，关上安全门。

② 管体进料，直到管体前端碰到接头端面。

③ 按下“安全模式”按钮，同时按下“周期开始”按钮，焊接开始，上料站指示灯亮起。

④ 焊接结束，待滑台夹具全部松开后，退出钻杆，下料。

⑤ 下根钻杆的焊接按照5进行。

⑥ 焊接参数见《1#摩擦对焊工艺规范》。

6. 停机

① 松开所有夹具，卸载压力。

② 短时间(2~3天)停机时，按下急停按钮，关闭显示器电源和冷却水泵电源，禁止切断总电源。

③ 长时间停机时，切断总电源，关闭冷却水泵电源。

7. 注意事项

① 焊接过程中保持安全门关闭，不得强行打开和穿越安全门。

② 运行过程中观察各路液压油压力是否稳定，出现旋转夹具或滑动夹具松动、液压管线漏油等情况，必须紧急停车。

③ 注意观察主电机声音是否正常。

④ 在整个焊接过程中，观察是否有异常声音出现，如有应停机检查。

8. 相关质量记录

钻杆摩擦对焊工序质量记录卡(一)。

四、退火热处理作业程序

焊缝退火是利用中频将焊缝组织加热到660~710℃左右，保温80~120s左右在空气中冷却，不同规格钻杆的加热温度和保温时间需进行工艺评估后确定，常用钻杆参数可参照表4-6。退火的目的在于消除焊接产生的内应力，降低毛刺硬度以便于车床切削加工。摩擦焊接后的钻杆应及时进行退火处理，防止裂纹和变形的产生。

1. 准备工作

① 查看循环冷却水塔储水量及水温。

② 查看热处理装置使用记录情况。

③ 启动冷却循环水电机，检查水路有无堵塞、漏水等情况。

④ 调整循环水压，观察各压力表，压力表读数应在0.1~0.3MPa范围内。

⑤ 水压调整好后，循环5~10min，使水压保持稳定。

2. 启动中频装置

① 将操作柜上“控制电源”开关扳至“启”的位置。

② 将中频电源“控制电源”开关扳至“启”位置。

③ 合中频电源柜断路器开关。

④ 将中频电源“中频启动”开关扳至“外”位置。

⑤ 将操作柜上的“自动/手动”开关扳至“自动”位置。

3. 操作台操作

① 启动计算机监测程序。

② 检查测温仪退火温度设置及保温范围、时间。具体工艺参数见《摩擦对焊工艺规范》。

③ 按“辊道上升”和“辊道前进”按钮，将钻杆焊区送入感应圈，调整座架至焊区位于感应圈中心。

④ 按“中频启动”按钮，加热开始，观察显示温度。

⑤ 保温计时器计时结束后，按“辊道后退”和“辊道下降”按钮，退出钻杆。

⑥ 再进行相同规格的钻杆热处理时，只需从第④步开始操作即可。

⑦ 热处理完后，依次进行以下操作：

a. 将操作柜上“自动/手动”开关扳至“停”位置。

b. 将中频电源柜“中频启动”开关扳至“停”位置。

c. 断开中频电源柜断路器开关。

d. 将中频电源柜“控制电源”开关扳至“停”位置。

e. 将操作柜“控制电源”开关扳至“停”位置。

f. 1h 后关闭冷却循环水泵电机。

4. 注意事项

① 循环冷却水进水温度不超过 35℃，工作环境温度-5~40℃。

② 操作过程中，现场验证加热区域是否位于焊缝位置。

③ 加热过程中，若有焊缝局部温度过高，受热不均匀，应转动钻杆，使温度过快处偏离测温点。

④ 冷却循环水如不畅通，应立即停止加热。

⑤ 中频装置停用期间，应排除管内存水，并进行干燥处理。

⑥ 对中频装置内的可控硅冷却水管应定期检查。

5. 相关质量记录

钻杆摩擦对焊工序质量记录卡(一)。

五、外飞边车削作业程序

外飞边车削是指利用车床对退火后的外表面毛刺进行金属切削，毛刺的去除既是钻杆使用功能的要求，又是为后续的焊缝调质处理及无损检测做准备。

1. 装夹钻杆

① 将摩擦焊接后并经过了焊后热处理的钻杆装入管螺纹车床中心孔，焊区伸出前卡盘约 60~100mm。

② 按下后支架升起按钮，使后支架中心与主轴中心等高，如不等高则应进行调整。

③ 后卡盘夹紧。

④ 前卡盘夹紧并按接头外圆校正。

2. 车除外飞边

① 以接头焊区外径为基准调整车刀，用左偏刀车除管体侧飞边。

② 如有环状飞边套在管体上不便车除，则应用扁铲等工具剔除。

③ 车削后焊区外表面不得留有加工台肩，刀痕除外。

3. 卸下钻杆

① 将卡爪退入卡盘体内。

② 退出钻杆。

六、淬火、回火热处理作业程序

淬火后高温回火俗称调质处理，淬火是将焊缝组织加热870℃左右，保温70~112s后用淬火液快速冷却形成马氏体组织，淬火过程也会因高温加热产生内应力，所以淬火后的焊缝也应尽快进行回火处理，不同规格钻杆的加热温度和保温时间需进行工艺评估后确定，常用钻杆参数参照表4-7。

回火温度为650~680℃，保温90~216s通过高温回火，不仅消除了淬火内应力，而且改善了淬火组织，获得了回火索氏体，提高了焊区的综合机械性能。

1. 准备工作

① 查看循环冷却水塔储水量及水温。

② 查看热处理装置使用记录情况。

③ 启动冷却循环水电机，检查水路有无堵塞、漏水等情况。

④ 调整循环水压，观察各压力表，压力应在0.1~0.3MPa范围内。

⑤ 水压调整好后，循环5~10min，使水压保持稳定。

2. 启动中频装置

① 将操作柜上“控制电源”开关扳至“启”的位置。

② 将中频电源“控制电源”开关扳至“启”位置。

③ 合中频电源柜断路器开关。

④ 将中频电源“中频启动”开关扳至“外”位置。

⑤ 将操作柜上的“自动/手动”开关扳至“自动”位置。

⑥ 启动淬火液泵电机。

3. 操作台操作

① 启动计算机监测程序。

② 检查测温仪淬火温度设置及保温范围、时间。具体工艺参数见表4-7。

③ 按“辊道上升”和“辊道前进”按钮，将钻杆焊区送入感应圈，调整座架至焊区位于感应圈中心。

④ 按“中频启动”按钮，加热开始，观察显示温度。

⑤ 保温计时器计时结束后，立即按“辊道后退”按钮至焊区位于淬火圈中心位置，同时按下“喷淋启动”按钮，开始喷淋。

⑥ 喷淋结束后，按“辊道后退”和“辊道下降”按钮，退出钻杆。

⑦ 再进行相同规格的钻杆淬火时，只需从第④步开始操作即可。

⑧ 热处理完后，依次进行以下操作：

a. 将操作柜上“自动/手动”开关扳至“停”位置。

b. 将中频电源柜“中频启动”开关扳至“停”位置。

c. 断开中频电源柜断路器开关。

d. 将中频电源柜“控制电源”开关扳至“停”位置。

e. 将操作柜“控制电源”开关扳至“停”位置。

f. 关闭淬火液泵电机。

g. 1h 后关闭冷却循环水泵电机。

4. 注意事项

① 循环冷却水进水温度不超过 35℃，工作环境温度-5~40℃。

② 操作过程中，现场验证加热区域是否位于焊缝位置。

③ 加热过程中，若有焊缝局部温度过高，受热不均匀，应转动钻杆，使温度过快处偏离测温点。

④ 冷却循环水如不畅通，应立即停止加热。

⑤ 中频装置停用期间，应排除管内存水，并进行干燥处理。

⑥ 对中频装置内的可控硅冷却水管应定期检查。

5. 相关质量记录

钻杆摩擦对焊工序质量记录卡(一)。

七、内外圆磨削作业程序

在摩擦焊接过程中，钻杆接头和管体在轴向压力作用下，端面相互摩擦产生热量使其接触区域熔化，液态金属被挤压到内外两侧，形成了内飞边和外飞边。

外飞边通过车床车削进行去除后，其表面光洁度无法满足无损检测要求；内飞边通过摩擦焊机内冲，大部分已被去除，但由于内冲刀和管壁存在一定的间隙，在重力因素的作用下，内冲刀切除内飞边时会在焊缝区留下高低不等的残余金属。根据 API SPEC 5DP《钻杆规范》规定：焊区不应有任何尖角或截面突变，焊区内部型面不应挂住 90°钩形工具。因此，为了保证钻杆焊区型面达到制造工艺要求和无损检测要求，需要使用内外圆修磨机对焊区进行打磨。

1. 工作前准备

① 穿戴好劳保用品。

② 查看设备运转记录，了解设备使用情况。

③ 安装砂轮片和砂带，并紧固。

2. 内飞边修磨

① 接通电源和气源，钻杆进料。

② 测量好需要磨的准确位置，保证修磨以焊缝为中心 3cm 左右的范围。

③ 按下“自旋转”按钮，钻杆开始自转。

④ 开启斜汽缸和主电机电源，修磨机开始运转。

⑤ 修磨完后，将斜汽缸和主电机电源关闭，修磨机退出钻杆。

⑥ 修磨后，要借助灯光观察修磨情况，使焊缝内表面平整光滑，不出现直台阶。

⑦ 填写记录。

3. 外飞边修磨

① 接通电源和气源。

② 钻杆进料，升起托轮。

③ 启动皮带电机，扶稳操作杆，下压至钻杆表面，开始修磨，直至表面光洁无划痕。

④ 修磨结束后，升起操作杆和托轮，退出钻杆。

⑤ 填写记录。

4. 相关质量记录

钻杆摩擦对焊工序质量记录卡(一)。

第四节　钻杆成品检验

钻杆生产完毕后，为确保钻杆加工质量，需要对成品钻杆进行出厂质量检验。

钻杆的成品检验主要包括同轴度检测、焊区检测、焊缝试验等。

一、同轴度检测

平行性偏离：≤1.5mm；

角度性偏离：≤8mm/m。

钻杆接头的轴线在其外表面确定，钻杆管体的轴线在管体外表面至少400mm的长度上确定。

二、焊区检验

1. 目视检验

目视检验焊区内外表面应平整光滑。对可疑的内表面台阶应采用90°钩形工具进行检验，且不得挂住90°钩形工具。

2. 外径尺寸检验

用游标卡尺检测焊区外径尺寸，外径要求见表4-9。

表4-9　常用钻杆焊区外径尺寸

规格	外径/mm
5½″×10.54×5½FH 5½″×10.54×ZY54 5½″×10.54×DS55	142~144.5
5″×9.19×NC50 5″×9.19×ZY52	128~130.2
4½″×13.5×ZY43	112~114.3

规格	外径/mm
4″×10.92×ZY39 4″×9.65×HLST39	104~106.4
3½″×9.35×NC38	95~98.4
3½″×9.35×ZY31	87.5~88.9
3⅛″×12.7×ZY31	100~102
2⅞″×9.19×NC31	79~81
2⅜″×7.11×2⅜IF(NC26)	64~65.1

3. 壁厚检验

每根钻杆焊区均需采用超声波测厚仪进行测厚，测厚位置为焊线处，每条焊缝测量3点，测量点在周向间隔约120°，记录壁厚测量结果，各规格钻杆焊区壁厚要求见表4-10。

表 4-10 常用钻杆焊区最小壁厚

规格	最小壁厚/mm	规格	最小壁厚/mm
5½″×10.54×5½FH	21	4″×10.92×ZY39 4″×9.65×HLST39	16
5½″×10.54×ZY54 5½″×10.54×DS55	19	3½″×9.35×NC38	15
		3½″×9.35×ZY31	16.75
5″×9.19×NC50 5″×9.19×ZY52	17	3⅛″×12.7×ZY31	22
		2⅞″×9.19×NC31	13
4½″×13.5×ZY43	17	2⅜″×7.11×2⅜IF(NC26)	9

4. 压弯检测

采用压弯试验机对焊区进行压弯实验，目视无裂纹则视为合格。压弯工艺参数见表 4-11。

表 4-11 常用钻杆焊区压弯试验参数

规格	压力/MPa	承压块间距/mm	保压时间/s
5½″×10.54×5½FH 5½″×ZY54×10.54 5½″×10.54×DS55	13	500	3
5″×9.19×NC50 5″×9.19×ZY52	10	500	3
4½″×13.5×ZY43	6	500	3
4″×10.92×ZY39 4″×9.65×HLST39	6	500	3
3½″×9.35×NC38 3½″×9.35×ZY31	5	500	3
3⅛″×ZY31×12.7	4	500	3
2⅞″×9.19×NC31	2.5	500	3
2⅜″×7.11×2⅜IF(NC26)	1.5	500	3

5. 通径检测

采用圆柱形通径规进行从接头到管体加厚整段长度的通径检测，能顺利通过视为合格。通径规最小外径比公接头规定内径小 3.2mm。

6. 平直度检验

目视检查钻杆的平直度，对可疑的弯曲处通过以下方法检测：

用细线在钻杆管体两端(不包括加厚部分)之间拉紧，再用直尺测量出弦高的最大值，测量结果不得超过总长度的 0.2%，且距钻杆端部 1.5m 的长度范围内弦高最大值不得超过 3.2mm，否则视为不合格。

7. 长度测量

当供货协议上有要求时进行钻杆长度测量，测量值为公接头台肩面到母接头台肩面的距离，测量精度必须达到 0.01m，测量误差不超过±0.03m。

8. 焊区表面硬度检测

焊后逐根检验焊区硬度，每根在焊区外表面沿圆周相隔 120°±15°的三个位置进行硬度检验，三点的硬度≤341HB(37HRC)。如果任一硬度值超过标准值，应在其紧邻区域再进行一次硬度检验，重新测得的新硬度值如果满足要求则视为合格，如仍然不满足要求，则必须重新进行热处理后，再进行硬度检测。

9. 焊区无损探伤检验

每根钻杆的焊区均应按照《摩擦焊焊区磁粉探伤作业指导书》进行磁粉荧光探伤，不允许存在肉眼可见的裂纹及其他缺陷。如出现裂纹等缺陷，则应对缺陷处进行打磨，且打磨深度不大于 0.5mm，并保证打磨区平滑过渡，再重新检验，如果始终出现裂纹等缺陷则视为不合格。

对每根钻杆的焊区均应按照《超声波探伤作业指导书》进行超声波探伤检验，若缺陷产生的讯号高度等于或大于参考标样生产的讯号高度，则判为不合格。(探伤采用的参考标样应与被检材料公称直径、壁厚及热处理状态相同。)

10. 钻杆接头螺纹表面和密封面检查

对钻杆接头检查应进行 100%螺纹表面和密封面的检查，螺纹表面和密封面不允许存在碰伤。当发现螺纹表面和密封面存在碰伤时，进行修理。

11. 其他

核对工序质量记录卡。

检查每根钻杆检查管内是否有铁屑等杂物。如有，清除干净。

三、焊缝试验要求

钻杆焊区的抗拉强度、夏比冲击功、侧弯强度及全壁厚硬度的检验要将试件送到实验室按照 API SPEC 5DP 要求进行，其送检频率以同钢级相同热处理工艺的每 200 根为一批或低于 200 根时以焊接批次为一批。若代表一批产品的上述检验项目不符合规定，应从同批产品中另取 2 根钻杆进行复检，若复检结果都符合要求，则除最初不合格的那根管子外，这批管子合格。若复验结果有任一项不合格，则这批产品报废或重新热处理，重复热处理最多进行一次，重复热处理应按上述规定重新检验。

四、焊缝实验取样要求及相关检测标准

检测设备均需按照 API 5DP 的要求定期进行校检，且保存校检记录。

1. 拉伸试验

一组两个试样取自试件的焊区，焊缝应在试样的中心，试样要求加工成圆棒状，加工尺寸形式见图 4-3。试验标准采用 ASTM A370。

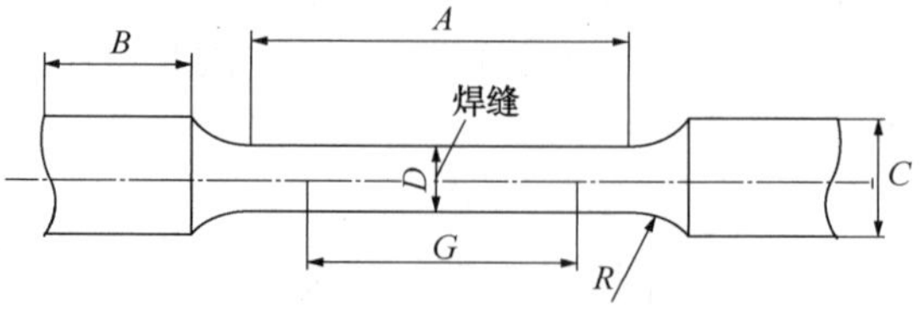

图 4-3　加工尺寸形式

尺寸见表 4-12。

表 4-12　焊区试样标准　　mm

	标准试样		与标准试样成比例的小尺寸试样
D—直径	12.7±0.10	8.9±0.08	6.4±0.05
G—标距	50.0	35.0	25.0
R—圆角半径，最小	10	6	5
A—缩减段长度，最小	60	45	32
B—夹持段	35	35	35
C—端部直径	20	14	10

注：以焊缝为中心加工试样，优先选用 12.7mm 试样。

2. 冲击实验

一组三个试样取自试件的焊区，焊缝应在试样的中心，试样加工样式如图 4-4 所示。试验标准采用 ASTM A370 和 ASTM E23。

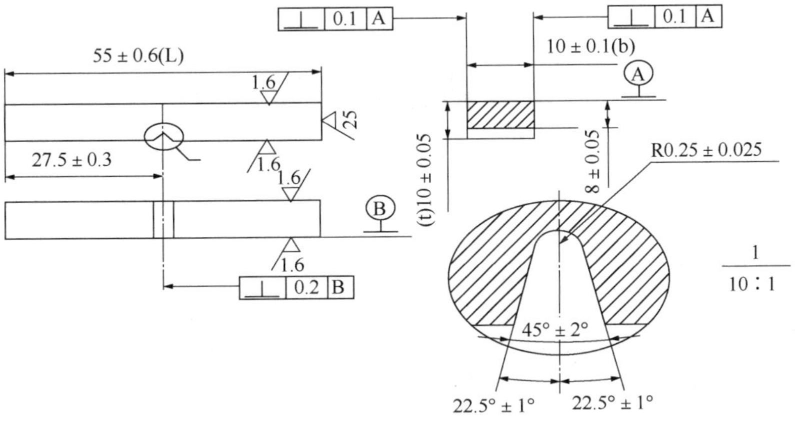

图 4-4　试样加工样式

L—长度；*t*—宽度；*b*—厚度

注：以焊缝为中心加工试样。V 形槽开在焊缝侧面。优先采用 $b \times t \times L = 10\text{mm} \times 10\text{mm} \times 55\text{mm}$ 的试样，可选择 10mm×7.5mm×55mm 或 10mm×5mm×55mm 试样。

3. 侧弯试验

一组两个试样取自试件的焊区，焊缝应在纵向试样的中心。试验试样应为全壁厚，宽度 9.5mm，长度 260mm，见图 4-5。导向弯曲试验按照 ASME 锅炉及压力容器规范第Ⅸ卷 QW-161.1 和 QW-162.1 段进行，试样应弯曲，直到试验的两翼在载荷下形成的角度不大于 40°，弯曲后焊区应完全在弯曲部分之内。

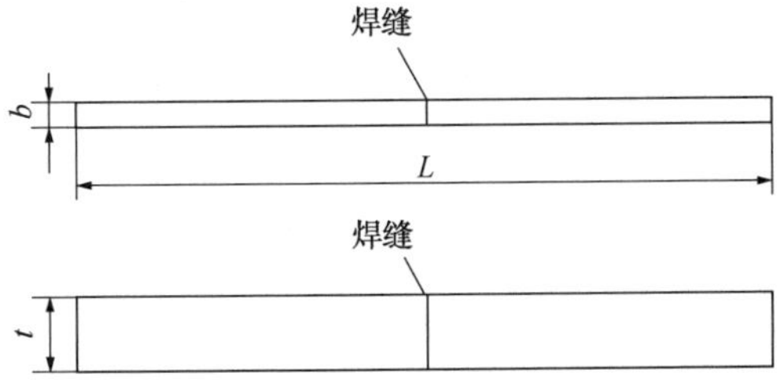

图 4-5　试验试样

b—宽度，9.5mm±0.2mm；*t*—管子全壁厚；*L*—260mm±2mm

注：以焊缝为中心加工试样，试样的棱边要倒角。

4. 全壁厚硬度试验

在焊缝钻杆管子和钻杆接头侧面上，距离内表面和外表面 2.5~6.4mm 测量的三个洛氏平均值，称为全壁厚硬度。试验标准 ASTM E18，硬度试样尺寸为 80×15×t（全壁厚长度），测试位置如图 4-6 所示。测量时，硬度压痕距离中心到中心测量的其他压痕的距离，不应小于 3 个压痕直径。

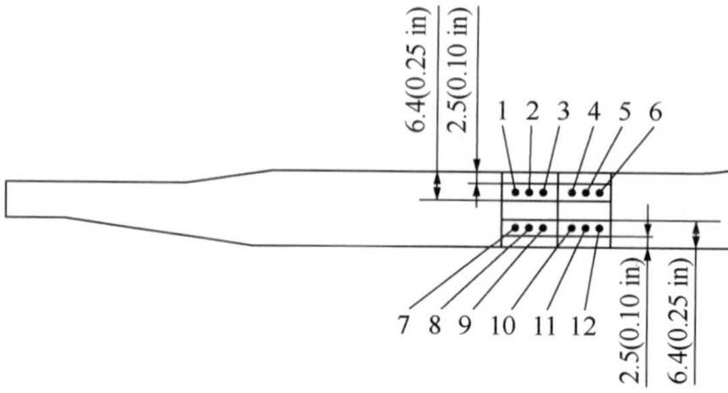

图 4-6 硬度测试位置

第五节 钻杆成品标识规范

一、概述

加工的钻杆应进行标识。

除非顾客另有要求，否则标识应采用钢模或喷漆或两者兼用的方法，除标识的位置、尺寸和顺序应符合本规范外，允许标识顾客所要求的附加标识。

二、钻杆标识

① 可追溯性标识：在外螺纹台止处用打码机进行标识，标记内容为：H-XXXXX（钻杆唯一性编码）。

② 管体上的钻杆标识（如顾客需要）：钻杆管体喷漆标识，距离内螺纹台肩大约 1m 处开始，示例如下：

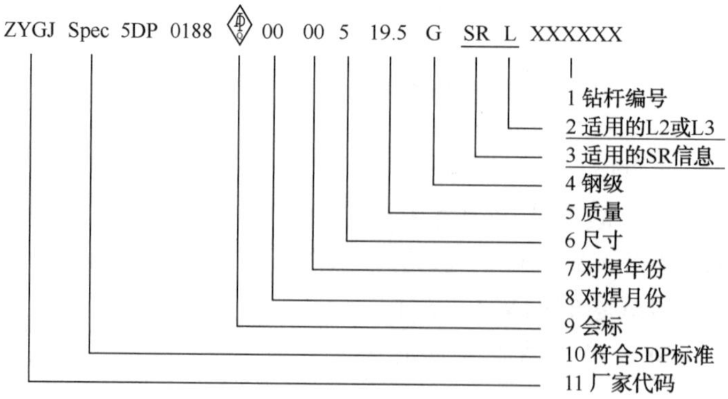

③ 接头上的钻杆标识：除供货协议中另有规定外，应在外螺纹接头台肩根部平直部位表面上打上钢印标记，标记顺序示例如下：

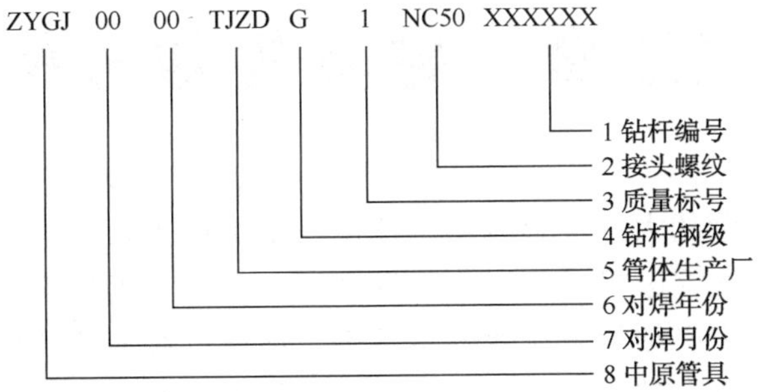

④ 喷漆字体尺寸：当钻杆规格≤4″时字高 4cm，钻杆规格≥$4\frac{1}{2}$″时字高 6cm。

钢印字体尺寸：当钻杆规格≤4″时字高 5mm，钻杆规格≥$4\frac{1}{2}$″时字高 7mm。

⑤ 若顾客有订货标记要求，按顾客要求标记。

参 考 文 献

[1] 王新新，陈友德．钻杆生产技术的发展与展望[J]．石油机械，1999，27(10).

[2] GB/T 29166—2021 石油天然气工业钢制钻杆[S].

第五章　钻具失效分析

钻具失效是钻井工程的大敌，影响钻进速度，增加成本投入，造成经济损失，严重的可能造成人员伤亡和工程报废。石油工程的发展历程及重大工程问题的解决都与失效分析密切相关。如：注酸解卡必须加入有效的缓蚀剂、钻杆过渡带的几何尺寸优化、超深井钻井液选择、高强度钻杆管材选用等等。钻具失效分析是判断失效性质、分析失效原因、给出预防措施的技术和管理活动。

本章介绍主要失效类型及原因、失效调查及判别，给出预防措施，最后给出典型失效案例供学习参考。

第一节　主要的失效类型

钻具井下的受力十分复杂，服役条件更是苛刻，包括：钻柱所承受的载荷性质(静载荷、交变载荷、冲击载荷)、加载次序、应力状态(拉、压、弯、扭、剪及各种复合应力)、温度、环境介质(空气、水、钻井液、H_2S、CO_2、NaCl)等。另外，还有由于钻具涡动引起的钻柱与井壁间的摩擦和高频撞击，钻柱在工作时还受磨蚀、磨损、黏滞力、氢脆、温度等因素的影响。

腐蚀、疲劳、过载、磨损、侵蚀、高温都可能导致钻具的失效。

钻具失效根据失效形式可以大致分为以下四类，这几类失效形式常常同时存在并交互作用。

一、断裂

断裂在钻柱事故中占的比例较大，危害也最严重。

主要包括以下几种：

1. 过载断裂

过载断裂(Overload Failure)是指钻具承受的外部载荷超过危险断面的极限强度时发生的断裂现象。

钻杆过载断裂一般都有明显的缩颈现象。

过载失效最有可能发生的部位是钻杆管体，更容易发生于近井口的钻杆或转化接头。

过载失效形貌常呈锯齿状，管体或断口附近会发生缩径。拉伸断裂表面经常表现出很大的塑性变形，一般断裂面方向与钻具轴线呈45°夹角。

复合载荷下的过载断裂：拉伸载荷和扭转载荷交互作用下，钻柱构件承受载荷的能力下降，比单独承载一种载荷的能力都小，失效可能发生在管体或工具接头外螺纹。在失效初期阶段，外螺纹被拉长，在极端情况下，外螺纹将被拉断。

2. 应力腐蚀断裂

应力腐蚀断裂(Stress Corrosion Cracking，SCC)是指金属材料在拉伸应力(或压应力下)和腐蚀介质共同作用下发生断裂破坏。

应力腐蚀断裂是钻具失效的常见形式。如钻具在含硫油气井中因硫化物应力腐蚀而断裂；钻具接触某些腐蚀介质(如盐酸、氯化物类)时的应力腐蚀开裂。

氢脆(Hydrogen Embrittlement，HE)，又称氢脆断裂、氢致开裂、氢损伤或氢应力腐蚀断裂(HSCC)，是氢元素与应力共同作用下导致的金属材料破坏。

氢脆断裂是应力腐蚀断裂的一种。

氢脆的机理，一般认为是溶于钢中的氢，聚合为氢分子，造成应力集中，超过钢的强度极限，在钢内部形成细小的裂纹。氢脆只可防，不可治。氢脆一经产生，就消除不了。氢脆发生的温度范围是从室温到约150℃。在这个温度范围内，氢脆效应是显著的。随着温度的升高，氢脆效应会下降。

3. 疲劳断裂

疲劳断裂(Fatigue Fracture)是指金属材料在局部应力集中或强度较低部位首先产生裂纹，裂纹随后扩展导致的断裂。

疲劳断裂是目前为止最为常见的钻柱失效原因。

疲劳断裂一般发生钻柱的应力集中区域。如钻杆接头、钻铤和转换接头螺纹部位等截面变化区域；因表面损伤(咬伤、划伤、腐蚀)而造成的应力集中区域；承受复杂的交变应力的区域(如螺纹根部)。这些部位应力可高出平均应力几倍或更高，所以容易发生裂纹并扩展，直至断裂。

常见部位有：

① 钻杆管体。疲劳失效主要发生在内加厚区域，通常距离内、外螺纹端面400~600mm以及卡瓦区域。

② 下部钻具组合(BHA)接头。接头疲劳经常发生在内螺纹和外螺纹最末啮合扣处(大端、根部1-3扣)。钻柱接头最容易产生疲劳的地方是刚性构件端部接头(比如稳定器)，以及振击器和马达之类特种工具接头，很少发生在柔性构件的接头上(比如钻杆)。

③ 其他。在钻铤的螺纹处、稳定器本体(常在焊接翼片式稳定器焊缝附近)，其他钻柱截面突变的位置也容易出现疲劳裂纹。

疲劳裂纹或疲劳断裂区域形貌：

管体上的疲劳裂纹或断裂区域形貌：疲劳裂纹是平面的且垂直于管体轴线。如果裂纹穿透壁厚，泄漏的钻井泥浆可能冲蚀裂纹，造成常说的管体“刺穿”。即使受到钻井泥浆的冲蚀，疲劳裂纹通常仍能保持其横向取向。对于冲击韧性低的钻杆，在裂纹长大到足以穿透壁厚之前，会发生突然断裂。

接头上的疲劳裂纹或断裂区域形貌：接头疲劳裂纹是平坦的、平面的而且垂直于钻具轴线。疲劳裂纹表面可能比较光滑。裂纹表面也可能会被泄漏泥浆冲刷、冲蚀，也会经常见到由于打捞作业或分开断面间的彼此旋转摩擦而造成的机械损伤。当疲劳裂纹增长到足够大，剩余的金属不能再承受外加载荷时，剩余的部分则会断裂。这种非疲劳裂纹断裂面往往会有一个沿45°方向的典型拉伸失效，也可能表现出相当大程度的塑性变形。

如果一个断口或刺穿具有以上特征，则基本断定是由疲劳引起的。如果接头断口既没有机械损伤也没有严重锈蚀，断口表面出现以下情况也可以确定疲劳失效。

① 棘轮花样：棘轮花样是接头螺纹根部附近疲劳裂纹面上的小台阶。当螺纹根部差别很小的位置萌生许多小裂纹并在开始长大时形成棘轮花样。随着小裂缝的长大，它们连成一片形成一个大裂纹，并在裂纹边缘留下了小台阶和凹陷(即棘轮花样)。

② 海滩花样：海滩花样是裂纹扩展速率突然改变时，也可能是钻具开始使用和使用结束时疲劳裂纹表面产生的压痕。海滩花样虽然没有棘轮花样常见，但有时会在没有腐蚀的表面上看到。

内螺纹接头纵裂：一种特殊类型的疲劳裂纹，常发生在高弯曲指数下的内螺纹接头上，裂纹方向和钻具轴向基本一致，见图 5-1。内螺纹接头纵裂失效常伴随着相同操作环境所引起的热裂裂纹。提高接头材料的横向冲功可有效预防此类事故的失效。

图 5-1　钻杆内螺纹接头纵向裂纹

腐蚀疲劳断裂：裂纹一般产生在应力集中严重的部位或以表面腐蚀坑为源，萌生裂纹并扩展导致的断裂。腐蚀疲劳断裂以钻杆为多，与普通疲劳断裂类似。

二、表面损伤

1. 腐蚀

腐蚀包括均匀腐蚀(如钻具锈蚀)、小孔腐蚀(即点蚀，如钻杆存放或使用过程中，内外表面的点蚀)和缝隙腐蚀(如钻杆表面皱折处的钻井液腐蚀，内外螺纹接头处啮合部位的腐蚀等)。腐蚀主要有氧腐蚀、泥浆中的 H_2S、Cl^-、CO_2、CO_3^{2-}、HCO_3^-等离子带来的腐蚀。

硫化物应力开裂(SulfideStress CorrosionCracking，SSC)失效：钻柱在含硫化氢的水溶液中发生的应力腐蚀开裂。多数情况下，开裂的本质依然是为**氢脆**。硫化物应力开裂(SCC)裂纹的产生和扩展都很迅速，多形成突发性的低应力开裂。硫化物应力开裂与钢的材质有关：材质中磷、硫含量过高容易导致开裂，强度越高开裂倾向越大，硬度越低越不容易开裂。此外，高拉伸应力状态、高硫化氢浓度、低 pH 值、高压、高氯化物浓度、低温度等因素都会促进 SSC 破坏。钻井液中硫化氢可能的来源主要包括地层流体、细菌活动以及钻井泥浆中化学物质的分解，其中地层流体是最主要的来源。

钻柱氧腐蚀。氧腐蚀是一种电化学腐蚀，现象是钻柱表面出现溃疡和小孔状局部腐蚀，腐蚀产物为黄褐、砖红色不等。腐蚀的原理是因为钻井过程中，钻井液在完全敞开的环境下进行循环，空气中的氧气会随着钻井液的循环大量溶解形成具有强氧化力的游离氧，游离氧在井下高温的作用下会对金属钻具产生强烈的腐蚀作用，形成氧化铁等氧化物。

2. 磨损

磨损包括黏着磨损(如钻杆接头、钻铤及转换接头螺纹部分的磨损)、磨料磨损(如钻井液和井壁对钻柱的磨损、螺纹脂中的杂质对螺纹的磨损)和冲蚀磨损(如钻杆的内外表面及连接螺纹受到的钻井液的冲蚀磨损)。比较常见的是螺纹粘扣和螺纹及台肩面刺漏。

粘扣：粘扣现象如图 5-2 所示，粘扣可能由以下几个原因造成：一是钻具螺纹连接前不清洁，紧扣产生粘连；二是接单根时对扣不正，错扣产生粘连；三是螺纹加工质量问题。

螺纹及台肩面刺漏：螺纹及台肩面刺漏现象如图 5-3。螺纹及台肩面刺漏可能以下几方面原因造成：一是加工质量不合格，紧密距超差；二是上扣扭矩不足，台肩密封不好；三是台肩面入井前碰伤或者螺纹脂混入杂质，紧扣损伤台肩面。

图 5-2 粘扣

图 5-3 螺纹及台阶面刺漏

3. 机械性损伤

机械性损伤是指钻具因外力磕碰、挤压而造成的的损伤。

常见的机械性损伤有钻具螺纹或台肩面磕碰伤、大钳卡瓦及其他工具的压痕、焊接疤痕等，如图 5-4 所示。也可参照图 5-1 和图 5-2。

机械性损伤部位可能成为钻具薄弱部位，在井下环境中发展为裂纹，导致刺穿、断裂等失效事故。

三、钻杆刺穿

钻杆刺穿是指钻杆被井内流体冲蚀而形成冲蚀孔洞的现象，一般多发于钻杆管体加厚过渡带消失处，见图 5-5。钻杆外壁的腐蚀较轻并且均匀，而钻杆内壁表面的腐蚀很不均匀，内加厚过渡区与管体交界处的腐蚀较

图 5-4 卡瓦咬痕

严重，有许多点蚀坑，而裂纹正起源于这些点蚀坑底部。其破坏过程：点蚀坑产生→裂纹萌生→扩展→刺穿。

图 5-5　钻杆管体刺穿

四、过量变形

钻具在屈服强度范围内发生的变形为弹性变形，超过屈服强度后发生的变形是塑性变形。发生塑性变形后，即使外力去除，钻具也无法恢复原有的尺寸和形状，这类失效称为**过量变形失效**。

常见的过量变形失效有：钻柱接头在受载情况下螺纹部分的伸长、胀大，见图 5-6、图 5-7；钻柱本体超过极限的弯曲及扭转，见图 5-8。

图 5-6　公螺纹伸长

图 5-7　母螺纹胀大(胀扣)

图 5-8　钻杆弯曲及扭转

第二节　钻具失效调查

钻具失效分析，是根据钻具失效模式和现象，通过分析和验证等手段，找出失效原因、挖掘失效机理、提出预防措施的技术活动。钻具失效分析在提高钻具生产和检维修质量、促进钻具技术进步、仲裁钻具失效事故等方面具有很强的实际意义。

钻具失效调查，是通过搜集失效钻具样品、使用时的操作及环境数据、检维修资料、使用档案等，为钻具失效分析提供详实的数据和资料支撑的技术活动，也是钻具失效分析的重要步骤。

钻具失效调查主要内容包括保存失效样品、搜集数据、填写调查档案或撰写失效调查报告等。

一、失效样品的保存

失效样品是失效分析的基础。

发生钻具失效时，应注意搜集和保存钻具失效样品。

保存钻具失效样品时，应注意如下事宜：

① 要特别注意避免断裂面和邻近区域的进一步损伤。不要试图对合、触摸或摩擦断口，也不要从断口面去除部分碎片，更不要用化学溶剂、高压喷嘴或钢丝刷清理断裂面。

② 一般需要把失效部位切割下来。切割失效部位时，采用气割时断口两侧至少留 500mm 距离以保证气割不会改变断口处的冶金性能。

③ 如果失效断裂面曾经暴露于盐水或水基泥浆中，就应该尽快给断裂面涂上一层水溶性的油脂以保护断面；如果断口覆盖有油基泥浆，则最好保持原状。

④失效后应尽快将失效样品送检。样品运输过程中，注意将断口样品包裹好，防止运输过程中断裂面被进一步机械损伤和腐蚀损伤。

二、失效数据搜集

开展钻柱失效分析，除了采集失效样品外，还必须掌握钻具使用过程中的各种数据。

1. 钻具使用现场数据

在进行失效分析时首先要搞清楚钻柱的服役条件。钻柱的服役条件包括：钻柱所承受的载荷性质(静载荷、交变载荷、冲击载荷)、加载次序(载荷谱)、应力状态(拉、压、弯、扭、剪、接触及各种复合应力)、温度、环境介质(空气、水、钻井液、H_2S、CO_2、NaCl)等。

对于钻具失效，服役条件就是具体现场各项基础数据，包括发生失效的具体位置、施工方，以及失效井地层特性，失效过程中的钻压、转速、钻具组合、钻井液参数等，主要包括：

一是钻具使用环境的常规数据。包括所使用井位的井身设计情况、地层情况、井眼轨迹(测井数据)、井径数据、钻具组合配置(设计、实际)、钻井参数(转速、钻速、钻压、扭矩)，钻井深度、钻井液参数(成分、比重等)等。

二是搜集钻具失效经过。包括失效发生时钻遇的地层地质情况、钻井参数(转速、钻速、钻压、扭矩)、提拉吨位、泡酸情况等失效后处理失效的参数。

2. 钻具详情

钻具详情对于钻具失效分析也是必要的，主要包括：

一是钻具档案。包括钻具规格、钢级，制造厂家、制造日期、投入使用日期、钻具使用历史情况。

二是钻具检维修资料，包括探伤检验等情况。

三、失效调查档案或报告

失效调查档案的填写、失效报告的撰写非常重要，可以为后续失效原因分析与预防措施制定提供第一手资料，应按要求，如实、详细、全面填写。

失效报告格式可参照表 5-1。

表 5-1　失效调查报告格式

××井钻具失效调查报告

一、失效简介

发生失效的单位、井号、队号、时间、事故类别。

二、钻井参数

井身设计情况、地层情况、井眼轨迹(测井数据)、井径数据、钻具组合配置(设计、实际)、钻井参数(转速、钻速、钻压、扭矩)，钻井深度、钻井液参数(成分、相对密度等)。

三、钻具详情

钻具制造厂家，规格、钢级，制造日期、投入使用日期、钻具使用历史情况、探伤检验情况。

四、失效经过及事故处置情况

钻具失效位置(井内的位置、本钻具上失效部位)。

五、失效原因分析

六、失效教训及防范措施

七、附件

包括事故照片、影音资料、质量记录等。失效调研档案样表可参照表 5-2。

表 5-2 钻具失效调查表

<table>
<tr><td>施工井队</td><td colspan="2"></td><td>井号</td><td colspan="2"></td><td>井别</td><td colspan="2"></td><td>井深</td><td></td></tr>
<tr><td>钻具规格型号</td><td colspan="2">生产厂家</td><td colspan="2">投入使用时间</td><td>级别</td><td colspan="2">备注/内涂</td><td colspan="3">泥浆类型</td></tr>
<tr><td></td><td colspan="2"></td><td colspan="2"></td><td></td><td colspan="2"></td><td colspan="3"></td></tr>
<tr><td>公接头外径</td><td colspan="2">母接头外径</td><td>管体外径</td><td>壁厚</td><td>水眼尺寸</td><td colspan="5">钻具失效情况描述</td></tr>
<tr><td></td><td colspan="2"></td><td></td><td></td><td></td><td colspan="5"></td></tr>
<tr><td>失效种类</td><td>失效时井深/m</td><td>所在地层</td><td>失效钻具所处位置</td><td colspan="2">钻具组合</td><td>钻压/kN</td><td>转盘转速/(r/min)</td><td>泵压/MPa</td><td>pH 值</td><td>泥浆密度/(g/cm^3)</td><td>黏度/s</td></tr>
<tr><td></td><td></td><td></td><td></td><td colspan="2"></td><td></td><td></td><td></td><td></td><td></td><td></td></tr>
<tr><td colspan="12">事故经过：</td></tr>
<tr><td colspan="12">原因分析及拟采取的措施：</td></tr>
</table>

调查人： 审核： 时间： 年 月 日

失效统计是统计钻具失效的宏观数据，可以为钻具管理、钻具采购提供数据依据。失效统计表格式可参照表 5-3。

表 5-3 失效统计表

序号	时间	名称	规格型号	失效描述	原因分析	队号	井号	项目	备注
1									
2									
3									
4									

第三节　钻具失效影响因素

影响钻具失效的因素有很多，大致可分为产品质量因素(设计制造因素)、维修检测因素以及现场使用因素。

一、产品质量因素

产品质量因素也就是产品的设计与制造因素。主要包括材料性能和结构参数等方面。

影响钻具产品质量的因素很多，导致钻具失效的常见因素如下：

1. 非金属夹杂超标

非金属夹杂物的存在破坏了材料的连续性，尤其条状夹杂类似裂纹源，导致应力集中，易引起疲劳失效，而过分集中分布的夹杂物则会显著降低材料的塑性、韧性和耐蚀性，对钻具的疲劳寿命造成极其不利的影响，尤其是对高钢级钻具影响更大。因此，非金属杂物的数量和分布被认定是评定钢材质量的一个重要指标，并且被列为钻具出厂的常规检测项目之一。若非金属夹杂物的超过标准，可能导致钻具使用中失效。

2. 冲击韧性偏低

钻柱接头脆性断裂主要是由于热处理工艺不当使得材料韧性偏低造成的。金相分析表明，脆性断裂钻柱接头的截面金相组织通常主要为回火索氏体和上贝氏体，越靠近心部的金相组织中的上贝氏体含量越多，甚至出现回火马氏体。条状上贝氏体和回火马氏体的出现将大幅度降低钻柱接头的冲击韧性，进而导致钻柱接头发生脆性断裂。

强度高的钢材(例如 V150 钢级)抗拉强度较高，材料抗冲击韧性不足，使用中容易断裂。2022 年某油田使用的 V150 转换接头，在使用中发生多次断裂，经分析，接头的冲击韧性不足 70J 是造成转换接头断裂的主要原因。经评估，该钢级的材料，冲击韧性在 100J 以上才能达到安全。后该油田调整了转换接头的技术标准，降低了接头的强度，提高了冲击韧性，再未发生类似事件(见本章第五节案例分析)。

3. 表面脱碳

钻杆管体外表面脱碳现象的存在会明显降低材料的疲劳性能。钻杆的疲劳寿命由疲劳裂纹萌生寿命和疲劳裂纹扩展寿命组成，而疲劳裂纹萌生寿命占据疲劳寿命的绝大部分比例。脱碳层的存在会使得疲劳裂纹形成寿命明显缩短，致使钻杆的疲劳服役寿命显著降低，从而容易造成钻杆的早期疲劳断裂。

4. 折皱

钻杆管端镦粗加厚过程中，如果端部加热温度过高，将会导致表面严重氧化，甚至发生明显脱碳，由于高温下材料对于流动变形的抗力较低，在随后的敦粗加厚变形过程中，如果变形量过大将会导致表面氧化皮挤入基体组织内部，从而在加厚部位形成深浅不一的折皱。折皱不同于其他缺陷，折皱的形成不仅破坏材料的连续性，造成明显的应力集中，而且折皱内的氧化物会改变材料的导热性能，在随后的热过程中引发周围组织出现脱碳现象，进而显著降低材料的疲劳寿命。

二、检验和维修因素

钻具不是一次性使用的钻井物资，在使用完毕后一般要进行回场检验和维修，检验钻具的几何尺寸、直线度、水眼、螺纹等，并进行螺纹车修、校直、耐磨带喷焊等修复。检验和维修如达不到标准的要求就会成为钻具失效的隐患。

导致钻具失效的常见检维修因素如下：

1. 螺纹检修质量不合格或参数不合理

螺纹检修质量不合格主要是错检、漏检导致应修复的螺纹未修复或修复后的螺纹质量不合格。不合格的螺纹如果被投入使用，就可能导致钻具失效。

螺纹参数不合理也可能导致钻具失效。常见的螺纹参数不合理如螺纹公差配合不合理、接头台肩根部过渡圆角半径过小等。

螺纹参数配合不合理可能导致螺纹参数干涉。螺纹参数干涉会导致螺纹旋合面之间发生剧烈的摩擦作用，甚至导致螺纹摩擦面发生相变，形成马氏体“白亮层”组织。马氏体“白亮层”的硬度显著高于材料基体硬度，在这种脆硬的组织中极易萌生裂纹。常见内外螺纹接头锥度误差配合不佳，旋合后不相配合，从而产生应力集中。

接头台肩根部过渡圆角半径过小，会造成应力集中。台肩面宽度小于标准值，降低了密封效果及支撑作用。螺纹选型不当，造成内外螺纹弯曲疲劳强度比失衡，平衡连接时弯曲强度比要求为2.5∶1。外径磨损及内孔增大，使弯曲强度比、抗扭强度等因素降低。

裂纹起源于螺纹根部，说明螺纹根部存在一定的应力集中。为减少螺纹根部的应力集中，API SPEC 7 已用数字扣淘汰了内平扣。数字扣螺纹根部圆弧半径为 0.965mm（0.038in），有些数字扣接头可与内平扣接头互换。内平扣牙底为平底，平底两边圆弧半径为0.381mm（0.015in）。与数字扣相比，内平扣牙底应力集中更为严重。修复钻具全部为数字扣，这对减轻螺纹根部应力集中有利。

2. 耐磨带质量不合格

耐磨带质量不合格包括裂纹过多、焊接参数不当。

堆焊耐磨带焊道突出于接头斜坡表面，从而使得斜坡上的耐磨带焊道承受起下钻过程中吊卡形成的冲击载荷、摩擦力和压应力载荷，这种外力载荷作用将极大促进耐磨带焊道内裂纹的形成和扩展。

焊接参数不当，可能造成耐磨带裂纹进入钻具本体，严重时会造成钻具的本体断裂。

三、现场使用因素

钻具现场使用存在的问题也可能导致钻具失效。现场使用因素可以分为操作因素和环境因素两大类。

（一）操作因素

钻具的操作对钻具的失效影响巨大，主要表现在钻井参数、上扣扭矩不符合要求、螺纹未进行保护或者保护不当、未定期倒换钻具等。

1. 钻井参数不合理

钻压越大，钻铤所受的旋转弯曲交变载荷也越大，越容易发生断裂；转速越快，钻铤所受的交变载荷次数越多钻柱的转动惯量越大，钻铤所受的旋转弯曲交变载荷也越大。经验表明，钻柱转速达到 80r/min 时钻铤断裂事故明显增加。为减少钻具断裂事故，将钻柱转速控制在 60r/min 左右较好。

2. 钻具上扣扭矩不符合要求

大尺寸钻具以及双台肩非 API 钻具上扣扭矩不够，小尺寸钻具上扣过紧，这是普遍存在的现象。如果上扣扭矩不足，在公母接头相互接触的台肩处没有足够的负荷，就不能产生足够的弹性压缩变形。上扣不足导致钻具在井下的二次上扣和螺纹的台肩面刺漏，而钻具上扣过紧易造成粘扣而不容易卸开的现象。

造成上扣扭矩不足的原因有以下几点：

① 对于 9in(228.6mm)以上的大钻铤，由于受到动力大钳能力的限制，所以达不到 API 推荐标准紧扣扭矩。

② 上扣扭矩与钻具扣型有关，而 API 推荐的标准扭矩是对标准扣型而言的。使用的钻具扣型为特殊扣(双台肩)，即使按 API 推荐的标准扭矩上扣，也不能产生足够的台肩负荷。

③ 上扣扭矩与摩擦系数有关，而摩擦系数是由公母接头的表面粗糙度和使用的螺纹脂种类决定的。如果加上所使用的螺纹脂不标准，则达到合适的台肩负荷所需要的上扣扭矩将与 API 推荐值有很大的差别。

3. 钻具螺纹保护不到位

钻具螺纹是钻具相互连接的重要构件，螺纹的完整是确保钻具连接可靠的重要措施，因此钻具上下钻台一定要戴护丝防止螺纹因碰撞而损伤。目前钻具因碰伤而造成修扣的钻具不少于 15%。钻具上扣前要对钻具螺纹进行彻底清洁后均匀涂抹螺纹脂，上扣时要缓提稳拉，轻放对中，上扣速度不可过快，防止钻具的粘扣。

排放立柱，钻杆盒要清洗干净，排放整齐，错位时不能用带尖的工具撬移，防止损坏台肩面。

4. 钻具未定期倒换

倒换钻具是防止钻具一直处于相同的工况下工作，容易引起疲劳破坏，发生钻具事故，同时使全套钻具均匀磨损。每使用 200h 左右倒换，将最下面 5 柱倒至最上面。上下倒换不少于 10 柱，抽中间加两头不少于 20 柱。

(二) 环境因素

地层对钻具失效的影响主要体现在引起钻具的振动、弯曲等方面，钻具的振动和弯曲是钻具疲劳失效的主要原因。

1. 地层因素

硬地层：硬地层中，牙轮钻头冲击破碎岩石，岩石硬度越大，牙齿吃入越少，则冲击时间越短，冲击载荷越大。钻头工作时产生的冲击载荷有利于岩石破碎，应力波作用于钻柱上，引发钻柱的纵向振动，钻头的冲击载荷是钻柱纵向振动的激振载荷。

砾岩地层：砾岩比周围岩石的硬度大，进尺慢，在井底形成突起，使得井底形成高低不平的形状，钻头旋转钻进时，引发并加剧纵向振动，同时使钻头产生较大的弯矩，加剧稳定器刮磨井壁，钻出的井眼不规则。当稳定器旋转通过时，可能瞬间卡住，造成瞬间高扭矩，并引发扭转振动。

2. 井眼因素

井径不规则。由于各种原因造成井径扩大率较大，造成较大的钻柱弯矩，加剧钻柱的疲劳破坏。

缩径。由于地层泥页岩吸水膨胀造成局部的缩径，稳定器通过时会产生较高的扭矩。

全角变化率。在造斜段全角变化率(狗腿度大)，钻具受到很大的弯曲载荷，很易发生疲劳断裂和摩擦热裂纹。

3. 钻柱振动

钻柱振动是导致钻具失效、疲劳破坏的主要因素，振动产生的高频应力波与裂纹相互作用，会降低材料韧性，加速裂纹扩展速率，导致裂纹尖端疲劳强度降低。纵向振动对钻具寿命影响很大。牙轮钻进时会引起两种频率的纵向振动：一是因钻头轮齿滚动而产生的高频小位移纵振，二是因波状井底引起的低频大位移纵振。前者对钻头碎岩是有利的，对钻具寿命影响不大，而后者引起的振动应力波沿钻柱向上传递对钻具寿命影响很大。当激励频率与钻柱固有频率接近或呈整数倍时，钻柱会发生共振。

试验研究和井下实测均表明，在实际钻井中普遍存在钻柱公转。钻柱公转导致强烈的横向振动，对钻井施工带来巨大危害，如导致转盘扭矩增大、造成各类钻头先期损坏、加速钻杆接头和套管磨损、造成钻柱弯曲疲劳和冲蚀破坏等。在几种钻柱振动形式中，公转运动对钻柱的危害最大。反向无滑动涡动是一个稳定运动状态，此时钻柱沿井壁作纯滚动，钻具直径越大，钻柱与井眼的环隙越小，转盘转速越高，反转转速就越高(有时为自转转速的几倍乃至数十倍)。理论分析与大量试验证实：钻柱中的弯曲应力频率是反转转数与转盘转数之和，弯曲应力水平主要取决于反转转速度。

钻柱与井壁间的摩擦力大，更易产生反转运动。在同径井眼中，下部大尺寸钻柱的反转转速比上部小尺寸钻柱的反转转速高，下部钻柱的高频反转除了给自身带来高频高幅的弯曲应力外，还使与之相连的上部钻柱像一根鞭子一样剧烈抖动，引起强烈横振，同样产生高频高幅的弯曲应力。这种高频高幅的交变弯曲应力是导致下部钻具频繁发生疲劳失效的主要原因之一。

4. 流体介质因素

流体介质的影响主要是指钻井液、H_2S、CO_2、O_2、溶解盐类及各种酸性物质对钻具腐蚀。国外一家钻井设备公司的统计表明，造成钻柱失效的最主要的环境因素是钻井液腐蚀。钻井液的含砂量、pH 值、润滑性、流态、温度等均对钻柱失效有着直接或间接的影响。钻井液对钻柱的腐蚀性排序为：充气盐水钻井液>盐水钻井液、低 pH 值钻井液>高 pH 值钻井液>油基钻井液。由于钻井过程中，钻井液在完全敞开的环境下进行循环，空气中的氧气会随着钻井液的循环大量溶解形成具有强氧化力的游离氧，游离氧在井下高温的作用下会对金属钻具产生强烈的腐蚀作用，形成氧化铁等氧化物，从而降低钻具强度。随着PH值降低，溶解氧浓度的增大，钻杆腐蚀疲劳强度大幅度下降。H_2S、CO_2的侵入，也会使钻井液的pH值下降，腐蚀性加强。随着钻井液中的NaCl的浓度及其他酸性物质的增加，腐蚀速率将明显加快。而且H_2S、CO_2、溶解盐（NaCl、$CaCl_2$、$MgCl_2$、$NaHCO_3$等）对钻柱的腐蚀也是相互促进的。钻杆内表面无涂层，应力集中及内加厚过渡区结构不合理、伤痕、轴向拉伸载荷等因素，均加速流体介质对其的腐蚀。

5. 基他因素

温度。由于环境温度过低，材料的冲击力值严重下降，易引起冷脆断裂。随着井下温度升高，腐蚀速率将加快，另外某些泥浆处理剂在高温下会分解，产生H_2S、CO_2和O_2等，加快了对钻柱的腐蚀。

风沙。沙漠钻井中风沙的影响也不容忽视。一般为石英砂，其维氏硬度为900~1280，而钻杆接头的维氏硬度为300左右，接头丝扣和密封台阶涂有密封脂极易黏附沙粒，在上卸扣时产生磨料磨损，接头丝扣的连接和台阶密封将受到影响。

第四节　钻具失效预防措施

钻具失效的预防应采用系统思维，指导思想是“**源头上防、过程中控**”。

“**源头上防**”是指要从源头上把好钻具的入口，制定好钻具制造的技术协议。钻具制造的技术协议是基于API标准、国标、行业标准，依据生产的实际又高于行业标准。

“**过程中控**”是指在检测维修和使用过程中要搞好过程控制。检测维修的过程就是依据相关标准，使用专用工具判别钻具是否符合标准或使钻具恢复到符合标准的过程。钻具的使用应依据钻具的抗拉、抗扭特性合理组合，规范使用才能有效避免钻具的失效。

一、钻具的选购

钻具的选购首先要签订技术协议，技术协议一般包括以下内容：钻具的规格、长度、螺纹型号，材料的性能要求等。对于钻杆来说除以上的要求外，还有钢级、内涂和耐磨带的要求。技术协议要消除本章第三节提出的钻具可能出现的质量问题。

生产厂家应具有完善的质量体系，通过API认证。必要时要对供货厂家的材料来源、过程质量控制进行监督检查。

首先，对于钻杆来讲，尽量使用大规格。对于深井和超深井使用5½″钻杆比使用5″钻杆钻具失效大幅下降。其次，增加内加厚过渡带长度和过渡圆弧半径，优化加厚类型，以降低加厚过渡带处的应力集中程度，消除内流场冲击漩涡的影响。三是要提高材料的冲击韧性，从而提高钻具的抗疲劳性能。对重要的钻具不仅要规定钻具的纵向冲击韧性，还要规定其横向冲击韧性。四是钻杆一般都要内涂，延长钻杆使用寿命。

二、钻具的检测与维修

钻具不是套管这种一次性消耗的石油管材，而是需要重复使用的钻井工具，在使用过程中受到拉、扭、弯、震动、冲蚀、腐蚀的工况。因此钻具的检测与维修对剔除报废钻具，恢复钻具使用性能至关重要。在此环节要避免漏检、错检和维修不达标的情况。因此要加强人员和设备的管理和过程控制。

从事检测维修人员要通过培训并取得相应的资格证书。从事无损检测并出具探伤报告的人员应取得二级及以上证书。螺纹质检员应通过螺纹检测的专业培训并取得二级资格证书。螺纹车工应有一年以上的工作经验并通过技能检定才能单独顶岗。

无损检测设备，如磁化线圈、黑光灯、光照计；超声波探伤仪、标准试块应定期校检。螺纹规一般按使用次数进行校检。推荐使用数控管螺纹车床，提高螺纹的修扣精度和质量的一致性。对于管螺纹车床应定期对锥度、螺纹距等参数进行校检。

为防止漏检和错检，推荐开展自检、互检、专检相结合的“三检”制。并由上级主管部门定期开展工艺纪律检查，及时发现检维修出现的问题。

钻具的检测主要包括测量钻具的外径、内径几何尺寸，检查水眼是否畅通，检查管体直线度以及螺纹及台肩面是否完好；螺纹的磁粉及超声波探伤，管体的电磁探伤。

钻具的维修主要包括钻具螺纹的车修、耐磨带喷焊和校直等。钻具螺纹的车修至关重要。要特别注意加工螺纹质量，尤其是螺纹根部圆角半径和表面粗糙度，必要时加工应力减轻槽，提高大钻具螺纹疲劳寿命。可采用螺纹冷滚压技术，以增强螺纹强度和表面硬度。

三、钻具现场使用

钻具失效与现场使用密切相关，统计显示，70%以上钻具失效和钻具现场使用密切相关。

1. 钻具螺纹防护

钻具螺纹是钻具的薄弱环节，也是钻具失效的主要部件，因此在钻具使用过程中应加强钻具螺纹的防护。钻具螺纹的防护主要体现在：

① 钻具上下钻台时螺纹带护丝、使用专用提丝，禁止出现钻具自由落体或硬拖、碰撞的情况。

② 钻具入井上扣前、起钻卸扣后需要仔细检查密封台肩面和螺纹。

③ 新修螺纹在入井前需要磨合。

④ 钻具连接前应对钻具螺纹进行清洁，螺纹表面的杂物一是加剧钻具螺纹的磨损，二是影响钻具连接的可靠性。

⑤ 钻具连接前需要按规定涂抹丝扣油(钻具钻具螺纹脂)，丝扣油应符合相关标准，并最好防护，避免混入泥沙或水。

⑥ 钻具螺纹对扣过程要做好防碰。

⑦ 严格按规定的扭矩值上扣，以达到最佳扭矩，使公母接头相互接触的台肩处产生足够的负荷，从而产生足够的弹性压缩变形，使螺纹连接质量得到有效的控制。

2. 降低钻具的振动

钻具振动是造成钻具早期失效的重要原因。如果钻柱发生剧烈振动时，需要及时采取措施降低钻具的振动。

通过以下几种措施可有效降底钻具的振动。

① 改变钻柱转速。当钻柱发生共振时，改变转速是一种最简便可行的减振有效措施。转速改变将会改变钻头激振力的频率，但不会改变钻柱的固有频率，从而使原来十分接近的激振力的频率和固有频率相互错开，以此达到减振的目的。改变转速可以是减小转速，也可以是增加转速，增减量不应太大，以避免振动从当前的共振区跳到相邻的另一个共振区里，见图 5-9。在图 5-8 中的 ω_1、ω_2、ω_3……ω_i 分别表示第一、第二、第三、……、第 i 阶固有频率。

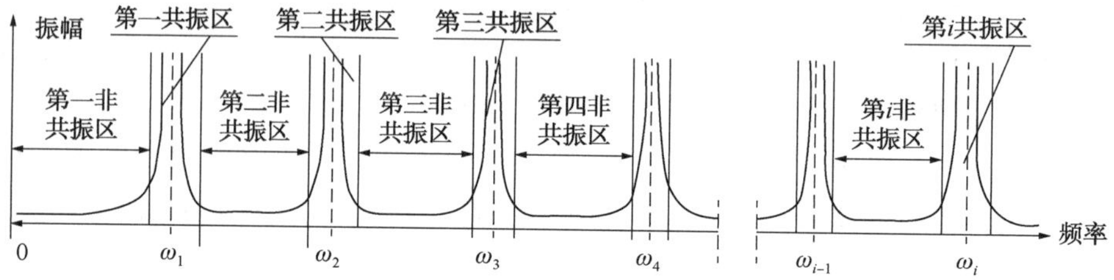

图 5-9　钻柱共振区示意图

② 调整钻具组合。钻柱发生激烈振动时，首先要想到钻具结构是否合理，如果钻铤太少应适当增加钻铤数量，一般不少于 12~15 根钻铤，同时钻铤上端要放加重钻杆。

③ 调整钻压。当钻柱发生激烈振动时，如果原钻压不是太大，适当地加大钻压对减振也有一定好处，但时间不可过长。适当加大钻压能使钻头跳动减小，可达到减轻振动的目的。减小钻压可以减少钻柱屈曲的数量和程度，减少弯曲交变应力造成的疲劳破坏。

④ 调换钻头。钻柱发生激烈振动有时是钻头部分断齿造成的。特别是牙轮钻头掉齿以后转动很不平稳，跳动很大而进尺很小，长时间的钻磨跳动将会造成钻柱的疲劳断裂。出现这种情况必须及时更换钻头。这需要司钻凭丰富的钻井经验来及时发现和及时更换。

⑤ 使用减震工具。加装减震工具，可以改变钻柱共振频率，可以减轻振动幅度，因此可降低交变应力幅值，缓解钻具疲劳，延长使用寿命，降低失效概率。

3. 改善钻柱应力分布

① 定期倒换钻具。倒换钻具可以改变钻柱受力状态，可以延长弯曲位置附近钻柱的疲劳寿命。同时将底部钻具进行强行卸扣起钻，消除螺纹应力，减少螺纹断裂事故发生的机率。

② 控制井眼轨迹。严格控制造斜段井眼全角变化率，减少钻具应力集中。

4. 定期探伤

对使用的钻具应进行定期探伤，提前发现钻柱中存在的一些缺陷和疲劳裂纹，可以有效减少在井过程中的井下失效现象。

第五节 钻具失效典型案例分析

钻具的失效主要与钻具材料的性能、疲劳、腐蚀、腐蚀疲劳、过载有关，也与钻具的操作、检维修有关。钻具失效分析需要通过对搜集的失效样品、数据等进行分析，寻找导致钻具失效的原因。

钻具失效分析步骤一般包括对失效样品的**宏观分析**、**理化性能分析**、**综合分析**等。**宏观分析**包括对样品失效部位形貌的分析、尺寸测量、使用扫描电镜对失效部位进行微观观察、使用高能射线对腐蚀部位进行能谱分析等；**理化性能分析**包括对钻具材质进行化学成分分析、力学性能测试(拉伸、冲击)、金相检验、硬度检验等；**综合分析**需要结合使用参数和使用环境进行综合模拟、计算和分析，推断真正的失效原因，为采取防失效措施、提高钻具寿命、促进钻具技术进步奠定基础。

钻具失效分析所需的仪器包括力学试验机(拉伸、冲击)、硬度仪、金相显微镜、扫描电镜、光谱仪、合金元素分析仪器等。一般需要专业的金属失效分析实验室。

钻具失效分析非常依赖分析者的知识和经验积累，需要分析者从大量搜集和测试数据中分析、归纳、推断失效的主要和次要原因。

本节选取了具有代表性的钻铤母接头断裂、钻杆腐蚀、钻杆过渡段刺漏、钻杆内螺纹接头胀扣、转换接头外螺纹断裂五个典型案例，每个案例都有使用背景、材料检测与分析及结论建议等内容供学习参考。

典型案例一：钻铤母扣端断裂

1. 概况

西南某井发生钻铤母扣端断裂失效事故。

2020 年 1 月 21 日该井使用 ϕ406. 4mm 钻头+ϕ244(1. 25°)单弯螺杆+ϕ402mm 螺旋扶正器钻进，1 月 21 日 21：30 钻进至井深 1513. 90m 时立压由 13MPa 下降至 9. 9MPa，井队立即组织人员检查地面循环系统，司钻同时使用单泵循环划眼，地面循环系统检查无异常，恢复双泵，排量 60L/s，循环检查期间立压下降至 11MPa，现场判断钻具问题，起钻检查钻具。起钻有阻卡现象进行倒划眼至井深 1391m 在下放坐卡瓦时，发现悬重由 90t 突然下降到 82t，泵压 11MPa 下降至 9MPa，排量：54L/s，起钻无遇阻现象，起钻至 9 寸钻铤发现第二根钻铤母扣端断裂，剩余钻具落井，落鱼长 30. 35m。

钻具组合：ϕ406. 4PDC 钻头+ϕ244(1. 25°)单弯螺杆+ϕ402mm 扶正器+9″钻铤×3+731×630+8″无磁钻铤+无磁悬挂(MWD 无线随钻)+8″钻铤×2+631×520+ϕ139. 7 加重钻杆×15+ϕ139. 7 钻杆

井内落鱼结构：ϕ406. 4mm 钻头×0. 53m+ϕ244×1. 25°螺杆×9. 77m+ϕ402mm 扶正器×2. 31m+ϕ228mm 钻铤 2 根×17. 74m，总长 30. 35m。

钻进参数：钻压：100kN，转速：80~90r/min，扭矩 8~15kN · m，立压 14. 0MPa，排量 60L/s。

22 日 8：00-18：30 组织打捞工具，19：30 组合打捞工具(卡瓦打捞筒)，22：00 下钻至1445m遇阻接顶驱，加压4t探鱼头，开单泵循环，22：45下放至1477.74m，开双泵，落鱼随加压往下走，推至井底1480.01m，23：00悬重到110t，上提后悬重回到80t，第一次打捞失败。0：00进行第二次打捞，开单泵循环，停泵下压40t，上提122t，打捞成功。开单泵循环，电机转速由原600r/min逐步上提至1000r/min，开双泵循环，由原先泵压4MPa升至9MPa。然后上提110t，有显示。8：00带泵上提起钻，

13：00落鱼全部出井，事故解除。本次从1月22日8：30起出钻具，发现钻具断裂，至1月23日13：00为止，共计损失生产时效28.5h，折合1.19天。

2. 宏观分析

失效钻铤宏观形貌如图5-10所示。

图5-10　失效钻铤宏观形貌

对失效试样进行几何尺寸测量，钻铤外径为230.4mm，倒角直径为213.2mm，扩锥孔直径为180.1mm，扩锥孔长度为16.2mm，试样长度为260mm。采用超声波探伤的方法对试样进行检测，发现钻铤试样内部存在缺陷，将试样剖开，内壁形貌如图5-11所示。

采用磁粉对试样内壁进行检测，发现试样距端面65mm~92mm间的第7扣至第11扣螺纹根部共有9条裂纹显示。第7扣螺纹根部裂纹长度约为70mm，第9扣螺纹根部有4条裂纹，长度分别为150mm，60mm，60mm和65mm，第10扣螺纹根部有2条裂纹，长度分别为40mm和35mm，第11扣螺纹根部有2条裂纹，长度分别为35mm和10mm，根部裂纹形貌如图5-12所示。

图5-11　失效钻铤剖面形貌

图5-12　失效钻铤螺纹根部裂纹形貌

3. 理化性能分析

在失效钻铤接头上取样进行化学成分分析，结果表明，该钻铤的硫、磷含量分别为

0.013%和0.010%，满足SY/T 5144标准0.03%的要求。

在失效钻铤样品上取直径为12.5mm，标距为50mm的圆棒拉伸试样，取尺寸为10mm×10mm×55mm的纵向和横向夏比V形缺口冲击试样以及硬度块试样进行力学性能实验，实验温度为20℃，结果如表5-4所示。表5-4表明，该失效钻铤的力学性能符合SY/T 5144和API SPEC 7-1的要求。

表5-4　失效钻铤的力学性能

测试项	屈服强度/MPa	抗拉强度/MPa	延伸率/%	冲击功/J	硬度/HB
平均值	823	967	19.0	98	287
SY/T 5144—2007	≥689	≥931	≥13	≥54	≥285

从失效钻铤试样上取样进行金相组织分析，依据GB/T 10561和GB/T 6394评定试样材料中的非金属夹杂物等级为A1.5，B0.5，D0.5，晶粒度为8.0级，组织为回火索氏体和少量上贝氏体，裂纹萌生于螺纹根部，笔直穿晶扩展，如图5-13和图5-14所示。

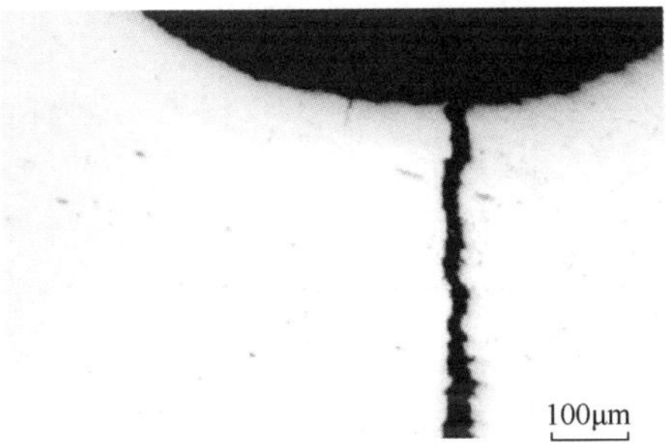

图5-13　螺纹牙底裂纹形貌图

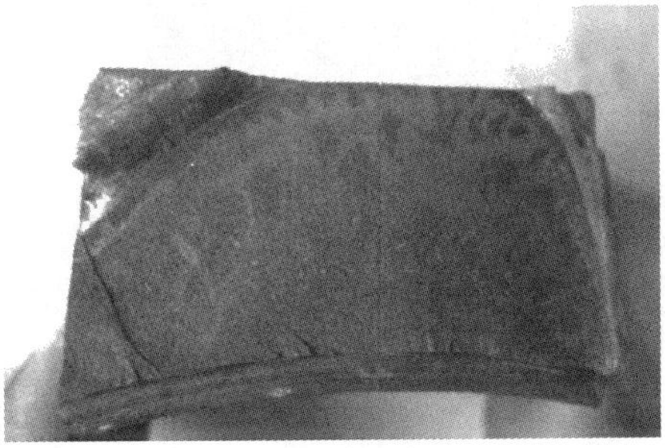

图5-14　钻铤裂纹断面形貌

4. 断口微观形貌分析

将失效钻铤螺纹根部的裂纹打开，裂纹扩展呈圆弧状，具有明显的疲劳扩展特征，裂纹源区金相组织、疲劳台阶、断面扩展区形貌如图5-15所示。分别对裂纹源区和扩展区断面进行能谱分析，结果如图5-16和图5-17所示，裂纹源区和扩展区表面的主要元素为Fe、O、Si、Ca和C。

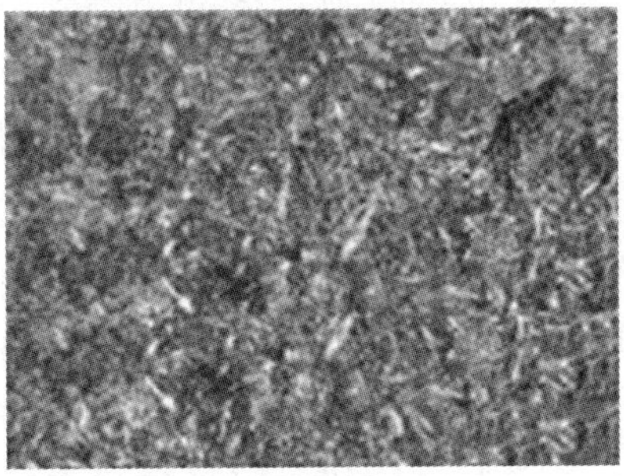

(a)钻铤金相组织

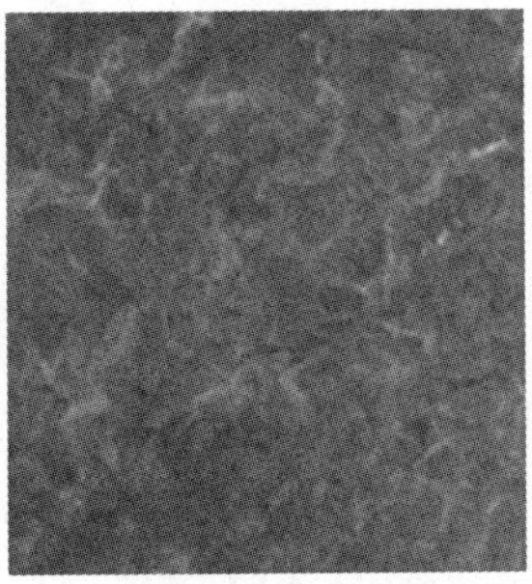

(b)裂纹源区疲劳台阶

(c)裂纹断面微观形貌

图5-15　钻铤断面微观形貌

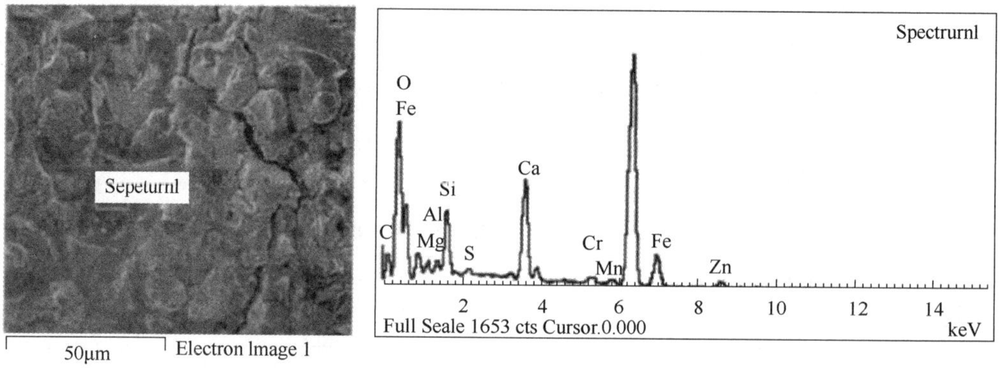

图 5-16　裂纹源区位置的能谱分析

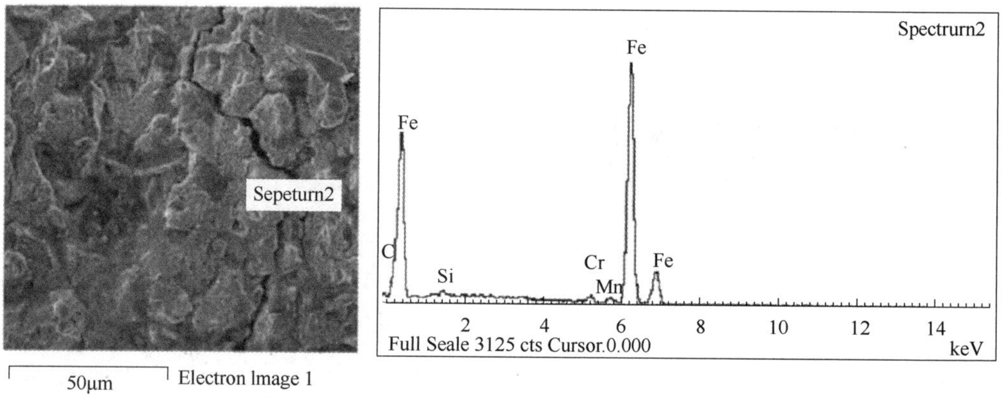

图 5-17　裂纹源扩展区的能谱分析

5. 综合分析

失效钻铤的理化性能满足 SY/T 5144 标准。磁粉探伤发现，失效钻铤内螺纹部分距端面 65~92mm 间的第 7 扣至第 11 扣螺纹根部共有 9 条裂纹显示。金相分析和电镜分析表明，失效钻铤螺纹根部的裂纹为疲劳裂纹。失效钻铤外径为 9in(1in=25.4mm)，内径为 3in，台肩倒角直径为 213.2mm，内螺纹扩锥孔直径为 180.01mm，螺纹扣型为 $7\frac{5}{8}$REG，螺纹牙型为 V-0.050。依据 API SPEC 7-2，外径为 9in 的钻铤，匹配的内径为 $2\frac{13}{16}$ in，螺纹型号为 NC61，而失效的 9in 的钻铤的内径和螺纹牙型采用 $9\frac{1}{2}$in 钻铤的尺寸，这直接导致钻铤台肩面的面积减小约 28%。经计算，钻铤的内外螺纹弯曲强度比为 2.3，小于 2.5，钻铤内螺纹端处于相对弱势。

在钻铤内外螺纹旋合和工作过程中，密封台肩面的主要作用：一方面密封螺纹旋合面，防止螺纹脂的溢出和外界杂质的进入；另一方面是保障上扣扭矩适中，承担部分上扣扭矩产生的应力，分散螺纹部位的应力载荷，同时形成静摩擦力作用，防止内外螺纹面的相对运动。当密封台肩面的有效承载面积偏低时，台肩面承受应力载荷和形成静摩擦力的能力也相应降低。台肩面承载能力的降低在上扣过程中将影响上扣扭矩，增大接头螺纹部位承受的应力载荷，在井下形成弯矩载荷时，台肩面承受弯矩载荷的能力也会相应降低，从而加速钻铤螺纹的疲劳失效。

失效钻铤内螺纹部位的裂纹位于距端面 65~92mm 的位置，处于内螺纹最后旋合的 1~4 扣完整螺纹根部，是钻铤内螺纹部位的主要承载螺纹。理论计算和现场使用均表明，最后旋合部位螺纹是最易发生疲劳失效的部位。

6. 结论与建议

① 该失效钻铤的化学成分和力学性能均符合 SY/T 5144 标准。

② 该钻铤内螺纹接头的失效原因是内螺纹最后旋合部位螺纹根部作为螺纹连接结构的薄弱部位，在交变应力作用下，萌生裂纹并疲劳扩展。钻铤规格与螺纹型号匹配不当促进了疲劳失效的发生。

典型案例二：钻杆腐蚀

1. 概况

新疆某井发生钻杆腐蚀。

该井的井型为侧钻井，井别为预探井，设计井深 8233.96m，侧钻点 7296m。该井按工程设计一开侧钻使用 165.1mm 钻头钻进(侧钻点 7296m)，钻至 7737.5m(恰尔巴克组)一开中完，139.7mm 尾管下入井段 7190~7737.5m。2020 年 11 月 29 日，下入带有 120.65mm PDC 钻头的常规钻具进行泥浆转换，由钻井队泥浆转换为麦克巴泥浆。2020 年 12 月 1 日，二开开钻，钻进至 7782.08m，层位为一间房组，井底井斜为 50.5°，井底静止温度为 164℃。12 月 8 日，定向钻进至 7768m，录井仪显示 CO_2升高至 0.02%，后续施工过程中始终伴有 CO_2，最高值升至 0.07%，短起下测后效时 CO_2最高值升至 0.38%，Ca^{2+}从 840mg/L 最低降至 200mg/L，pH 值由 10.5 下降至 9.2。12 月 10 日，起钻过程中发现部分钻杆壁上有腐蚀坑 1~1.5mm。

该井的井身结构为：ϕ660.4mm 钻头×55m/ϕ508mm 套管×50m+ϕ444.5mm 钻头×(55~1000m)/ϕ365.13mm 套管×957.31m+ϕ333.4mm 钻头×(1000~4830m)/ϕ273.05mm 套管×4828m+ϕ241.3mm 钻头×(4830~7707.5m)/ϕ219.08mm 套管×(0~2284m)+ϕ206.4mm 套管×(2284~4378.91m)+ϕ193.7mm 套管×(4378.91~7707.5m)+ϕ165.1mm 钻头×7737.5m/ϕ139.7mm 套管×(7190~7737.5m)+ϕ120.65mm×8233.96m。

钻具组合：120.65mmPDC 钻头×0.22m+ϕ95mm 螺杆 * 1.5°×4.01m+单流阀×0.61m+坐键接头×0.81m+ϕ105mm 无磁钻铤×9.1m+ϕ105mm 无磁承压钻杆×9.08m+转换接头 211 * ZY310×0.86m+88.9mm 钻杆(ZY31)×28.89m+旁通阀×0.64m+88.9mm 钻杆(ZY31)×867.2m+转换接头 ZY311 * 310×0.76m+88.9mm 加重钻杆×172.88m+88.9mm 钻杆×3514.52m+转换接头 310×DS401×0.76m+114.3mm 钻杆×3122.51m。

钻井液性能：密度 1.91g/cm^3；黏度：53s；塑性黏度：18mPa·s；动切力 9.5Pa；初切/终切：4.5/9Pa；API 失水：2.8mL；泥饼：0.5mm；pH：10；含砂：0.1%；固含：30.7%；膨润土：21.4g/L；摩阻系数：0.0524；Cl^-：35000mg/L；Ca^{2+}：420mg/L。

2. 宏观分析

所送腐蚀钻杆样品共 4 段，分别取自 2000m、4350m、5300m、6000m 井段，为便于描述，分别标记为 1#、2#、3#、4#，其形貌如图 5-18 所示。由图可知，钻杆外壁腐蚀较为严重，且表面覆盖有泥浆。

图 5-18 所送刺漏钻杆样品

测量这 4 段钻杆样品的尺寸，结果如表 5-5 所示。

表 5-5 尺寸测量结果

mm

项目	外径	壁厚	总长度
1#	115.48　115.60	13.80　14.02　14.08　13.24	996
2#	89.48　90.78	10.04　10.38　9.96　10.00	1004
3#	89.40　90.08	10.56　10.60　10.42　10.08	1009
4#	89.94　88.98	10.60　10.06　9.58　10.02	1012

将钻杆外壁泥浆清洗后，发现所有钻杆外壁均存在溃疡状腐蚀形貌，颜色为褐色，形貌如图 5-19 所示。

图 5-19 钻杆外壁腐蚀形貌

由图可知，1#钻杆外壁为成片溃疡状腐蚀，腐蚀面积占比约为50%；2#钻杆外壁存在较深的点蚀坑，点蚀坑纵向扩展成溃疡状腐蚀带，腐蚀面积占比约为40%；3#钻杆外壁为成片溃疡状腐蚀，腐蚀面积占比约为60%；4#钻杆外壁为成片溃疡状腐蚀，腐蚀面积占比约为90%。

测量各钻杆外壁腐蚀坑深度，结果如表5-6所示。由结果可知，这4根钻杆的腐蚀程度由大到小依次为：4#(6000m)、3#(5300m)、1#(2000m)、2#(4350m)。

表5-6　钻杆外壁腐蚀坑深度

样品	腐蚀坑深度/mm	腐蚀坑直径/mm	腐蚀面积占比/%
1#钻杆	0.44　0.63　0.91　0.50　0.85	11.07　10.85　19.52　12.64　8.33	50
2#钻杆	1.11　0.98　0.46　0.73　0.59	10.73　19.76　5.53　8.16　9.10	40
3#钻杆	0.79　0.93　0.82　0.86　0.57	10.90　12.01　18.43　12.18　11.75	60
4#钻杆	0.54　0.56　0.70　0.59　0.27	8.93　11.68　7.99　8.48　5.51	90

2#钻杆内壁存在较厚的腐蚀产物，1#、3#、4#钻杆内壁均存在内涂层，形貌分别如图5-20所示。

图5-20　钻杆内壁形貌

3. 理化性能分析

① 化学成分

分别在1#、2#、3#、4#钻杆管体上取样，采用ARL-3460直读光谱仪对其化学成分进行分析，结果如表5-7所示。由结果可知，所有钻杆管体的化学成分均符合API SPEC 5DP的要求。

表5-7 化学成分分析结果 %(质量)

元素	C	Si	Mn	P	S	Ni	Cr	Mo
1#	0.24	0.26	1.11	0.008	0.003	0.05	0.86	0.15
2#	0.24	0.26	1.09	0.011	0.003	0.04	0.84	0.16
3#	0.24	0.29	1.11	0.010	0.001	0.03	0.83	0.16
4#	0.24	0.26	1.09	0.009	0.002	0.04	0.84	0.16
API Spec 5DP 对钻杆管体要求	—	—	—	≤0.020	≤0.015			

② 金相组织

分别在1#、2#、3#、4#钻杆管体上取样，金相显微镜下观察其金相组织，形貌如图5-21所示，由图可知，所有钻杆管体的金相组织均为回火索氏体，但1#钻杆内壁和外壁均存在脱碳现象，形貌见图5-22。对钻杆管体进行非金属夹杂物评级和晶粒度评级，结果如表5-8所示。

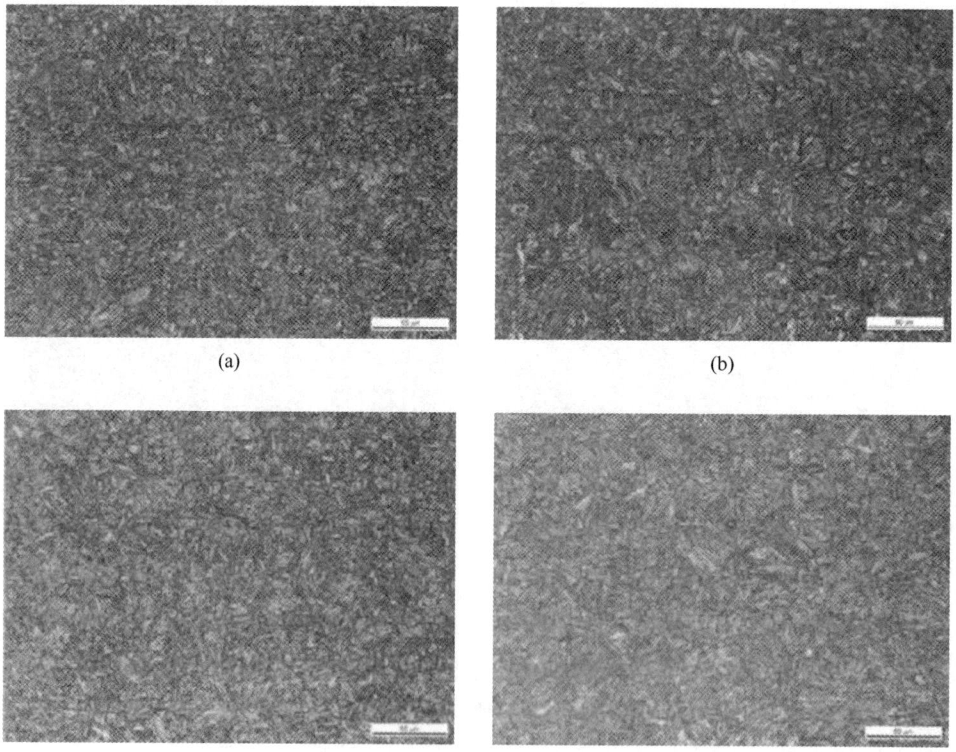

(a) (b) (c) (d)

图5-21 钻杆管体金相组织

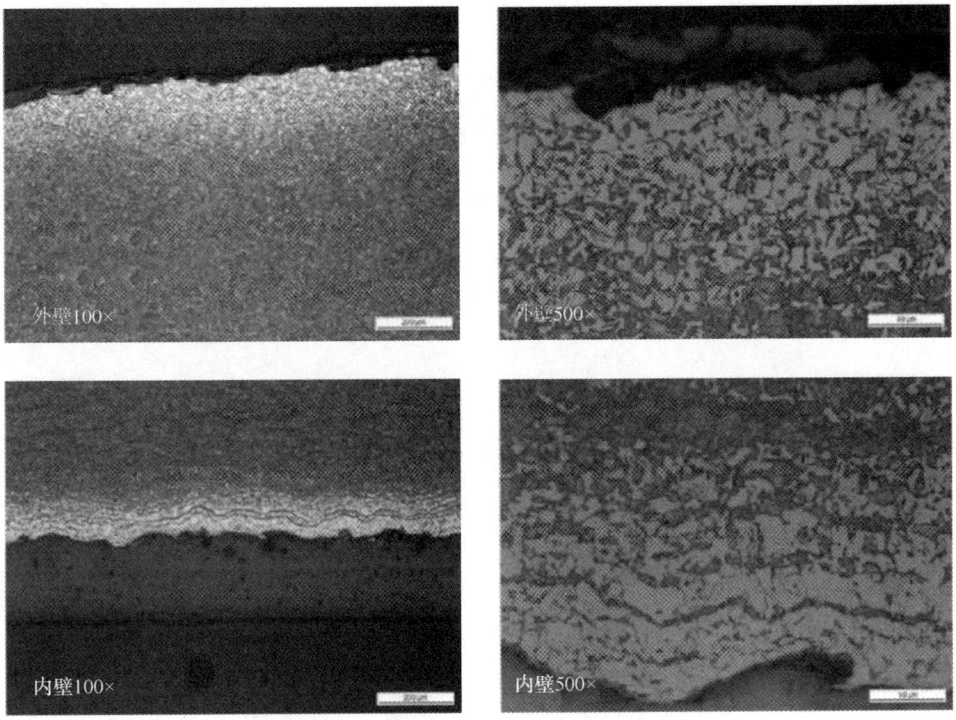

图 5-22　$1^{\#}$钻杆管体内、外壁脱碳形貌

表 5-8　钢中非金属夹杂评级及晶粒度

类别	A		B		C		D		晶粒度
	粗系	细系	粗系	细系	粗系	细系	粗系	细系	
$1^{\#}$	0 级	0 级	0 级	0 级	0 级	0.5 级	0 级	1.0 级	8.0 级
$2^{\#}$	0 级	0 级	0 级	0 级	0 级	1.5 级	0 级	1.0 级	8.0 级
$3^{\#}$	0 级	0 级	0 级	0 级	0 级	0.5 级	0 级	1.0 级	8.0 级
$4^{\#}$	0 级	0 级	0 级	1.0 级	0 级	1.0 级	0 级	0.5 级	8.0 级

4. 微观分析

分别在 $1^{\#}$、$2^{\#}$、$3^{\#}$、$4^{\#}$钻杆上取样，金相显微镜下观察其横截面微观形貌。

① $1^{\#}$钻杆外壁腐蚀产物微观分析

$1^{\#}$钻杆外壁腐蚀坑形貌如图 5-23 所示。由图可知，外壁腐蚀坑口大底浅，内层存在颜色较浅的灰色腐蚀产物，这些腐蚀产物较为致密，根须状渗入金属基体，外层腐蚀产物颜色较深，且疏松。

$1^{\#}$钻杆外壁腐蚀产物能谱分析结果见图 5-24 和表 5-9。由结果可知，$1^{\#}$钻杆外壁腐蚀产物存在分层特征，内层和外层主要含有的元素均为 Fe 和 O；内层腐蚀产物颜色较亮，Fe 元素含量较高；外层腐蚀产物颜色较暗，含有 Si、S、Ca、C 等元素，这些元素可能来源于泥浆。

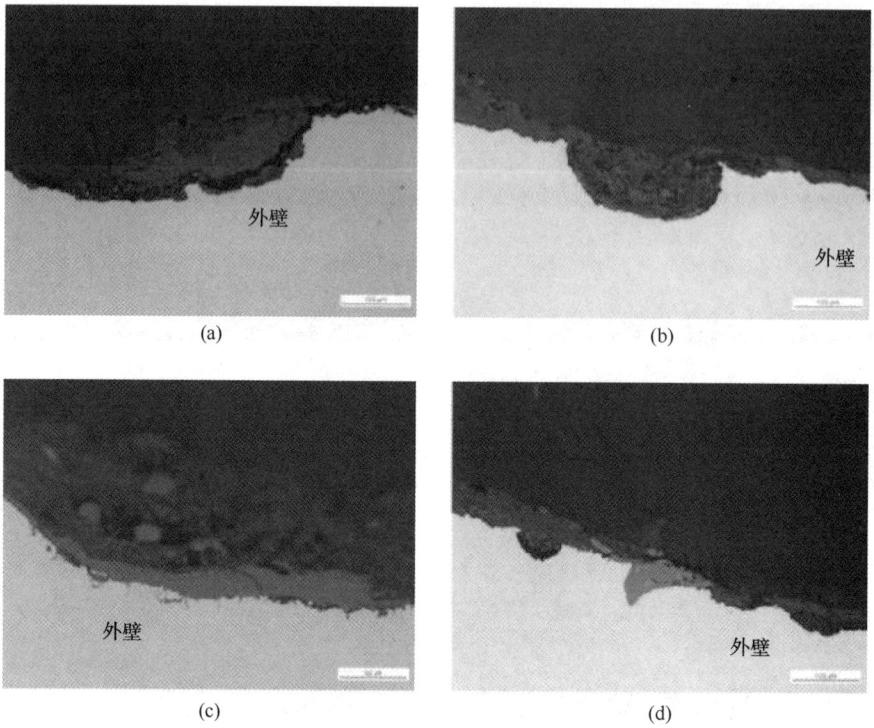

图 5-23　1#钻杆外壁腐蚀坑形貌

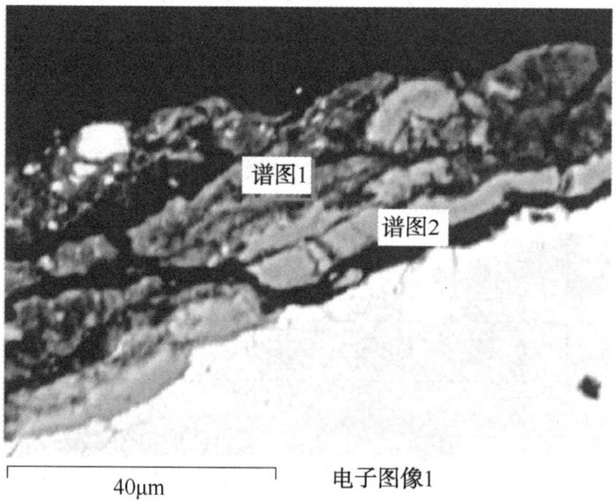

图 5-24　1#钻杆外壁腐蚀产物能谱分析

表 5-9　1#钻杆外壁腐蚀产物能谱分析结果

元素		C	O	Si	S	Ca	Cr	Mn	Fe	总量
质量百分比/%	谱图 1	10. 06	26. 12	1. 39	0. 71	3. 58	0. 70	0. 59	56. 84	100
	谱图 2	3. 55	23. 72	0. 41	—	0. 25	0. 75	0. 73	70. 59	100
原子百分比/%	谱图 1	22. 80	44. 45	1. 35	0. 60	2. 43	0. 37	0. 29	27. 71	100
	谱图 2	9. 56	47. 97	0. 47	—	0. 20	0. 47	0. 43	40. 90	100

在 1#钻杆外壁刮取腐蚀产物，通过 X 射线衍射分析其物相组成，主要物相为 Fe_3O_4 和 $BaSO_4$，分析结果见图 5-25。

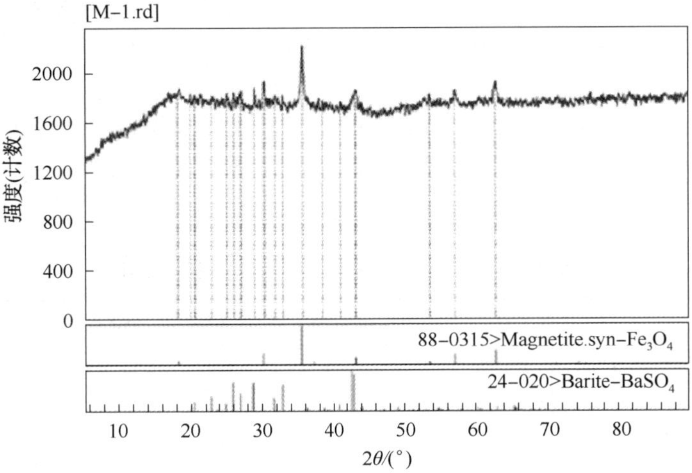

图 5-25　1#钻杆外壁腐蚀产物的物相分析结果

② 2#钻杆外壁腐蚀产物微观分析

2#钻杆外壁腐蚀形貌如图 5-26 所示。由图可知，内层存在颜色较浅且致密的腐蚀产物，外层腐蚀产物颜色较深且疏松。直接与深色疏松腐蚀产物接触的基体下凹，与浅色致密腐蚀产物接触的基体较平整，这是因为致密腐蚀产物对基体的进一步腐蚀起到了一定的保护作用，疏松腐蚀产物起不到保护作用。

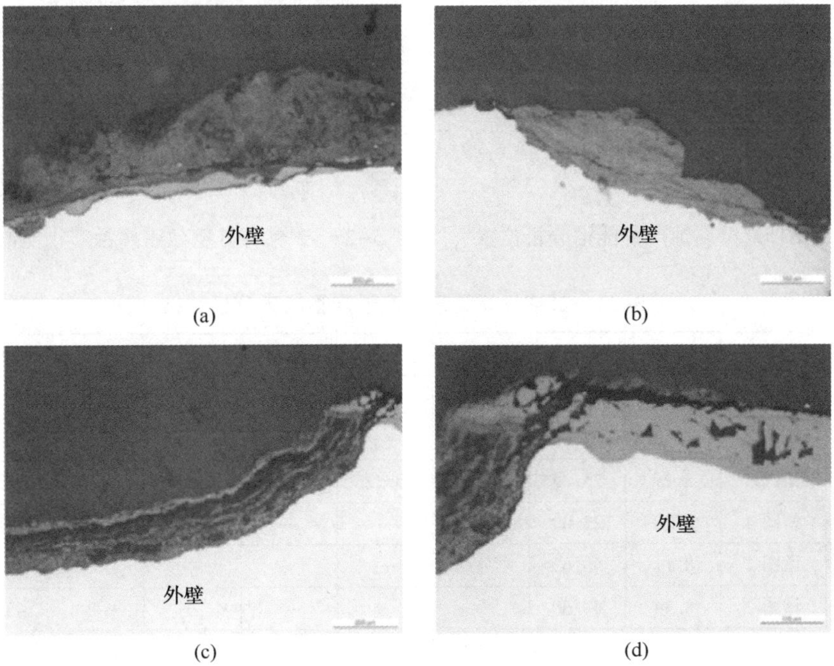

(a)　(b)　(c)　(d)

图 5-26　2#钻杆外壁腐蚀坑形貌

2#钻杆外壁腐蚀产物能谱分析结果见图 5-27 和表 5-10。由结果可知，2#钻杆外壁较平整部位腐蚀产物颜色较亮，且致密，主要含有的元素为 Fe 和 O，无其他杂质元素；外壁凹坑部位腐蚀产物颜色较暗，且疏松，主要含有的元素为 Fe 和 O；内层腐蚀产物颜色较亮，Fe 元素含量较高；外层腐蚀产物颜色较暗，含有 Si、S、Ca、Cl 等杂质元素，这些元素可能来源于泥浆。

对图 5-27 中致密腐蚀产物各层进行能谱分析，结果见图 5-28 和表 5-11。由结果可知，外层腐蚀产物致密，且 Fe 含量较高；内层腐蚀产物相对较疏松，Fe 含量相对较低，且含有 Si、S、Cl 等杂质元素，这些元素可能来源于泥浆。

表 5-10　2#钻杆外壁腐蚀产物能谱分析结果

元素		C	O	Si	S	Cl	Cr	Mn	Fe	总量
质量百分比/%	谱图 1	9.99	33.97	0.57	1.03	4.79	1.78	0.28	47.60	100
	谱图 2	3.02	23.34	—	—	—	—	0.62	73.02	100
原子百分比/%	谱图 1	20.62	52.63	0.50	0.79	3.35	0.85	0.13	21.13	100
	谱图 2	8.30	48.16	—	—	—	—	0.37	43.16	100

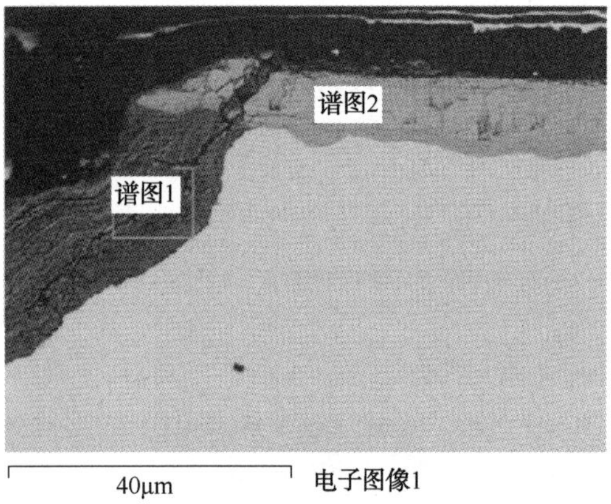

图 5-27　2#钻杆外壁腐蚀产物能谱分析位置

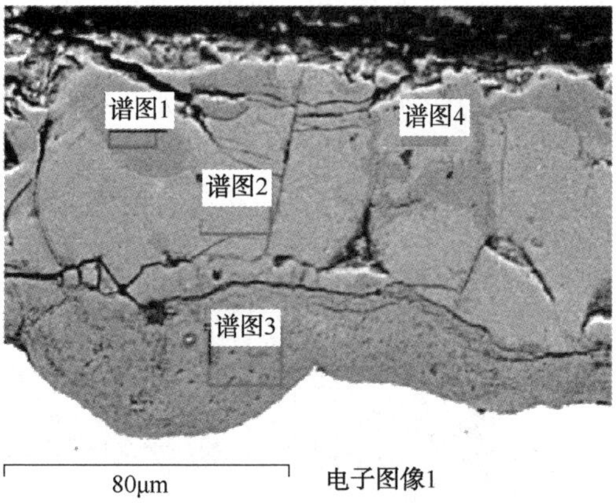

图 5-28　2#钻杆外壁致密腐蚀产物能谱分析位置

表 5-11　2#钻杆外壁致密腐蚀产物能谱分析结果

元素		C	O	Si	S	Cl	Cr	Mn	Fe	总量
质量百分比/%	谱图 1	3.03	25.22	—	—	—	—	0.38	71.36	100
	谱图 2	3.18	23.04	—	—	—	—	0.61	73.18	100
	谱图 3	3.27	25.65	0.81	0.32	0.23	2.28	0.52	66.93	100
	谱图 4	3.20	23.09	—	—	—	—	0.58	73.13	100
原子百分比/%	谱图 1	8.11	50.63	—	—	—	—	0.22	41.04	100
	谱图 2	8.74	47.60	—	—	—	—	0.36	43.30	100
	谱图 3	8.57	50.53	0.91	0.31	0.21	1.38	0.30	37.78	100
	谱图 4	8.79	47.63	—	—	—	—	0.35	42.23	100

对 2#钻杆腐蚀凹坑区域进行能谱分析，结果见图 5-29 和表 5-12。由结果可知，钻杆外壁腐蚀产物呈分层特征，由外到内，Si、S 呈逐渐降低趋势，Fe、Cl 呈逐渐增加趋势（由于腐蚀产物开裂，外层介质会进入内层，局部元素含量范围存在波动）。

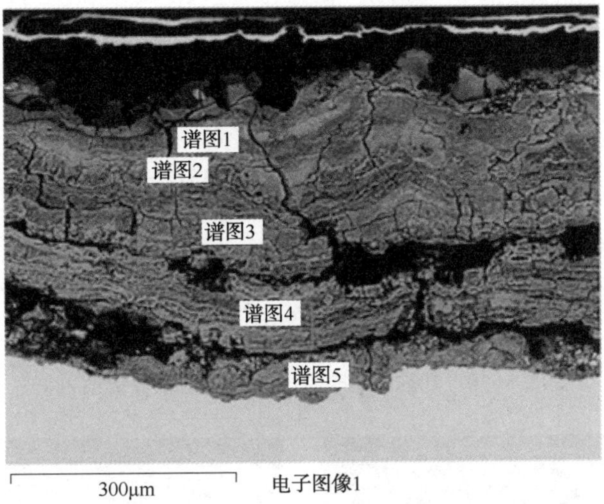

图 5-29 2#钻杆外壁凹坑内腐蚀产物能谱分析位置

表 5-12 2#钻杆外壁凹坑内腐蚀产物能谱分析结果

元素		C	O	Si	S	Cl	Cr	Mn	Fe	总量
质量百分比/%	谱图 1	10.76	33.79	1.26	4.03	1.24	1.82	0.37	46.73	100
	谱图 2	8.21	29.87	0.58	3.53	2.51	1.38	0.28	53.64	100
	谱图 3	10.83	33.15	0.52	2.86	2.31	2.22	0.39	47.73	100
	谱图 4	9.45	33.15	0.80	1.70	2.57	2.96	0.39	48.98	100
	谱图 5	6.34	31.30	0.37	0.62	1.42	0.51	0.55	58.90	100
原子百分比/%	谱图 1	21.89	51.62	1.09	3.07	0.86	0.86	0.16	20.45	100
	谱图 2	18.26	49.86	0.55	2.94	1.89	0.71	0.14	25.65	100
	谱图 3	22.26	51.15	0.46	2.20	1.61	1.05	0.17	21.10	100
	谱图 4	19.89	52.41	0.72	1.34	1.83	1.44	0.18	22.18	100
	谱图 5	14.53	53.88	0.36	0.53	1.10	0.27	0.28	29.04	100

在 2#钻杆外壁刮取腐蚀产物，通过 X 射线衍射分析其物相组成，主要物相为 Fe_3O_4、$BaSO_4$，和 FeOOH，分析结果见图 5-30。

③ 3#钻杆外壁腐蚀产物微观分析

3#钻杆外壁腐蚀产物特征如下，外层腐蚀产物颜色较浅，呈碎块状分布，这些碎块较致密；内层腐蚀产物颜色较深且疏松，局部剥落呈空洞，形貌见图 5-31。根据这些特征可以推测，外层浅色致密腐蚀产物形成较早，但由于该腐蚀产物层与基体结合较差，局部开裂剥落，外界介质进入腐蚀产物层与基体的间隙，对基体产生腐蚀作用。

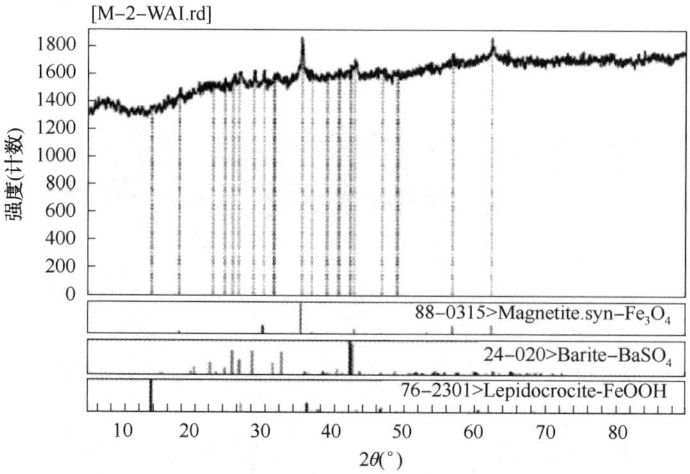

图 5-30　2#钻杆外壁腐蚀产物的物相分析结果

(a)　　(b)

图 5-31　3#钻杆外壁腐蚀坑形貌

对 3#钻杆外壁腐蚀产物进行能谱分析，结果见图 5-32 和表 5-13。由结果可知，3#钻杆外壁腐蚀产物各层元素含量的变化趋势为：由外到内，O 呈逐渐增加趋势，Fe 呈逐渐减小趋势，进一步证明，外层浅色致密腐蚀产物形成较早，但由于该腐蚀产物层与基体结合较差，局部开裂剥落，外界介质进入腐蚀产物层与基体的间隙，对基体产生腐蚀作用。

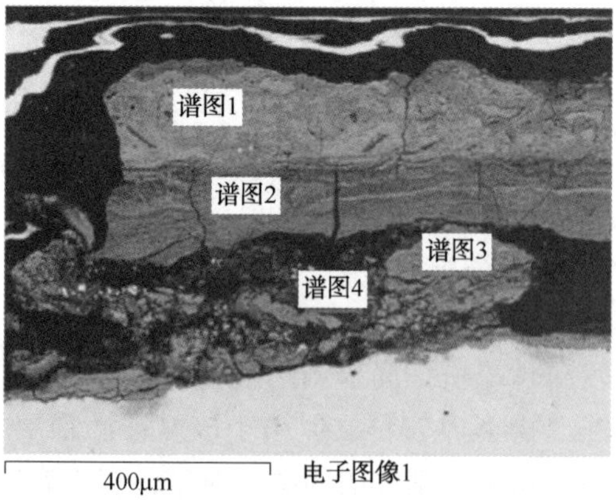

图 5-32　3#钻杆外壁腐蚀产物能谱分析位置

表 5-13 3[#]钻杆外壁腐蚀产物能谱分析结果

元素		C	O	Al	Si	S	Cl	Ca	Cr	Fe	Ba	总量
质量百分比/%	谱图 1	6.31	27.96	—	0.17	0.68	3.43	—	—	61.45	—	100
	谱图 2	9.14	30.59	—	1.07	1.71	2.80	—	1.83	52.86	—	100
	谱图 3	6.96	33.54	—	0.45	0.86	6.17	—	0.99	51.02	—	100
	谱图 4	41.23	38.53	0.26	0.55	1.37	2.03	—	—	12.84	2.92	100
原子百分比/%	谱图 1	15.03	49.96	—	0.17	0.61	2.76	-0.27	—	31.46	—	100
	谱图 2	19.90	49.98	—	1.00	1.40	2.07	—	0.92	24.74	—	100
	谱图 3	15.16	54.79	—	0.42	0.70	4.55	—	0.50	23.88	-0.34	100
	谱图 4	55.12	38.67	0.16	0.31	0.69	0.92	0.11	—	3.69	—	100

对 3#钻杆外壁凹坑内腐蚀产物进行能谱分析，结果见图 5-33 和表 5-14。由结果可知，该腐蚀凹坑外层腐蚀产物的 O、Si、S、Cl、Cr 等元素含量高于内层，Fe、Mn 等元素含量低于内层。

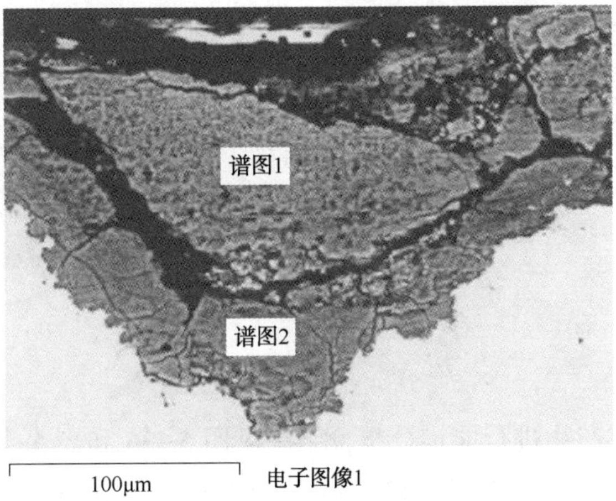

图 5-33 3[#]钻杆外壁凹坑内腐蚀产物能谱分析位置

表 5-14 3[#]钻杆外壁凹坑内腐蚀产物能谱分析结果

元素		C	O	Si	S	Cl	Cr	Mn	Fe	总量
质量百分比/%	谱图 1	6.47	34.57	0.84	0.98	4.16	2.05	0.31	50.62	100
	谱图 2	4.88	30.45	0.58	0.61	2.47	1.68	0.51	58.82	100
原子百分比/%	谱图 1	14.08	56.43	0.78	0.80	3.06	1.03	0.15	23.67	100
	谱图 2	11.56	54.17	0.59	0.55	1.98	0.92	0.27	29.97	100

在 3[#]钻杆外壁刮取腐蚀产物，通过 X 射线衍射分析其物相组成，主要物相为 Fe_3O_4 和 $BaSO_4$，分析结果见图 5-34。

④ 4[#]钻杆外壁腐蚀产物微观分析

4[#]钻杆外壁腐蚀产物形貌如图 5-35 所示。

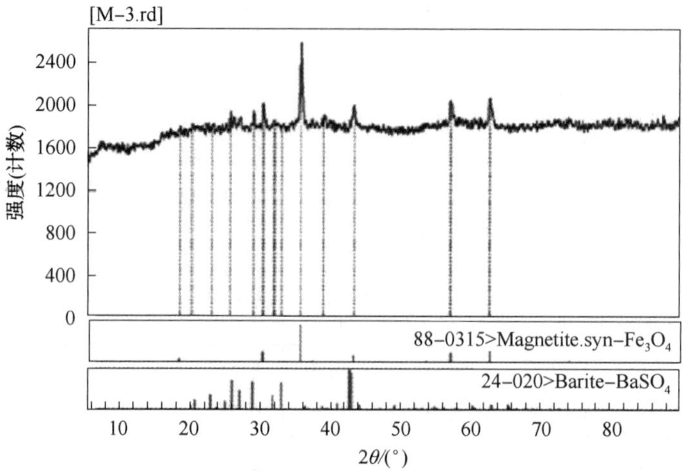

图 5-34　3#钻杆外壁腐蚀产物的物相分析结果

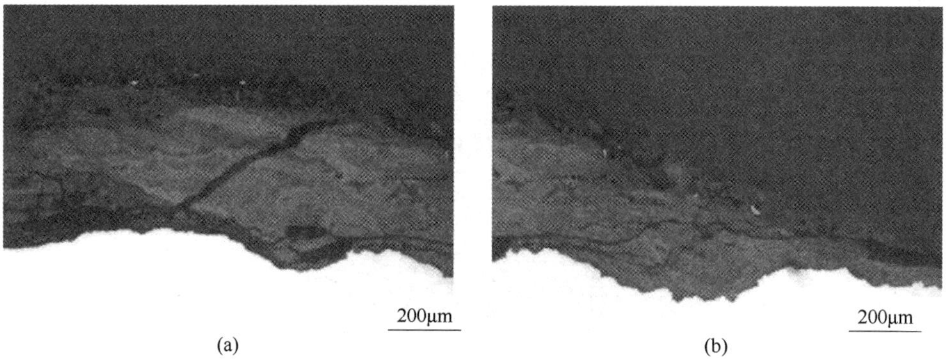

图 5-35　4#钻杆外壁腐蚀坑形貌

对 4#钻杆外壁腐蚀产物进行能谱分析，结果见图 5-36 和表 5-15。由结果可知，该钻杆外壁各层腐蚀产物的元素含量变化趋势为：由外到内，Fe 元素含量逐渐降低，O、S、Cl 等元素含量逐渐升高。

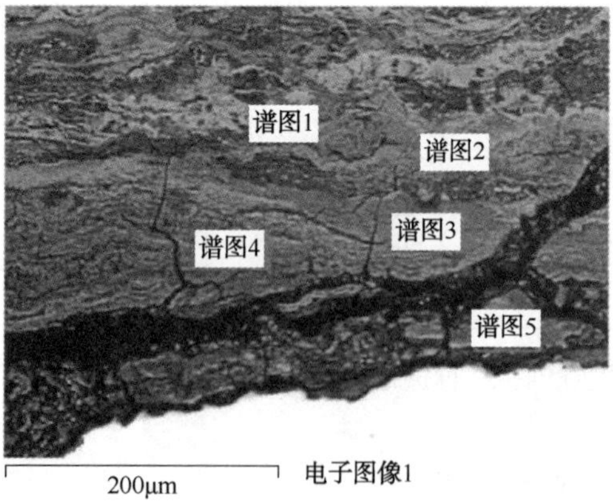

图 5-36　4#钻杆外壁腐蚀产物能谱

表 5-15 4#钻杆外壁腐蚀产物能谱分析结果

元素		C	O	Si	Cl	Ca	Cr	Mn	Fe	总量
质量百分比/%	谱图 1	4. 71	28. 16	0. 46	—	—	0. 33	—	65. 98	100
	谱图 2	5. 95	28. 13	0. 44	—	0. 32	1. 01	0. 25	63. 26	100
	谱图 3	5. 24	32. 75	0. 38	0. 98	—	1. 00	—	59. 14	100
	谱图 4	6. 49	30. 28	0. 78	5. 77	—	2. 01	0. 35	53. 20	100
	谱图 5	8. 42	32. 44	0. 34	4. 36	—	0. 54	—	52. 81	100
原子百分比/%	谱图 1	11. 65	52. 27	0. 49	—	—	0. 19	—	35. 08	100
	谱图 2	14. 34	50. 90	0. 45	—	0. 23	0. 56	0. 13	32. 8	100
	谱图 3	12. 06	56. 57	0. 38	0. 76	—	0. 53	—	29. 27	100
	谱图 4	14. 78	51. 77	0. 76	4. 45	—	1. 06	0. 17	26. 06	100
	谱图 5	18. 19	52. 61	0. 31	3. 19	—	0. 27	—	24. 54	100

在 4#钻杆外壁刮取腐蚀产物，通过 X 射线衍射分析其物相组成，主要物相为 Fe_3O_4 和 $BaSO_4$，分析结果见图 5-37。

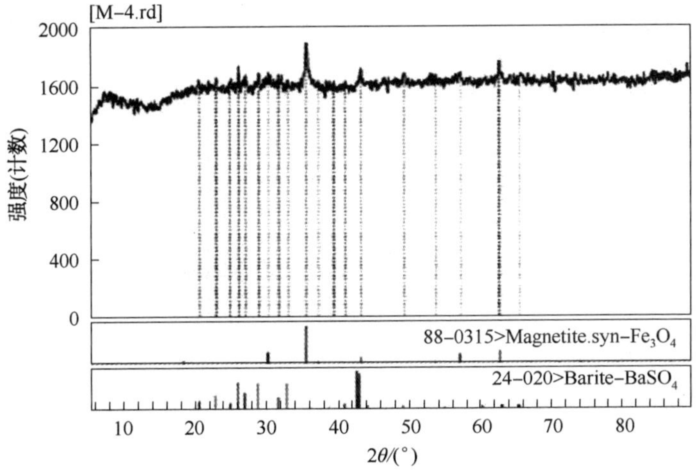

图 5-37 4#钻杆外壁腐蚀产物的物相分析结果

⑤ 2#钻杆内壁腐蚀产物微观分析

2#钻杆内壁腐蚀产物形貌如图 5-38 所示。

对 2#钻杆内壁腐蚀产物进行能谱分析，结果见图 5-39 和表 5-16。

由结果可知，该钻杆内壁各层腐蚀产物的元素含量变化趋势为：由外层到内层，Fe、Cl 元素含量逐渐升高，O、S、Ba 等元素逐渐降低。

表 5-16 2#钻杆内壁腐蚀产物能谱分析结果

元素		C	O	Mg	Al	Si	S	Cl	K	Ca	Cr	Mn	Fe	Cu	Ba	总量
质量百分比/%	谱图 1	13. 36	30. 42	—	0. 26	1. 67	1. 49	6. 67	—	—	0. 80	0. 25	44. 85	—	—	100
	谱图 2	11. 45	31. 85	—	0. 43	2. 85	3. 68	1. 92	0. 17	0. 57	—	0. 39	39. 06	0. 61	7. 03	100
	谱图 3	40. 29	33. 86	0. 15	0. 33	3. 26	3. 26	1. 18	0. 16	0. 19	—		10. 29	—	8. 84	100

续表

元素		C	O	Mg	Al	Si	S	Cl	K	Ca	Cr	Mn	Fe	Cu	Ba	总量
原子百分比/%	谱图 1	27.22	45.70	—	0.23	1.12	1.12	4.52	—	—	0.37	0.11	19.31	—	—	100
	谱图 2	23.74	49.57	—	0.39	2.86	2.86	1.35	0.11	0.35	—	0.17	17.42	0.24	1.27	100
	谱图 3	56.53	35.67	0.10	0.20	1.72	1.72	0.56	0.07	0.88	—	—	3.10	—	1.08	100

图 5-38　2#钻杆内壁腐蚀形貌

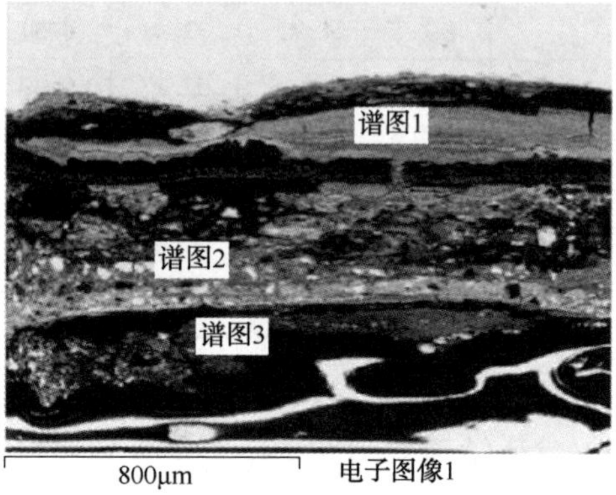

图 5-39　2#钻杆内壁腐蚀产物能谱分析位置

在 2#钻杆内壁刮取腐蚀产物，通过 X 射线衍射分析其物相组成，主要物相为 Fe_3O_4 和 $BaSO_4$，分析结果见图 5-40。

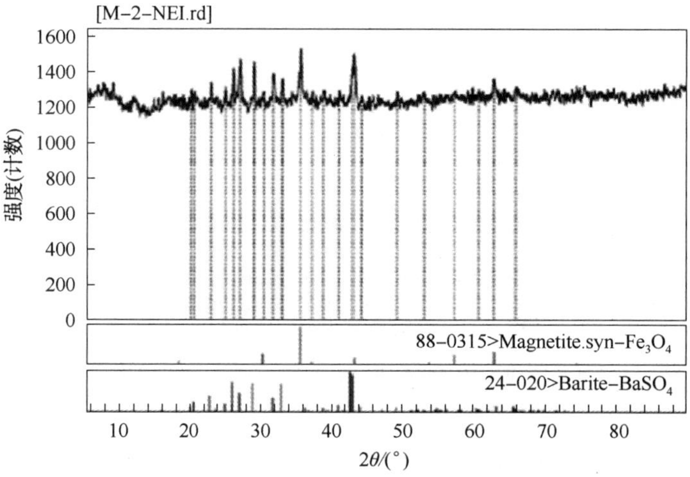

图 5-40　2#钻杆内壁腐蚀产物分析结果

5. 综合分析

根据上述试验分析，可以推知所送 4 根钻杆样品外壁腐蚀失效的机理均为氧腐蚀。下面对其腐蚀原因进行分析。

① 钻杆的外壁腐蚀宏观特征为溃疡状，颜色为褐色，符合氧腐蚀的特征；能谱分析表明腐蚀产物主要含有 Fe 和 O；物相分析表明，腐蚀产物的物相主要为 Fe_3O_4 和 $BaSO_4$。根据这些分析结果可以推知，钻杆外壁腐蚀的失效机理为氧腐蚀。

② 钻杆发生氧腐蚀，其溶解氧来源有以下几种可能：一是钻井过程中，钻井液在地面搅拌，在储罐、振动筛、离心泵、除砂器等设备处通过，都会与大气接触，导致大气中的氧进入钻井液中而成为游离态的氧。二是钻杆在井场存放时，未冲洗干净，钻杆表面存在残留泥浆，大气中的氧溶于残留泥浆内，会对钻杆产生溶解氧腐蚀。

所送 4 根钻杆外壁均覆盖有泥浆，因此推测钻杆起出井眼后其外壁泥浆未冲洗干净，这是钻杆发生氧腐蚀主要原因。

所送 4 根钻杆均服役过多口井，ϕ114. 3mm 钻杆自 2020 年 3 月 28 日供货，共服役 13 口井；ϕ88. 9mm 钻杆自 2020 年 4 月 2 日供货，共服役 6 口井。若钻杆每次起出井眼后未冲洗干净，将导致钻杆发生氧腐蚀。泥浆中 Cl^- 的含量较高，为 35000mg/L，Cl^- 对溶解氧腐蚀也存在促进作用。

③ 现场提供的资料显示，录井仪显示 CO_2 最高值为 0. 07%，下面考虑溶解氧和 CO_2 同时存在时对钻杆腐蚀的影响。国内学者通过研究溶解氧、二氧化碳、硫化氢对碳钢的腐蚀，发现以下公式所示的规律，其腐蚀速率曲线对比见图 5-41。

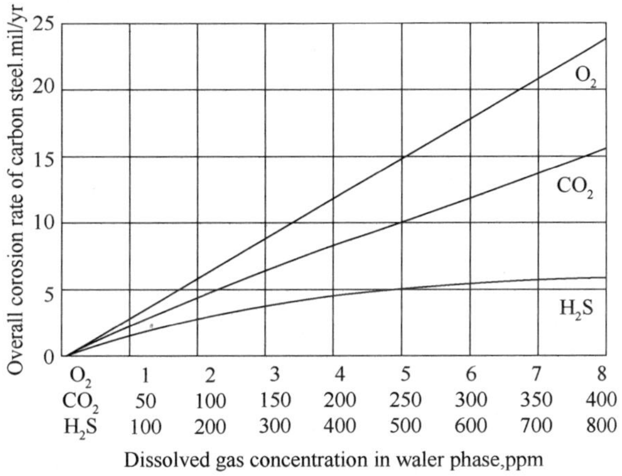

图 5-41 各溶解气体对碳钢的腐蚀速率对比

$$CR_{O_2} \approx 80 \cdot CR_{CO_2} \approx 400 \cdot CR_{H_2S}$$

式中 CR_{O_2}——溶解氧腐蚀速率；

CR_{CO_2}——二氧化碳腐蚀速率；

CR_{H_2S}——硫化氢腐蚀速率。

显然，溶解氧和二氧化碳同时存在时，溶解氧腐蚀速率远高于二氧化碳。

④ 温度对腐蚀的影响。由于受低温梯度的影响，井深越深，对应的地层温度越高。对于 ϕ88. 9mm 钻杆，6000m 井深对应的 4#钻杆外壁腐蚀最为严重，5300m 井深对应的 3#钻杆次之，4350m 井深对应的 2#钻杆腐蚀最为轻微，这是因为随温度升高氧腐蚀逐渐严重。

另外，2000m 井深对应的 1#钻杆比 4300m 井深对应的 2#钻杆腐蚀严重，不符合温度对氧腐蚀的影响规律，其原因为：氧腐蚀不仅与温度有关。还与溶解氧浓度、与氧接触时间有关。这 2 种规格钻杆的服役情况不同，在井场的存放时间不同，与氧接触时间不同、氧浓度不同，这些因素共同影响着钻杆氧腐蚀，因此，不能仅仅从温度因素考虑。

⑤ 钻杆外壁局部区域残留有致密氧化物层，该区域基体腐蚀较轻微，推测该氧化物层

对基体腐蚀产生保护作用；致密氧化物主要含有 Fe 和 O，其原子比例在 1∶1 和 3∶4 间，推测为 FeO 和 Fe_3O_4的混合物，该产物的形成温度较高，推测为热处理时产生的氧化皮。

⑥ 凹坑内腐蚀产物较疏松，除含有 Fe 和 O 元素外，还含有 Si、S、Ca、Cl 等杂质元素，这些杂质元素来源于泥浆。凹坑内腐蚀产物是在使用过程(包括钻井过程和井场存放过程)中形成的。

⑦ 通常情况下，钢表面腐蚀产物由外到内，Fe 元素含量逐渐增加，O 元素含量逐渐减少，这是因为电化学反应过程中，由于 Fe 由内向外扩散，形成由内到外含量逐渐降低的梯度；O 由外向内扩展，形成由外到内含量逐渐降低的梯度。

然而，局部致密氧化层开裂或剥落，外界介质直接与基体表面接触而产生腐蚀，会形成与上述相反的元素变化情况。

⑧ 物相分析发现腐蚀产物中含有 FeOOH，该产物是由 Fe_2O_3结构中一半的 O 原子被 OH^-代替后得到的。该氧化物比表面积大，表面的键态、电子态、原子配位等与颗粒内部不同，表面活性增加，对钻杆的腐蚀具有催化作用。

⑨ 内涂层钻杆内壁无明显腐蚀，无内涂层钻杆内壁腐蚀较严重，因此，考虑到提高钻杆的使用寿命，尤其是提高钻杆的疲劳寿命方面(疲劳裂纹通常起源于钻杆内壁)，建议使用内涂层钻杆。

⑩ 理化分析表明，所有钻杆管体的化学成分均符合 API SPEC 5DP—2009 要求，硬度分布较为均匀；所有钻杆管体的金相组织均为回火索氏体，但 1#钻杆内壁和外壁均存在脱碳现象。

根据上述分析，可以推知本次钻杆腐蚀的主要原因为：钻杆存放时未冲洗干净，钻杆表面存在残留泥浆，大气中的氧溶于残留泥浆内，对钻杆产生溶解氧腐蚀。

6. 结论与建议

① 所送钻杆的腐蚀失效机理为溶解氧腐蚀。

② 钻杆管体的化学成分均符合 API Spec 5DP 要求，硬度分布较为均匀；所有钻杆管体的金相组织均为回火索氏体，但 1#钻杆内壁和外壁均存在脱碳现象。

③ 建议监测井口出口处泥浆的溶解氧含量；钻杆井场存放时，应将钻杆内、外表面的泥浆冲洗干净，以避免钻杆发生氧腐蚀。

典型案例三：钻杆加厚过渡段刺漏

1. 概况

某油气勘探公司钻井队使用的 ϕ127mmG105 钻杆连续发生多次管体刺漏失效事故，应油田要求。从现场取样对其失效原因进行分析，该失效钻杆所在井的设计深度为 2730m，在井深 1500~1750m 之间，20 多根钻杆发生刺穿失效。钻井参数：钻压 150kN，转速 55r/min，泵压 11MPa，泥浆密度 1.05g/cm^3，黏度 29s，pH=10。钻具组合：ϕ165.1mm 钻铤 18 根+ϕ127mm 重钻杆 9 根+ϕ127mm 钻杆。

2. 宏观分析

(1) 钻杆管体尺寸测量及无损检测

依据 ASTM E709《磁粉探伤方法》对失效钻杆外表面进行磁粉探伤，管体外表面有 3 处刺漏穿孔，距外螺纹接头台肩面的距离分别为514mm、526mm和537mm，刺孔最大长度达50mm，刺漏处裂纹形貌如图5-42所示。测量钻杆管体尺寸结果：外径为127.22mm，壁厚为9.18mm，内径为108.20mm，失效钻杆管体外径和壁厚满足SY/T 6697—2007《钻杆管体》要求。

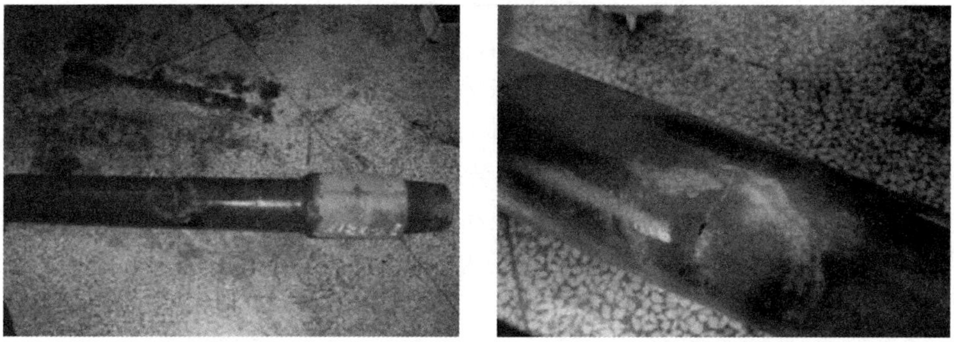

(a)刺漏钻杆全貌　　(b)失效处形貌

图5-42　刺漏失效钻杆形貌

（2）钻杆加厚过渡带形貌分析

将失效钻杆样品剖开，管体外加厚部位的外径为129.80mm、内径为91.50mm、内锥面长度为103.60mm，满足SY/T 6697要求。另外，钻杆内壁没有涂层，表面黏附大量的“鼓包”状腐蚀产物和钻井液残留物，腐蚀产物较为疏松，颜色较浅，容易剥落，剥落后的腐蚀产物呈片状，易碎。去除内壁附着物后的形貌如图5-43所示，内表面分布大量深浅不一的腐蚀坑，并且在裂纹扩展前沿存在许多小而深的点蚀坑，裂纹横穿部分点蚀坑，具有腐蚀疲劳特征。

图5-43　钻杆内壁腐蚀及裂纹形貌

3. 理化性能分析

化学成分分析：从失效钻杆样品上取样，使用直读光谱仪按照ASTM A751《钢制品化学分析方法及定义》对试样进行化学成分分析，结果见表5-17。由表5-17可见，失效钻杆属于C-Mn系钢，其化学成分符合SY/T 6697标准要求。

表 5-17　钻杆化学成分 %(质量)

元素	C	Si	Mn	P	S	Cr	Mo	Cu	Fe
含量	0.24	0.18	1.40	0.010	0.0019	0.23	0.28	0.016	余量
SY/T 6697	—	—	—	≤0.030	≤0.030	—	—	—	余量

显微组织分析：依据无损探伤结果，在管体裂纹尖端取样分析显微组织经抛光处理后试样的形貌及腐蚀后的组织，如图 5-44 所示。由图 5-47(a)可见，钻杆内表面有许多腐蚀坑，腐蚀坑内充满灰色腐蚀物，部分腐蚀坑内有裂纹，并沿径向穿晶向外表面扩展，起始扩展处较宽，裂纹内含有灰色物质，具有疲劳裂纹扩展特征。依据 GB/T 13298—2015《金属显微组织检验方法》，组织中的夹杂物种类和等级分别为 A0.5、B0.5、D0.5。由图 5-47(b)可见，裂纹两侧组织与基体组织相同，均为回火索氏体，晶粒度为 9.0 级，裂纹尖端有明显的“钝化”现象。

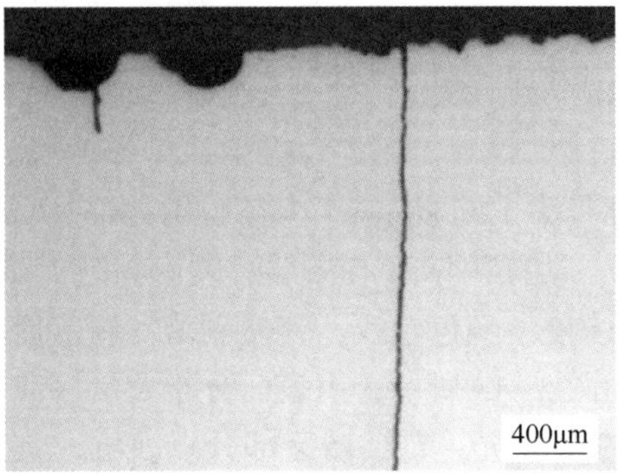

(a)

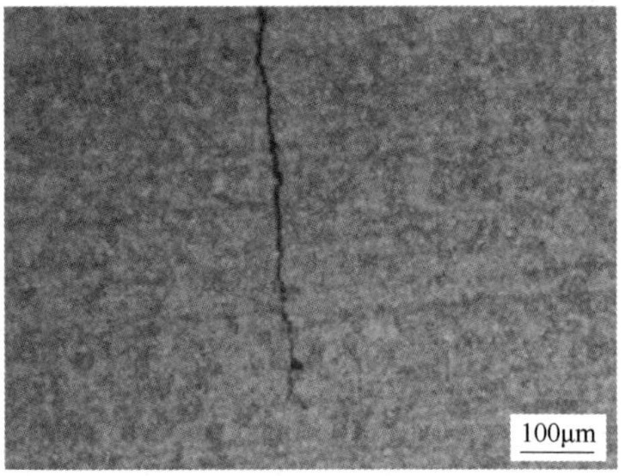

(b)

图 5-44　裂纹扩展形貌(a)及尖端组织(b)

力学性能测试：在失效钻杆管体上分别取纵向拉伸试样和纵向夏比 V 形缺口冲击试样。依据 ASTM A370《钢制品的机械性能试验》和 ASTM E23《金属材料缺口冲击试验方法》，拉伸试样取 25.4mm，厚为钻杆壁厚 9.18mm 的全壁厚条形试样，纵向冲击试样规格为 7.5mm×10mm×55mm，试验温度 21℃，每种试验取 3 个试样，试验结果取平均值，结果见表 5-18。由表 5-18 可见，钻杆的力学性能满足 SY/T 6697 标准。

表 5-18　失效钻杆力学性能

检测项	屈服强度/MPa	抗拉强度/MPa	伸长率/%	冲击功/J
检测结果	796	872.7	18.8	110.7
SY/T 6697	724~931	≥793	≥14.0	≥43

4. 微观断口分析

对试样的裂纹面进行微观形貌和能谱分析如下：

① 低倍观察裂纹面时发现，整个裂纹扩展面平坦，有腐蚀痕迹，如图 5-45(a)所示；高倍观察裂纹面的腐蚀物呈龟裂形貌，如图 5-45(b)所示；在裂纹尖端附近，由于裂纹扩展速度较快而无腐蚀物填充处可见疲劳辉纹，如图 5-45(c)所示。

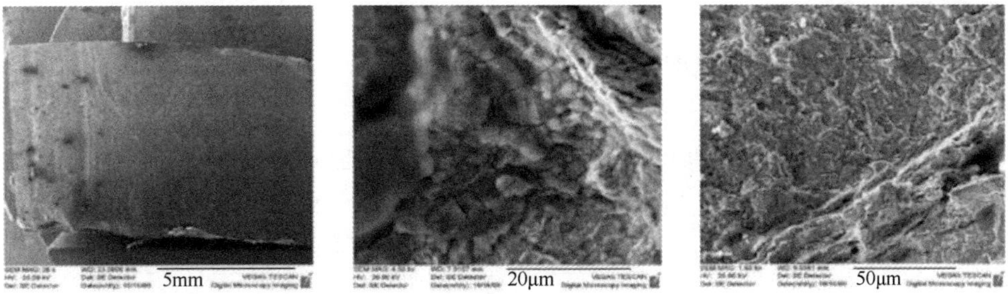

(a)裂纹扩展面　　(b)腐蚀产物　　(c)疲劳辉纹

图 5-45　裂纹微观形貌

② 对裂纹扩展面的腐蚀物及裂纹尖端进行能谱分析，结果如图 5-46 所示。由图 5-46(a)可见，裂纹扩展面腐蚀物中的主要元素为 O 和 Fe，含有少量 C、Cr、Mn、Si 和 Na 元素。由图 5-46(b)可见，裂纹尖端的主要元素为 Fe，含有少量的 C、O、Cr、Mn 和 Si 元素。以上结果充分说明钻杆内壁的腐蚀与氧密切相关。

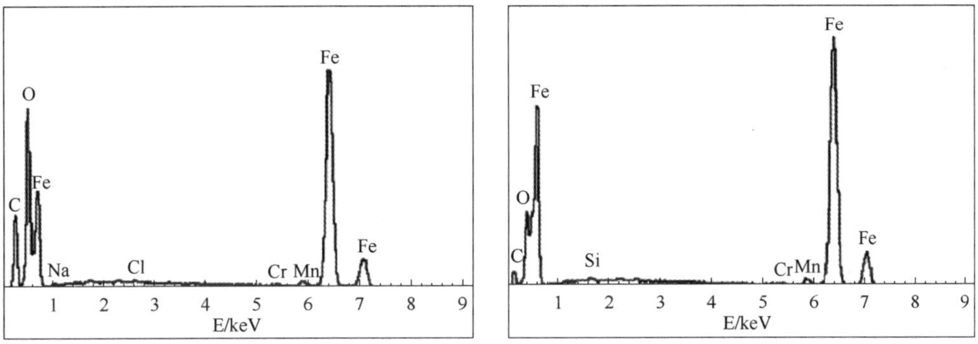

(a)裂纹扩展面　　(b)裂纹尖端

图 5-46　对裂纹扩展面的腐蚀产物及裂纹尖端能谱分析

5. 腐蚀产物的 X 射线衍射分析

在失效钻杆内表面腐蚀坑内取样，对腐蚀坑内的灰色腐蚀物进行 X 射线衍射分析，如图 5-47 所示。由图可见，腐蚀物均为铁的氧化物，从而确定了钻杆内表面的腐蚀坑是由于氧气腐蚀造成的。钻杆内壁的氧气腐蚀过程如下：

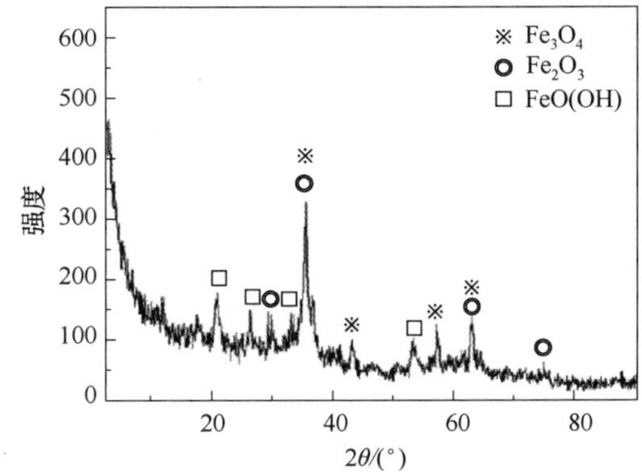

图 5-47　失效钻杆内表面腐蚀产物 X 射线衍射分析

阳极：$Fe-2e \longrightarrow Fe^{2+}$

阴极：$O_2+2H_2O+4e \longrightarrow 4OH^-$

总反应式：$2Fe+O_2+2H_2O \longrightarrow 2Fe^{2+}+4OH^-$

二价的亚铁离子被进一步氧化成三价的铁离子，其反应式如下：

$$4Fe^{2+}+6H_2O+O_2 \longrightarrow 4FeO(OH)+8H^+$$

FeO(OH)实际上就是 $Fe_2O_3 \cdot H_2O$，通常位于腐蚀物的外层，其脱水后生成红棕色 Fe_2O_3。

6. 综合分析

对失效钻杆检测后发现，其尺寸、化学成分和力学性能均符合 SY/T 6697 标准要求。钻杆内壁受到严重腐蚀，裂纹横穿部分腐蚀坑，具有腐蚀疲劳的特征。显微分析表明，裂纹起源于钻杆内壁的腐蚀坑底；腐蚀坑周围组织及裂纹周围组织与基体组织相同，均为回火索氏体；腐蚀坑及扩展裂纹内填满灰色腐蚀物；裂纹穿晶笔直扩展，扩展面平齐。对裂纹扩展面的灰色物质进行能谱分析，发现灰色物质中含有大量的 O 和 Fe 元素。另外，对钻杆内表面腐蚀坑底的腐蚀物进行 X 射线衍射分析，腐蚀物是铁的氧化物，这充分说明钻杆内壁的腐蚀是由于氧气腐蚀形成的。

一方面，在钻井过程中，钻杆承受复杂的交变应力，钻杆接头和加厚处一般具有较高的刚性，而加厚过渡区消失附近由于截面壁厚的减薄，成为应力集中部位之一。另一方面，钻杆内径在该处由大变小，易造成钻井液涡流或滞留。应力集中与钻井液中腐蚀性介质(氧气)共同作用，使得内加厚过渡区消失处优先形成腐蚀坑，而腐蚀坑的形成又进一步加剧了坑底的应力集中，并最终导致裂纹萌生。在交变应力和腐蚀性介质的共同作用下，裂纹迅速扩展，钻杆有效承载面积减小。交变应力因管壁截面的减小而增大，而裂纹尖端应力的增大又反过来加速了裂纹的扩展，随着裂纹的不断扩展，剩余壁厚越来越薄，进而形成穿透性裂纹，高压钻井液乘隙而入最终形成刺漏。

7. 结论与建议

① 钻杆尺寸、化学成分和力学性能均符合 SY/T 6697 标准要求。

② 钻杆内壁的腐蚀属于氧气腐蚀，过渡段刺漏属于腐蚀疲劳破坏。

③ 建议钻杆内涂并定期探伤。

典型案例四：钻杆内螺纹接头胀扣

1. 概况

某钻井公司发生多起 127mm S135 钻杆内螺纹接头胀扣失效事故。发生事故的油井设计深度为 4855m，使用 127mm S135 18°台肩钻杆，上扣扭矩为 49kN · m。在井深 2500m 内，在不同井段提钻时都发现钻杆内螺纹端有不同程度的胀扣失效现象，甚至出现了卡死。钻具组合为：311mm 钻头+730×730 转换接头+229mm 钻铤 2 根+311mm 稳定器 1 个+731×630 转换接头+203mm 螺旋钻铤 6 根+631×410 转换接头+178mm 螺旋钻铤 9 根+127mm 钻杆 97 根。钻井参数为：钻压为 160~260kN，泵压为 25~27MPa，转速为 120r/min。

2. 宏观分析

根据现场调研资料，该批钻杆内螺纹接头胀扣失效表现为内螺纹密封台肩面下陷，接头外径胀大，部分外螺纹接头密封台肩面在大扭矩的作用下进入内螺纹接头镗孔段发生卡死现象。经测量，发生胀扣失效的内螺纹接头外径为 177.12mm，远远超过 SY/T 5290—2000《石油钻杆接头》规定的外径尺寸 168.28mm±0.8mm。

将钻杆接头胀扣失效位置沿纵向剖开，其剖面形貌如图 5-48 所示。可以看出，内、外螺纹接头密封台肩面已发生严重的塑性变形，内螺纹接头的内壁上明显可见挤压和摩擦痕迹，在外螺纹接头密封台肩处，多出了一个截面为直角三角形的周向环。在此周向环的整个外圆周面上，可见明显的挤压和磨损痕迹，这与内螺纹接头内壁的形貌相匹配。由此可以确定，外螺纹接头密封台肩处的三角形周向环是从内螺纹接头的密封台肩面上剪切剥离下来的。从内螺纹接头胀扣失效形貌来看，内螺纹接头的密封台肩面已严重变形，由平面变为斜面。从该批钻杆内螺纹接头密封台肩面的下陷形貌可知，外螺纹接头密封台肩面的倒角直径明显小于内螺纹接头密封台肩面的倒角直径。经测量，内螺纹接头密封台肩面的有效壁厚为 9.0mm，而外螺纹接头密封台肩面的有效壁厚仅为 4.5mm，即内、外螺纹接头密封台肩面接触时，内螺纹接头密封台肩面只有一半的承载面积与外螺纹接头的密封台肩面进行接触。

图 5-48 钻杆接头胀扣失效部分剖面图

3. 理化性能分析

化学分析：在钻杆接头上取样进行化学成分分析，结果见表 5-19。试验结果表明，失效钻杆内、外螺纹接头的化学成分符合 SY/T 5290—2000《石油钻杆接头》的要求。

表 5-19 失效钻杆内、外螺纹接头化学成分分析表 %

名称＼元素	C	Si	Mn	P	S	Cr	Mo	Ni
内螺纹接头	0.40	0.20	0.94	0.010	0.0075	1.10	0.31	0.11
外螺纹接头	0.37	0.23	0.91	0.011	0.0034	1.12	0.29	0.11
SY/T 5290—2000	—	—	—	≤0.03	≤0.03	—	—	—

力学性能分析：在钻杆内、外螺纹接头上分别取直径为 12.5mm、标距为 50.8mm 的纵向圆棒拉伸试样，10mm×10mm×55mm 的纵向和横向 V 形缺口冲击试样，做拉伸和冲击试验以及硬度测试，试验结果见表 5-20。从表中可知，失效钻杆内、外螺纹接头的力学性能符合 SY/T 5290—2000《石油钻杆接头》的要求。

表 5-20 失效钻杆内、外螺纹接头的力学性能试验结果表

名称	项目	抗拉强度/MPa	屈服强度/MPa	延伸率/%	硬度/HB	冲击功(-20℃)/J	
						纵向	横向
内螺纹接头	测试值	1070	960	19.0	304	110	47.0
		1070	960	19.5	311	116	47.0
	平均值	1080	975	18.0	304	117	48.0
		1073	965	18.8	306	114	47.3
外螺纹接头	测试值	1040	935	19.0	311	89.0	52.0
		1030	935	19.0	313	73.5	55.0
	平均值	1010	920	19.5	315	82.0	56.0
		1027	930	19.2	313	81.5	54.3
SY/T 5290—2000		≥965	≥827	≥13.0	≥285	≥54	—

金相组织分析：在钻杆接头胀扣处取样，观察内部显微组织形貌，内、外螺纹接头组织均为回火索氏体，晶粒度为 9.0 级。内螺纹接头镗孔段内壁组织有明显的白亮层组织和基体组织变形(图 5-49)。白亮层组织为二次淬火马氏体组织，白亮层的产生主要是由于在使用过程中接触面之间的剧烈摩擦产生大量的摩擦热，使得接触面的温度瞬间剧烈升高，达到相变温度以上，高温状态的接触面接触高压钻井液，发生淬火，从而形成二次淬火马氏体白亮层组织。靠近台肩端面螺纹牙的牙顶和牙侧面也都有明显的白亮层组织，外螺纹接头密封台肩端面也有明显的白亮层组织和基体组织变形(图 5-50)。内、外螺纹接头密封台肩面区域的白亮层组织和基体组织变形表明，在内螺纹接头胀扣变形失效的过程中，内、外螺纹接头密封台肩面之间发生过剧烈的挤压、剪切和摩擦作用，产生了大量的摩擦热，使得表层组织发生相变。这与前述宏观形貌分析结果相符。

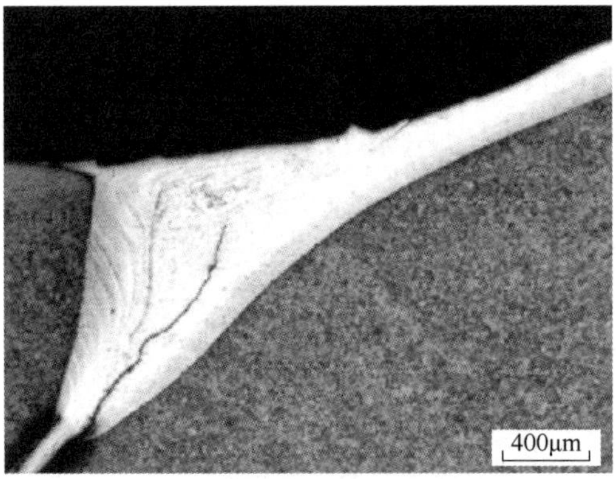

图 5-49 内螺纹接头密封台肩面内壁基体组织变形及白亮层组织图

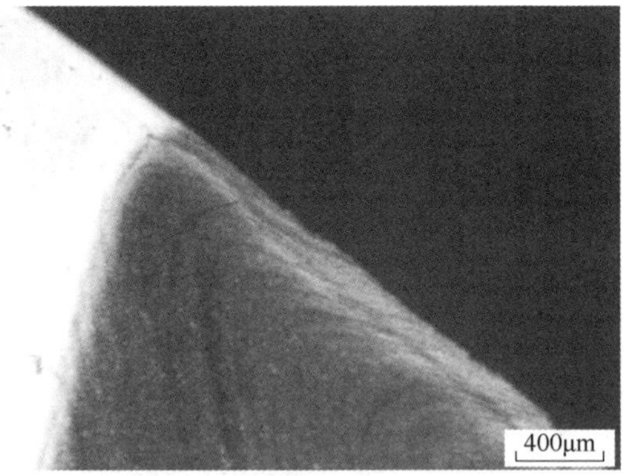

图 5-50 外螺纹接头密封台肩面基体组织变形及白亮层组织图

4. 综合分析

(1) 钻杆外螺纹接头密封台肩面倒角直径偏小导致内螺纹接头胀扣失效

钻杆外螺纹接头密封台肩面的倒角直径比内螺纹接头密封台肩面的倒角直径约小

9.0mm，内螺纹接头密封台肩面的实际承载面积仅为整个密封台肩面的50%。而SY/T 5290规定，内、外螺纹接头密封台肩面倒角直径的尺寸偏差为±0.4mm。钻杆在使用过程中，接头处的密封是通过一定的上扣扭矩使密封台肩面产生一定的接触压力来保证的。外螺纹接头密封台肩面的倒角直径偏小，一方面将使内螺纹接头密封台肩面的有效承载面积减小，另一方面使得承载面的应力向内壁偏移。在钻进过程中，这将使得靠近内壁承载面上的接触压力成倍增大。当内螺纹接头密封台肩面承受的接触压力超过材料屈服强度时，会下陷变形，外螺纹接头密封台肩面在大扭矩的作用下进入内螺纹接头镗孔段，造成内螺纹接头胀扣失效。

（2）扭矩过大导致钻杆内螺纹接头胀扣失效

正常钻井的扭矩载荷是不足以引起钻杆接头胀扣损坏的，导致井下扭矩过大的原因主要是大井眼钻井和突发的卡钻、憋钻事故。发生事故的井钻进时选用的钻头直径较大，达311mm，相应钻杆所承受的驱动扭矩就较大。该井在钻进过程中累计发生卡钻和憋钻事故5次，当发生事故时，钻柱转速迅速减慢，甚至停止转动，钻柱瞬间会产生非常快的角加速度，相应钻杆接头承受的反向扭矩将会瞬间增大。扭矩的增大使得钻杆接头密封台肩面所承受的接触压力增加，从而加速了内螺纹接头胀扣失效的发生。

（3）钻柱的纵向振动加剧了钻杆内螺纹接头胀扣失效

该井使用的是牙轮钻头。当井底不平或岩性发生变化时，牙轮钻头将引起钻柱纵向振动甚至跳动，这使得钻柱密封台肩面承受的应力瞬间增大，尤其是靠近中性点部位的钻杆接头台肩面，这加剧了内螺纹接头胀扣失效。

（4）钻杆上扣扭矩不足导致内螺纹接头胀扣失效

如果连接钻杆时的上扣扭矩不足，钻杆接头密封台肩面没有足够的接触压力，在钻井过程中钻杆接头会因井下因素引起的上扣扭矩而自行上扣，从而使得钻杆接头密封台肩面接触压力剧增而超过其屈服强度，最终引起塑性下陷和胀扣失效。如果钻杆连接时上扣扭矩为标准值，当转盘扭矩在一定范围内增加时，密封台肩面之间的静摩擦力可以阻止钻杆接头在井下自行上扣。该井钻杆实际上扣扭矩为49kN·m，小于API RP 7G标准推荐的上扣扭矩值51.58kN·m。因此，可以排除钻杆接头是因连接上扣时扭矩过大损坏的可能性，同时也说明存在由于上扣扭矩偏小，钻杆接头在井下自行上扣导致内螺纹接头胀扣失效的可能。

5. 结论与建议

① 失效钻杆内、外螺纹接头材料性能符合SY/T 5290—2000《石油钻杆接头》的要求。

② 内螺纹接头密封台肩面承受的接触压力超过材料屈服强度，从而导致其发生下陷变形，外螺纹接头密封台肩面在大扭矩的作用下进入内螺纹接头镗孔段，进而引起内螺纹接头胀扣失效。

③ 钻杆外螺纹接头密封台肩面的倒角直径明显小于标准要求值，使得承载面的应力明显增大；钻井过程中卡钻和蹩钻事故的发生，使得钻柱承受的扭矩瞬间增大。两者的存在导致内螺纹接头密封台肩面压应力超过材料屈服强度。

④ 建议选用高抗扭钻杆接头，严格按照标准要求的上扣扭矩上扣。

典型案例五：转换接头外螺纹断裂

1. 概况

塔河工区某井在钻进过程中发现井口上旋塞与双公转换接头的连接部位存在泥浆刺漏，停泵后，在井口紧扣时，双公转换接头的下端外螺纹发生断裂。该双公转换接头规格为 ϕ230mm×71mm×1050mm。该接头两端的外螺纹均为反扣螺纹，螺纹型式为 731×631，断裂端螺纹型式为 631，与上旋塞相连接。

井型为直井，井别为开发井，所钻地层：巴楚组/棕褐色灰色泥岩。

具体失效经过如下：

2019 年 10 月 27 日 18：25，钻至井深 6187. 87m，钻台值班人员发现上旋塞与双公转换接头之间渗漏泥浆，停泵上提钻具，卸掉单根后，在井口紧扣，当紧扣大钳显示 5MPa 时，双公转换接头下端断裂，公扣断落在上旋塞母口内。

图 5-51　转换接头断裂样品

该双公转换接头为全新状态，2019 年 10 月 16 日供井，本次是第一次使用。

上次探伤检验时间：2019 年 10 月 16 日，纯钻使用时间：62h。

该双公转换接头位于井口，井口配置为：水龙头+双公 731×631(双反)+上旋塞+方钻杆。

钻井参数：钻压：10～40kN，排量：18L/s，转速：50r/min+螺杆，泵压 19MPa。

钻进时大钩载荷为 170t。

2. 宏观分析

所送转换接头样品总长度为 320mm，断口位于外螺纹接头台肩面与颈部的过渡圆弧，并跨越至大端数第一扣螺纹根部，形貌如图 5-51 所示。断口 70%面积较为平坦，断口的扩展纹路均收敛于外侧(对应于螺纹底部、台肩面与颈部的过渡圆弧)，见图 5-52；未分离部分的过渡圆弧存在裂纹，形貌见图 5-53；大端数第一扣螺纹底部存在裂纹，形貌见图 5-54。

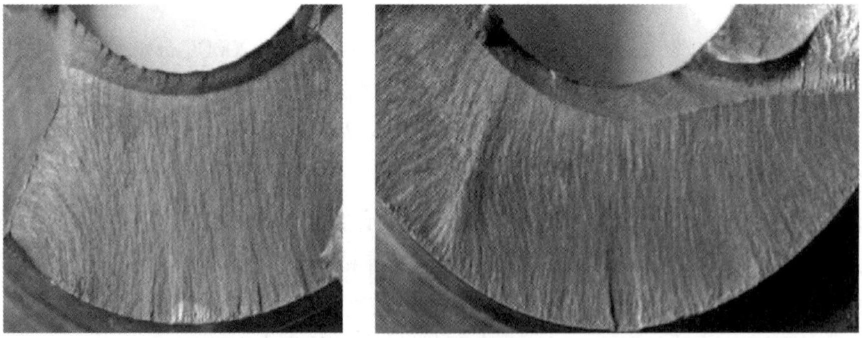

(a)　　(b)

图 5-52　断口形貌

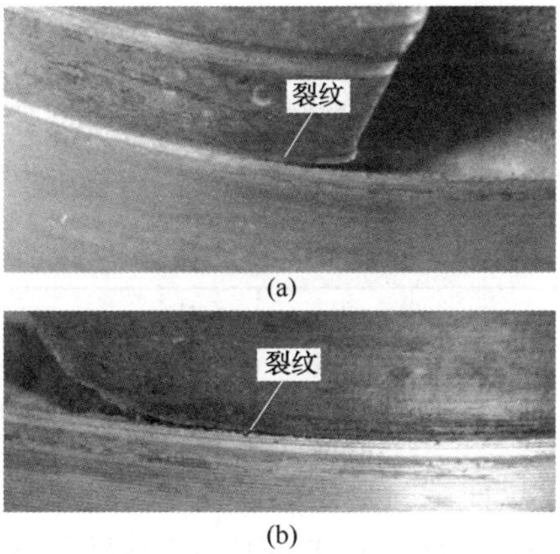

图 5-53 台肩面与颈部过渡圆弧的裂纹形貌

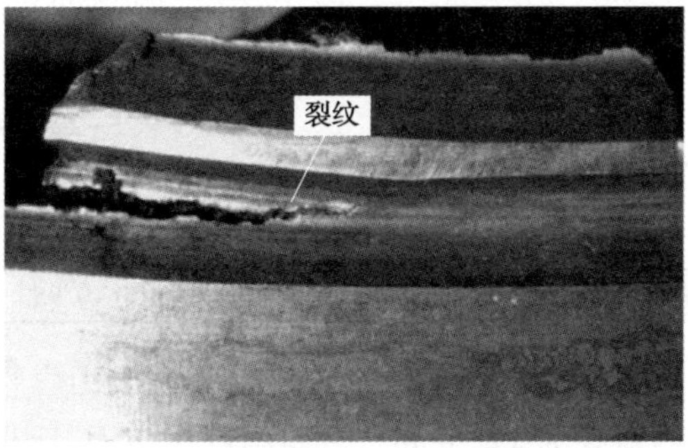

图 5-54 大端数第 1 扣螺纹底部的裂纹形貌

对该转换接头样品进行渗透探伤，发现台肩面与颈部的过渡圆弧存在 4 条裂纹，形貌见图 5-55。

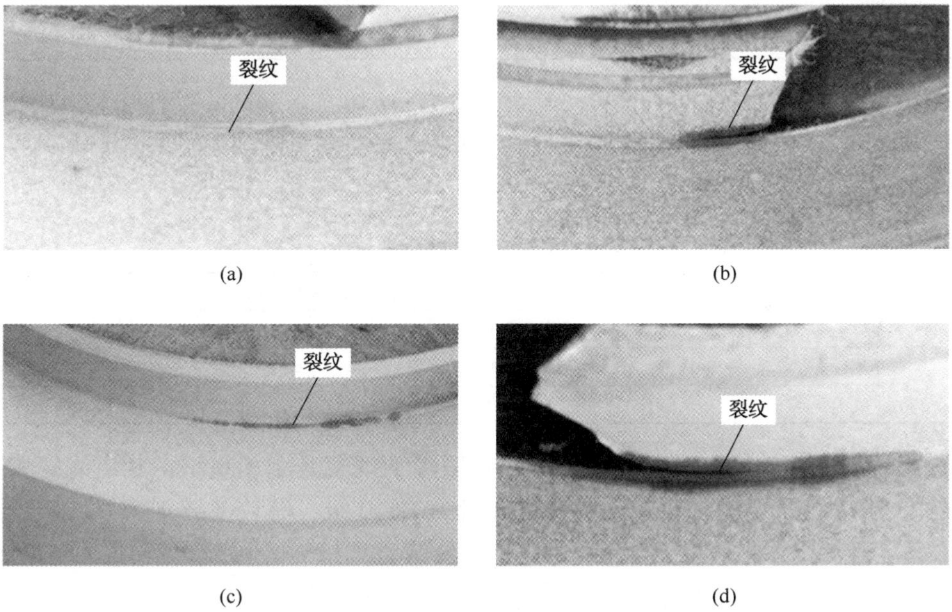

图 5-55 渗透探伤结果

测量该转换接头的尺寸，结果见表 5-21。由表可知该转换接头的外径和内径均满足订货技术要求。

表 5-21 尺寸测量结果 mm

项目	外径	倒角直径	大端直径	内径
测量值	231.30　231.24	190.86　190.86	151.58　151.66	72.48　72.36
订货技术要求	230.00~234.00	—	—	71.00~72.60

3. 理化性能分析

化学成分：在该转换接头上取样，采用 ARL-3460 直读光谱仪对其化学成分进行分析，结果如表 5-22 所示。由结果可知，该转换接头的 Cr 含量高于订货技术要求的上限，C、Si、Mn、P、S、Ni、Mo 含量均满足订货技术要求。

表 5-22 化学成分分析结果 %(质量)

元素	C	Si	Mn	P	S	Cr	Mo	Ni
转换接头	0.29	0.17	0.55	0.005	0.001	2.42	0.94	0.50
订货技术要求	0.26~0.40	0.17~0.37	0.50~0.95	≤0.015	≤0.015	1.25~2.5	0.60~0.90	0.15~0.25

力学性能：在所送转换接头上取力学性能试样。拉伸试验采用纵向棒状拉伸试样，标距内直径为 12.5mm，试验温度为室温，试验结果见表 5-23。由结果可知，该转换接头的抗拉强度(R_m)、屈服强度($R_{p0.2}$)均满足订货技术要求，伸长率(A)不满足订货技术要求。

表 5-23 拉伸性能试验结果

样品	R_m/MPa	$R_{p0.2}$/MPa	A/%
转换接头	1283	1127	12
订货技术要求	≥1140	≥1030	≥15

冲击试验采用纵向夏比冲击试样，尺寸为 10mm×10mm×55mm，沿壁厚方向开 V 形缺口，试验温度为 21℃，试验结果见表 5-24。由表可知，该转换接头的纵向冲击吸收功满足订货技术要求。

表 5-24 冲击性能试验结果

样品	纵向冲击吸收功(21℃)/J	
	单个值	平均值
转换接头	72.5　70.5　75.0	72.7
订货技术要求	≥61	≥70

金相组织：在该转换接头上取样，金相显微镜下观察其金相组织，其组织正常，为回火索氏体，形貌见图 5-56。非金属夹杂物含量为 D1.0 级，晶粒度级别为 6.5 级(见表 5-25)，均满足订货技术要求。

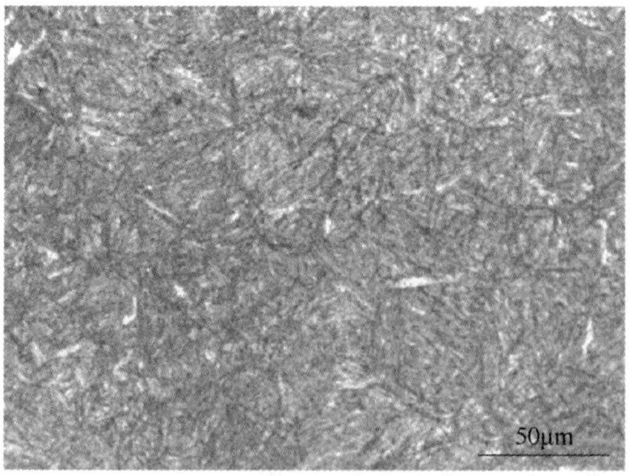

图 5-56 金相组织

表 5-25 钢中非金属夹杂评级及晶粒度

类别	A		B		C		D		晶粒度
	粗系	细系	粗系	细系	粗系	细系	粗系	细系	
级别	0级	0级	0级	0级	0级	0级	0级	0级	6.5级

4. 微观分析

① 裂纹金相分析。在图 5-55(a)裂纹部位取样，金相显微镜下观察其纵截面形貌，如图 5-57 所示。由图可知，裂纹起源于台肩面与颈部的过渡圆弧部位。过渡圆弧的半径，为 798.96μm，该过渡圆弧并未圆滑过渡，2 个区域的曲率半径较小，分别为 150.67μm、83.27μm，裂纹正是起源于曲率半径最小的区域。

台肩面与颈部的过渡圆弧部位的裂纹走向如图 5-58 所示，经测量，裂纹深度为 12.5mm。裂纹存在分枝特征，形貌见图 5-62。该裂纹之外，过渡圆弧的其他区域存在微裂纹，形貌见图 5-63。

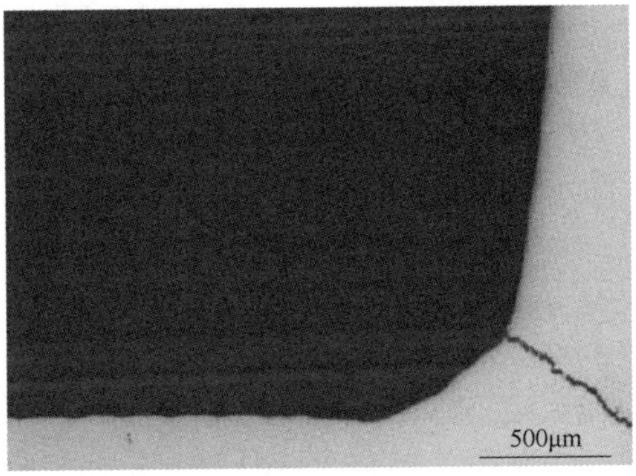

图 5-57 过渡圆弧部位裂纹形貌

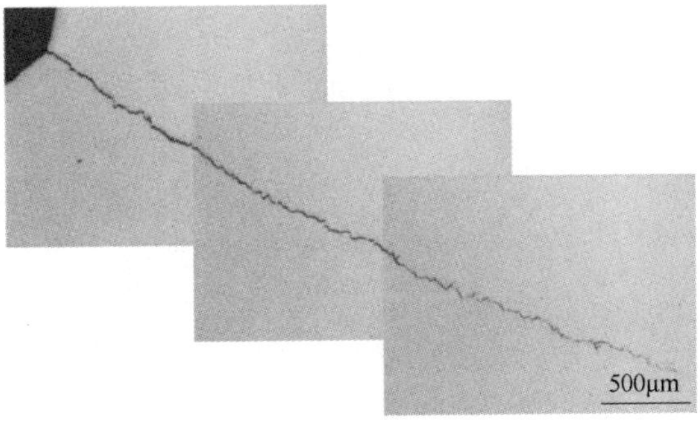

图 5-58 裂纹走向

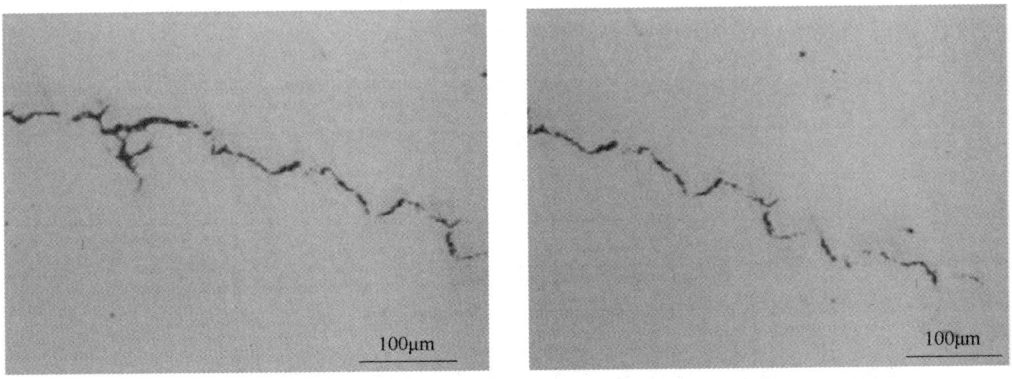

(a) (b)

图 5-59 裂纹分枝特征

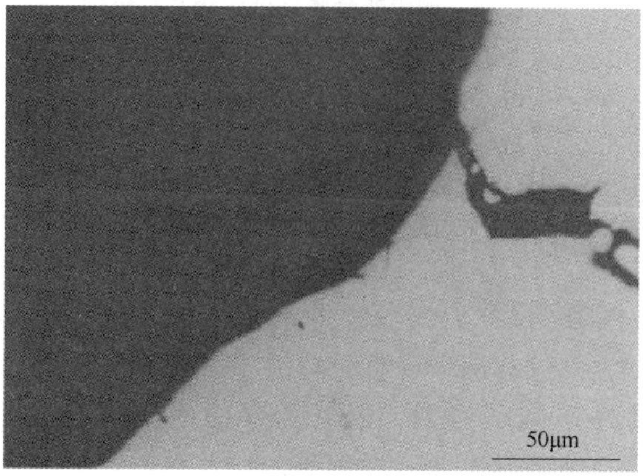

图 5-60　过渡圆弧微裂纹形貌

断口部位取样，金相浸蚀后，发现断口存在二次裂纹，裂纹呈沿晶特征，形貌见图 5-61。

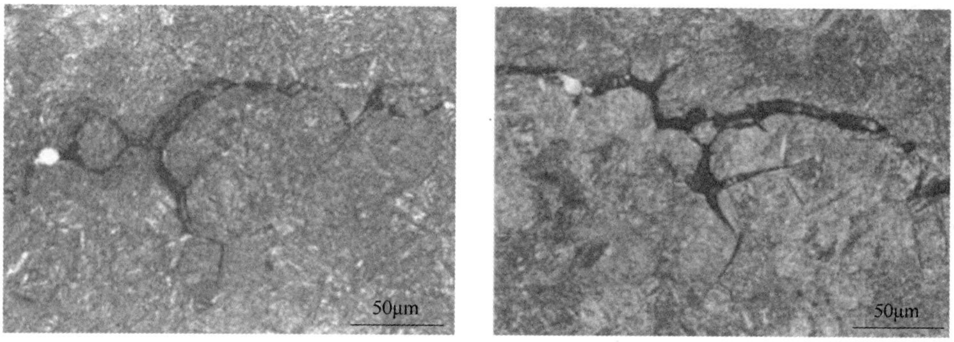

(a)　　(b)

图 5-61　裂纹沿晶特征

② 断口扫描电子显微分析。在断口上取样，扫描电子显微镜下观察其形貌，如图 5-62 和图 5-63 所示。由 5-64 图可知，断口的源区（断口外侧 2～3mm 内）的微观形貌为沿晶特征，扩展区微观形貌为沿晶+解理混合特征。

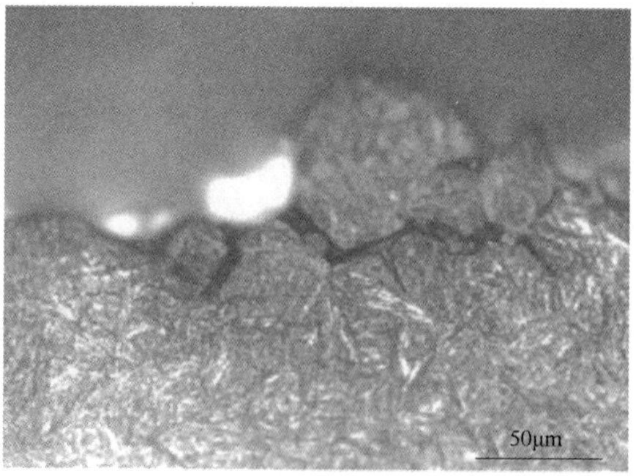

图 5-62　断口二次裂纹

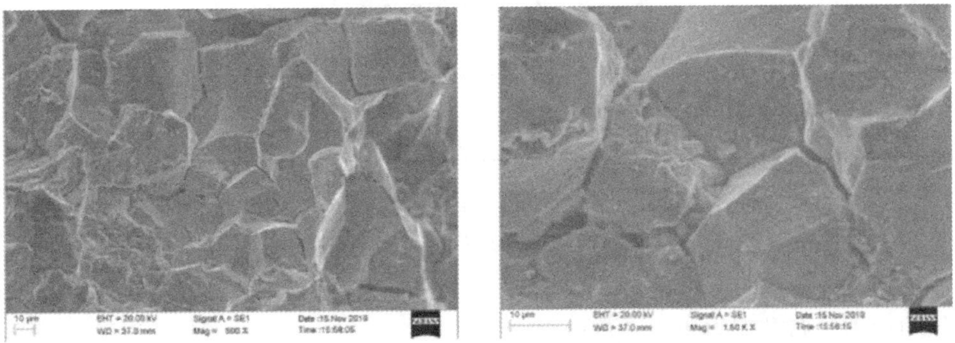

(a) (b)

图 5-63 断口源区微观形貌

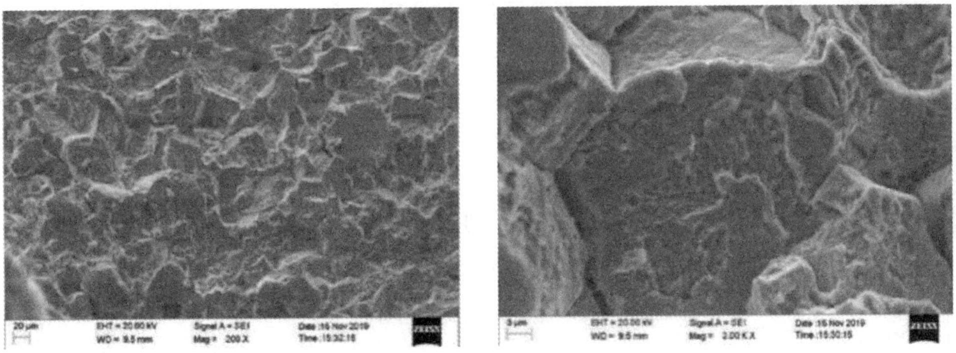

(a) (b)

图 5-64 断口扩展区微观形貌

对断口表面进行能谱分析，分析结果见图 5-65 和表 5-26。由结果可知，在原有裂纹区域表面 Fe 和 O 含量较高，推测为铁的氧化物。

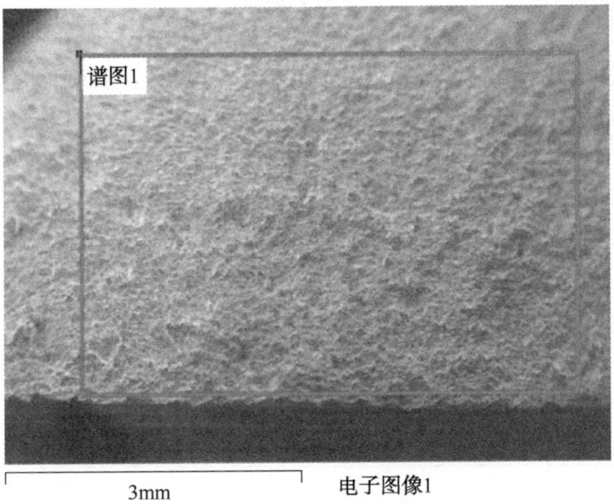

图 5-65 断口表面能谱分析位置

表 5-26　断口表面能谱分析结果

元素	C	O	Cr	Mn	Fe	Ni	总量
质量百分比/%	10.81	10.54	0.50	0.43	76.74	0.99	100
原子百分比/%	30.34	22.20	0.33	0.26	46.31	0.57	100

③ 过渡圆弧半径的应力集中分析。依据 API SPEC 7-2—2006，钻铤外螺纹根部的过渡圆弧半径应为 1.6mm±0.4mm，而实际测量该转换接头外螺纹根部的过渡圆弧的整体半径为 0.8mm，且局部区域的曲率半径为 0.08mm。下面对该转换接头建立简化模型，分析各过渡圆弧半径的应力分布及应力集中系数。

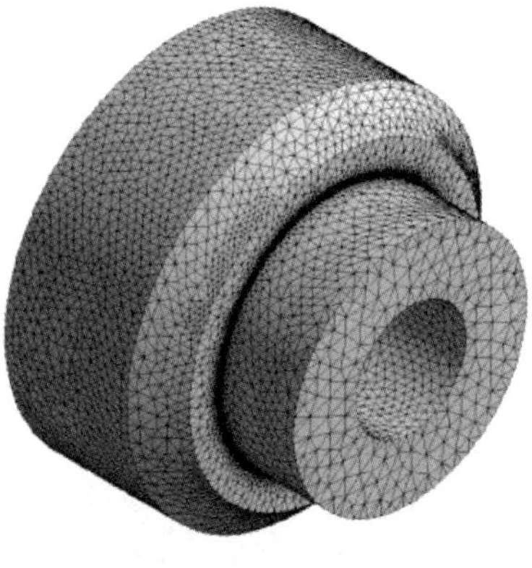

图 5-66　简化模型网格划分

由于仅研究外螺纹根部的过渡圆弧单一影响因素，为简化起见，可以忽略螺纹的影响，因此，将模型简化为有台肩的空心轴。

模型尺寸：外螺纹颈部直径为 151.32mm，外径为 231.27mm，倒角直径为 190.86mm，内径 72.42mm。

材料参数取值：弹性模量 $E=200\text{GPa}$，泊松比 $\mu=0.30$。

轴向载荷：由大钩载荷为 170t 及外螺纹颈部的截面积计算确定为 119.5MPa。

网格划分见图 5-66。

使用 ANSYS Workbench 有限元软件分析其应力分布，分析结果如图 5-67 和表 5-27 所示。计算应力集中系数 $K=\sigma_{max}/\sigma_n$，计算结果见表 5-23。

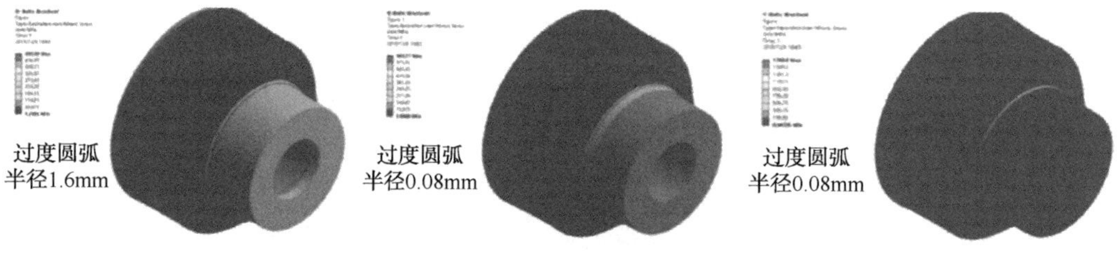

图 5-67　应力分布云图

表 5-27　有限元计算结果

过渡圆弧半径/mm	最大应力 σ_{max}/MPa	名义应力 σ_n/MPa	应力集中系数 K
0.16	488.99	119.5	4.09
0.80	648.71	119.5	5.43
0.08	1788.4	119.5	14.97

根据上述分析可知，随着过渡圆弧半径的减小，应力集中系数迅速增大，过渡圆弧半径 0.08mm 的应力集中系数为 14.97，对应的最大应力为 1788.4MPa，已超过该转换接头的抗拉强度 1283MPa，这也是该转换接头断裂的原因之一。

5. FAD 评价

依据 SY/T 6719—2008《含缺陷钻杆适用性评价方法》，对该转换接头进行 FAD 评价。

(1) 断裂韧性

FAD 评价中韧性比 K_r 的计算，需要材料平面应变断裂韧性 K_{mat}。由夏比冲击韧性(CVN) A_{KV} 换算为 K_{mat}，计算可得 $K_{mat}=210.5\text{MPa/m}^{0.5}$。

$$K_{mat}=\sigma_y\left[0.64\left(\frac{A_{KV}}{\sigma_y}\right)-0.01\right]^{0.5}$$

式中 K_{mat}——应变断裂韧性，$\text{MPa/m}^{0.5}$；

A_{KV}——夏比冲击韧性(CVN)，72.7J；

σ_y——屈服强度，1127MPa。

(2) 应力强度因子

环向外表面椭圆裂纹的应力强度因子 K_I 表达式见下面公式，依据 SY/T 6719—2008《含缺陷钻杆适用性评价方法》，通常采用 $a=2c/2.5$，则 $a/c=0.8$，$a=2\text{mm}$，计算可得 $c=2.5\text{mm}$；$t=39.6\text{mm}$，$R_i=36.21\text{mm}$，$R_o=75.81\text{mm}$，$F_t=170\text{t}=1666\text{kN}$，$D=151.62\text{mm}$，$d=72.42\text{mm}$。

$$K_I=[M_sG_0P_0+G_1P_1(a/t)+G_2P_2(a/t)^2+G_3P_3(a/t)^3]Fw\sqrt{\frac{\pi a}{Q}}$$

均匀分布的应力指在裂纹型缺陷所处的平面上、无缺陷时的应力是定值，线性分布的应力一般是由于弯矩引起的。考虑到井口转换接头主要承受轴向载荷，可考虑该转换接头承受均匀分布的应力，则，$P_1=P_2=P_3=0$，$P_0=P_m$，则上式可简化为

$$K_I=M_sG_0P_mFw\sqrt{\frac{\pi a}{Q}}$$

式中 $$M_s=\frac{1}{1-\frac{a}{t}+\frac{a}{tM_t}}$$

$$M_t=\sqrt{\frac{1.0078+0.10368\lambda^2+0.00037894\lambda^4}{1+0.021979\lambda^2+1.5742\times10^{-6}\lambda^4}}$$

$$\lambda=\frac{1.818c}{\sqrt{R_ia}}$$

$$G_0=M_1+M_2(a/t)^2+M_3(a/t)^4$$

$$M_1=1.13-0.09(a/c)$$

$$M_2=-0.54+0.89/[0.2+(a/c)]$$

$$M_3=0.5-1/[0.65+(a/c)]+14[1-(a/c)]^{24}$$

$$F_w=\sqrt{\sec[0.5c(a/c)^{0.5}/R_m]}$$

$$P_m=4F_t/[\pi(D^2-d^2)]$$

$$R_m=(R_0+R_i)/2$$

$$Q=1+1.464(a/c)^{1.65}$$

经计算可得，$K_I=223.8\text{MPa/m}^{0.5}$

(3) 参考应力计算

环向外表面椭圆裂纹的参考应力 σ_{ref} 由下列公式计算：

$$\sigma_{ref}=\{P_b+[P_b^2+9(Z_2\cdot P_m)^2]^{0.5}\}/3$$

考虑到井口转换接头主要承受轴向载荷，可考虑该转换接头承受均匀分布的应力，则 $P_b=0$。则上式可简化为

$$\sigma_{ref}=Z_2\cdot P_m$$

式中 $Z_2=\{2\alpha_2/\pi-[(a/t)\theta_0[2-2B+(a/t)B]/\pi(2-B)]\}^{-1}$

$\alpha_2=\arccos(A_A\sin\theta_0)$

$\theta_0=0.25\pi c/R_0$

$A_A=(a/t)[(1-B)(2-2B+(a/c)B)+(1-B+(a/t)B)^2]/2[1+(2-B)(1-B)]$

$B=t/R_0$

通过计算可得 $\sigma_{ref}=119.6\text{MPa}$。

(4) 失效评估

由上述计算可得，$K_I=158\text{MPa/m}^{0.5}$，$K_{mat}=210.5\text{MPa/m}^{0.5}$，$\sigma_{ref}=119.6\text{MPa}$，而 $\sigma_y=1127\text{MPa}$，依据下列公式计算得到，$K_r=1.06$，$L_r=0.11$，在失效评价图中的位置见图 5-68，显然，该状态点位于曲线之外失效区。

$$K_r=\frac{K_I}{K_{mat}} \qquad L_r=\frac{\sigma_{ref}}{\sigma_y}$$

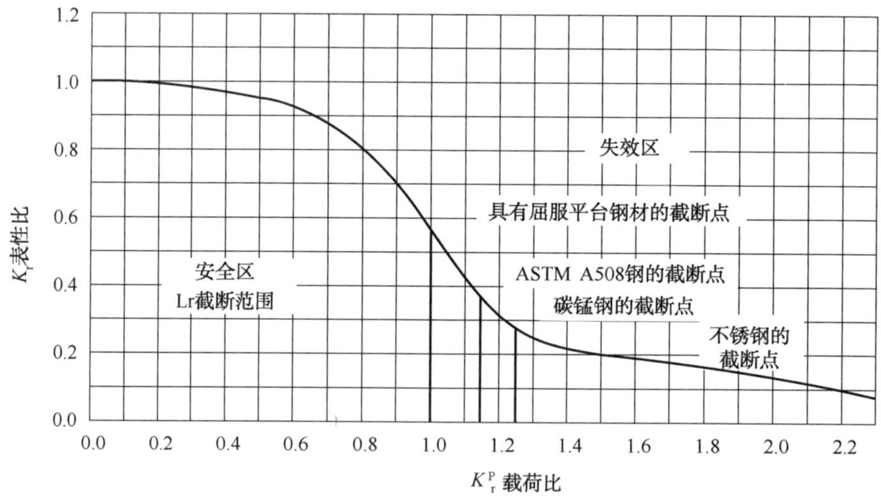

图 5-68 失效评价图

下面分析不同的夏比冲击韧性值对失效的影响。假定 A_{KV} 为 72.7J、80J、100J、120J，分别依据上述步骤进行失效评价，结果见表 5-28。由结果可知，随着夏比冲击韧性 A_{KV} 的增加，转换接头的状态点逐渐由失效区过渡到安全区，因此，在提高接头强度的同时，提高接头的韧性，是很有必要的。

表 5-28 不同夏比冲击韧性的失效评价数据

夏比冲击韧性/J	72.7	80	100	120
K_r	1.06	1.01	0.88	0.80
L_r	0.11	0.11	0.11	0.11
失效评价图中位置	失效区	曲线上	安全区	安全区

6. 综合分析

① 材料强度高而韧性较低是失效的主要原因。通过 FAD 评价，材料的韧性达到 80J 及以上才处于安全区。

② 理化分析表明，该转换接头的抗拉强度、屈服强度、纵向冲击吸收功均满足订货技术要求，伸长率、硬度值均不满足订货技术要求；其组织正常，为回火索氏体，其非金属夹杂物含量和晶粒度级别均满足订货技术条件。

③ 宏观分析表明，所送转换接头外螺纹台肩面与颈部的过渡圆弧区域发生断裂，断口起源于过渡圆弧；未分离的过渡圆弧区域存在裂纹，大端数第一扣螺纹底部存在裂纹；渗透探伤发现台肩面与颈部的过渡圆弧存在 4 条裂纹。微观分析表明，裂纹起源于台肩面与颈部的过渡圆弧部位；过渡圆弧并未圆滑过渡，局部较凹，经测量过渡圆弧的整体曲率半径约为 798.96μm，局部较凹区域的曲率半径为 83.27μm；由裂纹的走向可知，裂纹沿晶界扩展，存在分枝特征；断口源区的微观形貌为沿晶特征，扩展区为沿晶+解理混合特征，这些形貌符合氢脆的微观特征。

高强钢在含有水分的环境中会产生氢脆，其门槛值随强度升高而下降。该转换接头的强度较高，而且其服役环境存在水分，为氢脆提供了条件。

根据现场提供资料，转换接头在断裂之前，曾发现该接头与上旋塞的连接部位存在渗漏现象，据此推测当时已产生裂纹，进一步推知该转换接头断口不是一次断裂形成的。结合宏观分析中台肩过渡圆角存在多条裂纹，表明该转换接头断裂是多源的，这些现象均符合氢脆断裂特征。

另外，Cl^-会和 H_2复合，促进氢的进入。泥浆中 Cl^-含量较高，为 73000mg/L，在服役过程中，转换接头外壁难免会接触泥浆，泥浆中 Cl^-对氢脆起促进作用。

④ 有限元分析表明，随着过渡圆弧半径的减小，应力集中系数迅速增大，过渡圆弧半径为 0.8mm，对应的应力集中系数为 5.43；过渡圆弧半径为 0.08mm，对应的应力集中系数为 14.97，对应的最大应力为 1788.4MPa，已超过该转换接头的抗拉强度 1283MPa，这也是该转换接头断裂的原因之一。

⑤ 该转换接头的壁厚较厚，外螺纹台肩与颈部的过渡圆弧曲率半径较小，在拉伸载荷作用下，接近于三向应力状态，其应力状态软性系数相当小，应力状态较硬，这也是该转换接头脆性断裂的原因之一。

根据上述分析可知，该转换接头断裂机理属于氢脆。断裂的主要原因为：该转换接头的强度较高，在含有水分的服役环境中易产生氢脆裂纹；外螺纹台肩面的过渡圆弧半径较小，而且未圆滑过渡，其应力集中较大，容易萌生裂纹；转换接头的强度较高、韧性低，对微裂纹等应力集中较为敏感，在外部载荷作用下，微裂纹迅速扩展，导致该转换接头发生断裂。

7. 结论与建议

① 该转换接头断裂机理属于氢脆。

② 该转换接头断裂的主要原因为：该转换接头的强度较高耐韧性不足，通过 FAD 分析，处于失效区内。在含有水分的服役环境中易产生氢脆裂纹；外螺纹台肩面的过渡圆弧半径较小，而且未圆滑过渡，其应力集中较大，容易萌生裂纹；转换接头的强度较高、韧性低，对微裂纹等应力集中较为敏感，在外部载荷作用下，微裂纹迅速扩展，导致该转换接头发生断裂。

③ 该转换接头的抗拉强度、屈服强度、纵向冲击吸收功均满足订货技术要求，伸长率、硬度值均不满足订货技术要求；其组织正常，为回火索氏体，其非金属夹杂物含量和晶粒度级别均满足订货技术条件。

参 考 文 献

[1] 魏风勇主编．钻井工程现场实用技术[M]．北京：中国石化出版社，2014.

[2] 左禹、熊金平主编．工程材料及其耐蚀性[M]．北京：中国石化出版社，2008.

[3] 李方坡，钻柱失效原因中的制造因素分析[J].《钻采工艺》，2013，11.

[4] 吕栓录等，某油田钻具失效统计分析[M].《理化检验-物理分册》，2012，48.

[5] 王长江．深井钻具失效的理论研究[D]．大庆石油学院硕士学位论文，2006.

[6] 赵玉明．水平井钻柱纵向振动研究[D]．大庆石油学院硕士学位论文，2007.

[7] 魏风勇、康用华主编．钻井井下工具操作手册[M]．北京：中国石化出版社，2019.

[8] 练章华、魏臣兴、张颖、林铁军著．深井、超深井钻柱损伤机理研究[M]．石油工业出版社，2016.

[9] 李方坡，刘永刚，林凯等，G105 油井钻杆失效分析[J]．金属热处理，2009，10.

[10] 内部资料 西安摩尔石油工程实验室股份有限公司失效分析报告。

[11] 李齐富，姜新越，陈长青，等，127mm S135 钻杆内螺纹接头胀扣失效分析[J]．天然气技术，2010，4(3).